Forschung zur Digitalisierung der Wirtschaft | Advanced Studies in Business Digitization

Reihe herausgegeben von

Volker Nissen, FG WID, Technische Universität Ilmenau, Ilmenau, Thüringen, Deutschland

Udo Bankhofer, FG Quantitative Methoden der Wirtschaftswissenschaften, TU Ilmenau, Ilmenau, Thüringen, Deutschland

Dirk Stelzer, Fakultät für Wirtschaftswissenschaf, Technische Universität Illmenau, Illmenau, Thüringen, Deutschland

Steffen Straßburger, Fraunhofer Inst Fac Operat & Automation, Ilmenau University of Technology, School of Economic Science, Ilmenau, Thüringen, Deutschland

Digitalisierung verändert Unternehmen und Behörden, unser Privatleben und unsere Gesellschaft. Organisationen, die wettbewerbsfähig bleiben wollen, müssen die dadurch notwendigen Veränderungen aktiv mitgestalten. Die Rolle der IT muss sich in diesem Zusammenhang vom Kostenfaktor zum Werttreiber wandeln. Weiterentwicklungen der IT-Kernkompetenzen sind nötig. In dieser Reihe werden wissenschaftlich fundierte und praktisch relevante Erkenntnisse zur Digitalisierung veröffentlicht. Praktiker finden darin vielfältige Anregungen für die Gestaltung und Verbesserung von Strukturen, Prozessen und IT-Systemen. Wissenschaftler erhalten Impulse für die Beschreibung, Erklärung, Prognose und Gestaltung der Digitalisierung.

Digitalization is changing businesses and governments, our private lives and our societies. Organizations that want to remain competitive must actively shape the changes that are necessary as a result. In this context, the role of IT must change from a cost factor to a value driver. Further developments of the IT core competencies are necessary. This series publishes scientifically sound and practically relevant findings on digitization. Practitioners will find many suggestions for the design and improvement of structures, processes and IT systems. Scientists receive impulses for the description, explanation, prediction and design of digitisation.

Ronny-Alexander Koch

Management von IT-Agilität in der IT-Funktion

Design eines Kennzahlensystems zur Messung der organsatorischen IT-Agilität

Ronny-Alexander Koch
TU-Ilmenau
Neu-Ulm, Deutschland

ISSN 2662-4788 ISSN 2662-4796 (electronic)
Forschung zur Digitalisierung der Wirtschaft | Advanced Studies in Business Digitization
ISBN 978-3-658-44605-5 ISBN 978-3-658-44606-2 (eBook)
https://doi.org/10.1007/978-3-658-44606-2

Die Deutsche Nationalbibliothek verzeichnet diese Publikation in der Deutschen Nationalbibliografie; detaillierte bibliografische Daten sind im Internet über https://portal.dnb.de abrufbar.

Planung/Lektorat: Karina Kowatsch
Springer Gabler ist ein Imprint der eingetragenen Gesellschaft Springer Fachmedien Wiesbaden GmbH und ist ein Teil von Springer Nature.
Die Anschrift der Gesellschaft ist: Abraham-Lincoln-Str. 46, 65189 Wiesbaden, Germany

Das Papier dieses Produkts ist recycelbar.

Inhaltsverzeichnis

Abkürzungsverzeichnis

ABAP	Advanced Business Application Programming
AD	Applikationsentwicklung
AM	Applikationsmanagement
APO	Align, Plan and Organize
BAI	Build, Acquire and Implement
BITA	Business-IT-Alignment
BPMN	Business Process Model and Notation
CD	Continuous Delivery
CDO	Chief Digital Officer
CEO	Chief Executive Officer
CFO	Chief Financial Officer
CI	Continuous Integration
CIO	Chief Information Officer
CLoA	Certain Level of Agreement
COBIT®	Control Objectives for Information and Related Technology
CPO	Chief Product Officer
CRM	Customer-Relationship-Management-System
CTO	Chief Technology Officer
DSRM	Design-Science-Research-Methodology
DSS	Deliver, Service und Support
EDV	Elektronische Datenverarbeitung
ERP	Enterprise Resource Planning
HIR	Humane IT-Ressourcen
IM	Infrastrukturmanagement
IS	Information Systems
IT	Informationstechnologie

ITIL®	Information Technology Infrastructure Library
ITO	Information Technology Outsourcing
ITSM	IT-Servicemanagement
KPI	Key Performance Indicator
LeSS	Large Scale Scrum
MBV	Market-based view
MEA	Monitor, Evaluate and Assess
MES	Manufacturing Execution System
MTBF	Mean Time Between Failure
MTTR	Mean Time To Recover
OAI	Organisatorischer IT-Agilitätsindex
OIR	Organisatorische IT-Ressourcen
PaaS	Platform-as-a-Service
PIR	Prozessuale IT-Ressourcen
PLM	Product-Lifecycle-Management-System
PoC	Proof-of-Concept
RBV	Resource-based View
SAFe	Scaled Agile Framework
TDD	Test-Driven Development
TIR	Technologische IT-Ressourcen
UX	User Experience
VRIO	Value, Rareness, Imitation, Organization

Abbildungsverzeichnis

Tabellenverzeichnis

Einleitung 1

1.1 Motivation und Problemstellung

Veränderungen im Marktumfeld von Unternehmen hat es jeher gegeben. Allerdings hat sich die Geschwindigkeit aufgrund von technologischen Innovationen drastisch beschleunigt und der Umfang sich sichtbar erweitert (Sambamurthy et al. 2003, S. 238). Gleichzeitig hat die Diffusionsgeschwindigkeit von technologiegetriebenen Innovationen in den vergangenen Jahren entscheidend zugenommen (siehe Abb. 1.1). Diese Entwicklung zeigt sich in den zeitlichen Adoptionsraten. Sieben Jahre waren für eine fünfzigprozentige Adoption in die amerikanischen Haushalte bei Social Media erforderlich, während für Smartphones weniger als drei Jahre erforderlich waren.

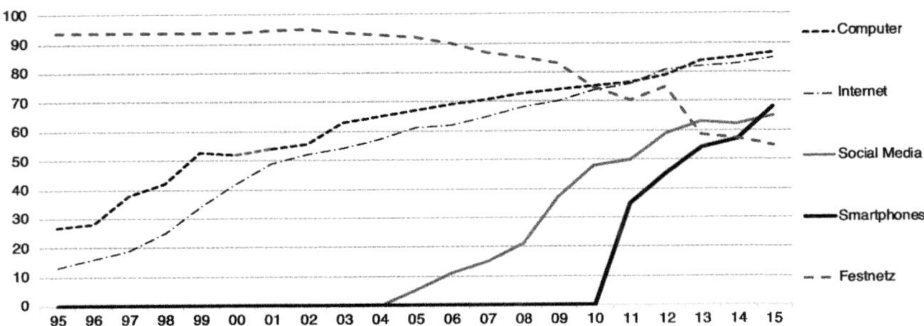

Abb. 1.1 Adoption von Technologien in US-Haushalten von 1995–2015. (Quelle: In Anlehnung an (Ritchie und Roser 2020))

R.-A. Koch, *Management von IT-Agilität in der IT-Funktion*, Forschung zur Digitalisierung der Wirtschaft | Advanced Studies in Business Digitization,
https://doi.org/10.1007/978-3-658-44606-2_1

IT-getriebene Technologieinnovationen wie bspw. Social Media, Mobile Computing, Data Analytics, Cloud Computing und das Internet of Things beeinflussen Wirtschaft und Gesellschaft. Diese Veränderungen sind in den Prozessen, Produkten, Dienstleistungen und Geschäftsmodellen verstärkt sichtbar (Bharadwaj et al. 2013, S. 474; Urbach et al. 2018, S. 123) und kann unter dem Schlagwort der Digitalen Transformation (Vial 2019) subsumiert werden.

Unternehmen stehen daher vor der Herausforderung agil zu werden, d. h. relevante Umfeldveränderungen schnell zu erkennen und darauf zu reagieren (Overby et al. 2006, S. 122). Anstatt einen Wettbewerbsvorteil zu erlangen, wird inzwischen mit Unternehmensagilität vermehrt das Ziel verfolgt, das Überleben des Unternehmens zu sichern (Reinhardt 2020, S. 158; Tallon et al. 2019, S. 210). Die Lebensdauer eines S&P 500-Unternehmens betrug 1958 noch 60 Jahre und ist mittlerweile auf 18 Jahre abgefallen (West 2017). Infolge des hohen IT-Anteils bei den Technologien kristallisieren sich neue Anforderungen an die unternehmensinternen IT-Funktionen heraus (Urbach et al. 2018, S. 1). Damit hängt die Agilität mancher Unternehmen (Unternehmens-Agilität) und der Geschäftsfunktionen (Geschäftsagilität) zunehmend von der Agilität seiner IT-Funktion ab (Nissen und Rennenkampff 2015, S. 5; Lowry und Wilson 2016, S. 212). In der Praxis ist eine von neun IT-Funktionen in der Lage, mit den geschäftlichen Anforderungen Schritt zu halten, um die sich ändernden Geschäftsanforderungen effektiv zu bewältigen, wobei dieser Mangel an IT-Agilität zu finanziellen Verlusten führen kann (Lee und Xia 2010, S. 88). LEONHARDT ET AL. beobachten Aussagen von CIOs (Chief Information Officers), die aufgrund mangelnder IT-Agilität unter massivem Geschäftsdruck stehen. Hierbei besteht die Wahrnehmung, dass die IT-Abteilungen nicht agil genug sind, die IT-Architektur zu starr ist, die IT-Prozesse ausbremsen und die IT-Mitarbeiter einen Rucksack an Fähigkeiten mitbringen, der nicht den Anforderungen an ein geschäftsorientiertes, zukunftsweisendes digitales Denken entspricht (Leonhardt et al. 2017, S. 972). Studien von IT-Unternehmensberatungen (Timmermans und Schulmann 2016) bestätigen, dass es Unternehmen an der Fähigkeit mangelt, neue Funktionalitäten umzusetzen, da die bestehenden IT-Prozesse zu unflexibel sind. Aktuelle Studien zeigen, dass Agilität für 96 % der befragten Studienteilnehmer (n = 1160) in Zukunft relevanter wird. Der größte Nutzen wird in den IT-Funktionen erwartet (Bearing Point 2022, S. 23).

Die vorliegende Arbeit beschäftigt sich nicht mit den besonderen Eigenschaften des Unternehmensumfelds, Unternehmens-Agilität auf Unternehmensebene oder der Geschäftsagilität einzelner Geschäftsfunktionen, sondern mit der IT-Agilität, d. h. mit der Agilität der IT-Funktion. Bei der IT-Agilität können vier ressourcenorientierte Handlungsfelder weiter unterschieden werden

(IT-Architektur, IT-Personal, IT-Aufbauorganisation und IT-Ablauforganisation) (Termer 2016; Melville et al. 2004, S. 293). Die ersten beiden Handlungsfelder wurden bereits in anderen Arbeiten behandelt (Rennenkampff 2015; Rau 2021). Für die vorliegende Arbeit ist die organisatorische IT-Agilität von zentraler Bedeutung, die die beiden Handlungsfelder der Aufbau- und Ablauforganisation der IT-Funktion umfasst und mittelbar für die Leistungserbringung über die Verknüpfung der technologischen und humanen IT-Ressourcen verantwortlich ist (Termer 2016, S. 67; Barney 1995, S. 56). Gleichwohl sollte organisatorische IT-Agilität dabei nicht mit agilen Softwareentwicklungs- oder Projektmanagement-Methoden (vgl. Lee und Xia 2010) verwechselt werden, obwohl dies einen potenziellen Weg darstellen kann, um organisatorische IT-Agilität zu erlangen (Leonhardt et al. 2017, S. 972). Aktuell experimentieren IT-Funktionen derzeit in Teilbereichen der IT-Organisation mit agiler Softwareentwicklung wie SCRUM (Lee und Xia, 2010; Horlach et al. 2020) oder DEVOPS-Ansätzen (Fitzgerald und Stol, 2017; Wiedemann et al. 2020), um integrierte IT-Prozesse zwischen Entwicklungs- und Betriebsteams zu schaffen (Humble und Molesky, 2011). Eine geringe organisatorische IT-Agilität kann zu erheblichen Problemen für die IT-Funktion führen (Rennenkampff 2015, S. 4 f.):

- Hierarchische organisatorische Strukturen behindern eine rasche Entscheidungsfindung, sodass eine verspätete Wahrnehmung und Bewertung von IT-getriebenen Umfeldveränderungen vorliegt (Büschgens et al. 2013, S. 770; Haffke 2017, S. 84 f.; Horlach et al. 2016, S. 1417; Teece et al. 2016, S. 24)
- Eine fehlende organisatorische Abstimmung zwischen Geschäfts- und IT-Funktion reduziert die IT-Effektivität. Es fehlt der Einbezug der Nutzer, der Fachbereiche und die Abstimmung zwischen IT-Entwicklungs- und IT-Betriebsteams (Horlach et al. 2016, S. 1417; Fitzgerald und Stol 2017, S. 178)
- Fehlende iterative und inkrementelle Entwicklungsprozesse erhöhen die Vorlaufzeit für eine IT-Umsetzung und eine zeitnahe Verbesserung auf Basis von Nutzerfeedback (Sutherland und Schwaber 2011, S. 157; Tallon und Pinsonneault 2011, S. 464).

Insgesamt führen diese Faktoren dazu, dass potenzielle Chancen durch neue Technologien oder Bedrohungen von Wettbewerbern, die solche Technologien aktiv nutzen, nicht wahrgenommen werden (Tallon et al. 2019, S. 226). Diese Beispiele zeigen die praktische Problemrelevanz fehlender organisatorischer IT-Agilität und den Bedarf für ein aktives Management (Peffers et al. 2007, S. 52). Messbarkeit bildet eine Kernvoraussetzung für die Befähigung des Chief Information Officers (CIO), Chief Digital Officers (CDO) und IT-Managementkreises zur Steuerung der organisatorischen IT-Agilität auch in Abhängigkeit mit anderen Zielstellungen. Klassische IT-Referenzmodelle legen den Schwerpunkt überwiegend auf eine Standardisierung einer reaktiven Leistungserbringung. So entfallen nur 3,6 % der ITIL® Kennzahlen auf Innovationsziele (z. B. die proaktive Bereitstellung neuer Services) (Bekkhus 2016, S. 11). Diese Zielverteilung in den klassischen Referenzmodellen, die häufig als Grundlage für die Gestaltung der IT-Funktion verwendet werden, gilt es zu hinterfragen. Bedeutend erscheint daher die Tatsache, dass es vielen Unternehmen an einem systematischen und strukturierten Umgang mit organisatorischer IT-Agilität mithilfe von Werkzeugen mangelt und das Management der organisatorischen IT-Agilität mehr oder weniger dem Zufall überlassen bleibt. Viele IT-Führungskräfte stehen vor der Herausforderung, die bestehenden organisatorischen Mechanismen kritisch zu hinterfragen, um einen proaktiven und erweiterten Geschäftsbeitrag zu leisten. Der Literaturreview (siehe Abschnitt 3.1) zeigt, dass keine geeigneten Artefakte im Sinne von Kennzahlensystemen (vgl. Abschnitt 1.4) existieren, mit denen es möglich ist, die IT-Agilität in der IT-Aufbau- und IT-Ablauforganisation anhand von beobachtbaren Eigenschaften zu messen. Auf diese Forschungslücke weisen mehrere Autoren hin (Lee et al. 2016, S. 260; Nissen und Rennenkampff 2015, S. 26 f.; Oosterhout et al. 2006, S. 133; Raschke 2010, S. 309; Salmela et al. 2015, S. 12; Termer 2016, S. 221). Die vorliegende Arbeit zielt darauf ab, diese entscheidende Lücke zu schließen und IT-Manager beim Management der IT-Agilität zu unterstützen. Dazu wird ein initiales Kennzahlensystem auf Basis eines interdisziplinären Literaturreview entwickelt und anschließend mit einer mixed-mode Delphi-Studie ex ante evaluiert, anschließend in drei instrumentellen Fallstudien ex post demonstriert und dadurch kontinuierlich weiterentwickelt. Das finale vorläufig Kennzahlensystem bietet dem oberen Führungskreis der IT-Funktion (CIO, CDO, IT-Leiter sowie IT-Organisations- und IT-Prozessverantwortlichen) damit die Möglichkeit, die organisatorische IT-Agilität selbst zu messen und bei Bedarf gegen einen Soll-Zustand zu steuern.

1.2 Forschungsfragen und Zielstellung

IT-Agilität bildet eine Zielgröße in einem Zielsystem, welches das IT-Management in der Praxis auszutarieren hat (vgl. Abschnitt 2.1.4.2.; Heinrich et al. 2014, S. 481). Dabei kann ein Artefakt im Sinne eines Kennzahlensystems als Grundlage für die Bestimmung des Optimums in Abhängigkeit mit anderen Zielstellungen dienen (Termer 2016, S. 222). Diese Forschungsarbeit knüpft somit an die Determinanten von TERMER an (Termer 2016). In der langjährigen Forschung zur IT-Agilität wurden Handlungsfelder in drei Forschungssträngen operationalisiert, die sich gegenseitig ergänzen, um die IT-Agilität umfassend messbar zu machen. Technische Aspekte, die die IT-Architektur betreffen, werden in RENNENKAMPFF und NISSEN UND RENNENKAMPFF behandelt (Nissen und Rennenkampff 2017; Rennenkampff 2015). Das Handlungsfeld des IT-Personals wird bei RAU behandelt (Rau 2021). In dieser Forschungsarbeit werden die IT-Aufbauorganisation und IT-Ablauforganisation als Komponenten der organisatorischen IT-Agilität behandelt. Ein Erfordernis für das aktive IT-Agilitätsmanagement bildet ein Artefakt (vgl. Abschnitt 1.4) zur objektiven Messung der organisatorischen IT-Agilität, um diese in einer einzigen Spitzenkennzahl zusammenzufassen – dem organisatorischen IT-Agilitätsindex (OAI). Objektiv beschreibt hierbei die Eigenschaft, dass unterschiedliche Personen mithilfe des Artefakts gleiche OAI-Werte messen sowie intersubjektiv nachvollziehbar sind. Dabei bauen Reliabilität (Grad der Messgenauigkeit (Präzision) eines Artefakts) und Validität (Konsistenz zwischen dem, was das Artefakt messen soll und was es tatsächlich misst) auf der Objektivität auf (Reinecke 2019, S. 729; Bortz und Döring 2006). Auf Basis der dargestellten Forschungslücke und praktischen Relevanz für den betrieblichen Alltag ergibt sich die zentrale Fragestellung für die wissenschaftliche Untersuchung:

> WIE KANN DER ORGANISATORISCHE TEIL DER IT-AGILITÄT AUF DER GRUNDLAGE VON OBJEKTIV BEOBACHTBAREN EIGENSCHAFTEN DER IT-AUFBAU- UND DER IT-ABLAUFORGANISATION PRAXISTAUGLICH GEMESSEN WERDEN?

Hieraus lassen sich konkrete Forschungsfragen ableiten, die für eine Beantwortung der zentralen Fragestellung erforderlich sind. Hierzu gehören die definitorischen Grundlagen, der theoretische Bezugsrahmen, die Identifikation von Eigenschaften, die Operationalisierung in Kennzahlen und die Demonstration in der Praxis.

> **Forschungsfrage 1:** Wie lässt sich IT-Agilität im organisatorischen Handlungsfeld definieren?
>
> **Forschungsfrage 2:** In welchen theoretischen Bezugsrahmen lässt sich IT-Agilität integrieren?

Die erste Forschungsfrage befasst sich mit der begrifflichen Vertiefung von IT-Agilität im organisatorischen Handlungsfeld mithilfe von unterschiedlichen

Definitionsebenen (Unternehmen, Fachbereiche und IT-Funktion). Aktuell liegen mehrere Definitionen von IT-Agilität in der IT-Funktion vor. Im Rahmen der längerfristigen Forschungsagenda zur IT-Agilität wurde diese als Verhaltensweise (Termer 2016, S. 20) im Handlungsfeld des IT-Personals (Rau 2021) und der IT-Anwendungslandschaften (Rennenkampff 2015, S. 275) definiert. Besonders für das organisatorische Handlungsfeld ist es erforderlich, eine Definition zugrunde zu legen, um zu verdeutlichen, dass das organisatorische Handlungsfeld nicht mit agiler Softwareentwicklung (Conboy 2009) gleichzusetzen ist, sondern darüber hinaus geht. Im Bereich der organisatorischen Veränderungsfähigkeit finden sich ferner zwei artverwandte Begrifflichkeiten zur Agilität – Flexibilität und die Ambidextrie – die entsprechend abzugrenzen sind. Die Arbeit erfordert es, eine konsistente Definition ausgehend aus der bestehenden Literatur zu schaffen, um eine Anschlussfähigkeit der Forschung und eine ausreichende Konkretisierung für das Design des Artefakts zu gewährleisten. Eine grundlegende Definition vermeidet Überschneidungen mit anderen Konstrukten und fördert passende Indikatoren, woraus gültige Schlussfolgerungen zu den Beziehungen gezogen werden können (MacKenzie et al. 2011, S. 295). Neben der definitorischen Klarheit des Konstrukts ist es erforderlich, IT-Agilität hinsichtlich seiner positiven Ursache-Wirkungs-Beziehungen für einen erweiterten IT-Wertbeitrag in einen theoretischen Rahmen einzubetten (siehe Forschungsfrage 2). Dadurch sollen Bezüge und Auswirkungen erklärt und prognostiziert werden können.

Forschungsfrage 3: Welche Eigenschaften der IT-Agilität in der IT-Aufbau- und Ablauforganisation existieren in der bisherigen Forschung?

Die dritte Forschungsfrage beschäftigt sich mit der Konkretisierung der Handlungsfelder der IT-Aufbau- und IT-Ablauforganisation. Hierzu ist es erforderlich, die IT-Funktion in einem Unternehmen allgemein bezüglich ihrer Ziele, Aufgaben und Besonderheiten zu beschreiben. Bisherige Eigenschaften einer hohen organisatorischen IT-Agilität müssen kategorisiert werden, um sie für die weitere Bearbeitung der übergeordneten Fragestellung vorzubereiten.

Forschungsfrage 4: Wie lässt sich organisatorische IT-Agilität konzeptualisieren und operationalisieren in Kennzahlen, die objektiv beobachtbar sind?

Im nächsten Schritt ist es notwendig, die Eigenschaften von organisatorischer IT-Agilität in Beziehung zu setzen und zu operationalisieren, um die Rahmenbedingungen für eine praktische Anwendung zu schaffen. Damit das Artefakt (vgl. Abschnitt 1.4) anhand von beobachtbaren Eigenschaften in der IT-Funktion verwendet werden kann, ist es erforderlich, Zielkonstrukte zu entwickeln, potenzielle Messgrößen in der IT-Funktion zu definieren und mit den Zielkonstrukten methodisch zu verbinden.

Forschungsfrage 5: Wie kann ein Artefakt (Kennzahlensystem) geschaffen werden, das effektiv und effizient in der betrieblichen Praxis genutzt werden kann?

Um eine effektive Anwendung in der betrieblichen Praxis zu gewährleisten, sollte die spätere Nutzergruppe definiert sein und in den Designprozess eingebunden werden. Hierzu sind unterschiedliche empirische Methoden auszuwählen und die Praxistauglichkeit des Austauschs zu evaluieren. Das betrifft die Auswahl von betrieblichen Datenquellen in der IT-Funktion. Zudem muss das empirische Feedback in das Design des Artefakts (vgl. Abschnitt 1.4) zurückfließen. Diese Methoden müssen gesichtet, bewertet und für die Anwendung im Rahmen des Forschungsprozesses vorbereitet werden.

1.3 Gegenstandsbereich und Einordnung in die Wirtschaftsinformatik

Die Abgrenzung des Gegenstandsbereichs und die Einordnung in die wissenschaftliche Forschungsdisziplin bilden die erforderlichen Grundlagen für eine stringente Beantwortung der zentralen Forschungsfrage. Für die Einordnung des Forschungsthemas in die Wirtschaftsinformatik wird das Strukturmodell betrieblicher Informationssysteme nach SINZ verwendet (Sinz 2010, S. 29) in Anlehnung an die Ausführungen von RENNENKAMPFF (Rennenkampff 2015, S. 12). Die Wirtschaftsinformatik ist die verbindende Disziplin zwischen Betriebswirtschaftslehre und Informatik und befasst sich mit der Gestaltung von betriebswirtschaftlichen Informationssystemen (Heinrich und Stelzer 2011, S. 3 f.). Ein Unternehmen, das aus systemtheoretischer Sicht betrachtet wird, besteht aus weiteren Subsystemen, die die Struktur des Unternehmens abbilden (Termer 2016, S. 10). Mithilfe der Systemzerlegung lassen sich unterschiedliche Teilsysteme definieren, die inhaltliche Aufgabenstellungen eines Unternehmens zusammenfassen. Dazu gehört auch die IT-Funktion. Die IT-Funktion ist ein soziotechnisches System, zusammengefasst in einer separaten organisatorischen Einheit, die in erster Linie für das Management der IT-Ressourcen und der dazugehörigen Mittel für die Realisierung der Informations- und Kommunikationsfunktion zuständig ist (Guillemette und Paré 2012; Leonhardt et al. 2017; Termer 2016, S. 71). Die

Betrachtung der IT-Funktion als soziotechnisches System unterstützt die Einordnung in das Strukturmodell betrieblicher Informationssysteme und damit in den Gegenstandsbereich der Wirtschaftsinformatik (Sinz 2010, S. 29 ff.). Das Management von Aufgaben als Teil der IT-Aufbau- und IT-Ablauforganisation können dem komponententypischen Forschungsfeld der Aufgabe zugeordnet werden (Sinz 2010). Der Zusammenhang von IT und Organisation ist dabei ein klassisches Forschungsfeld der Wirtschaftsinformatik (Heinzl et al. 2001, S. 225).

IT-Agilität bildet eine von mehreren Dimensionen des IT-Wertbeitrags (wie bspw. IT-Effizienz, IT-Compliance, oder IT-Zuverlässigkeit) und lässt sich daher in eine größere Forschungsagenda zur Messung des IT-Wertbeitrags einordnen (Termer et al. 2014). Dabei steht die Dimension der IT-Agilität im Fokus der vorliegenden Arbeit. Weiterführend beschäftigt sich die Arbeit daher nicht mit der Unternehmens-Agilität auf Unternehmensebene oder der Geschäftsagilität einzelner Geschäftsfunktionen, sondern mit der IT-Agilität, d. h. mit der Agilität der IT-Funktion. Wechselwirkungen zwischen der IT[-Agilität] und der Unternehmens- bzw. Geschäftsagilität oder dem Umfeld werden nicht im Schwerpunkt untersucht. Aufbauend auf MELVILLE ET AL. lassen sich die IT-Ressourcen der IT-Funktion in vier grundlegende Kategorien einteilen: technische (TIR), personelle (HIR), organisatorische (OIR) und prozessuale (PIR) IT-Ressourcen (Melville et al. 2004, S. 293; Termer 2016, S. 65) und bilden die Grundlage für die entsprechenden Handlungsfelder der IT-Agilität (Nissen und Rennenkampff 2013) wie in Abb. 1.2 gezeigt. Im Mittelpunkt der vorliegenden Arbeit stehen die OIR und PIR, die in die IT-Aufbau- und die IT-Ablauforganisation der IT-Funktion konkretisiert sind. Wechselwirkungen zwischen dem Handlungsfeld der IT-Organisation und anderen Handlungsfeldern der IT-Agilität (siehe Abschnitt 2.1.2) werden nicht explizit thematisiert.

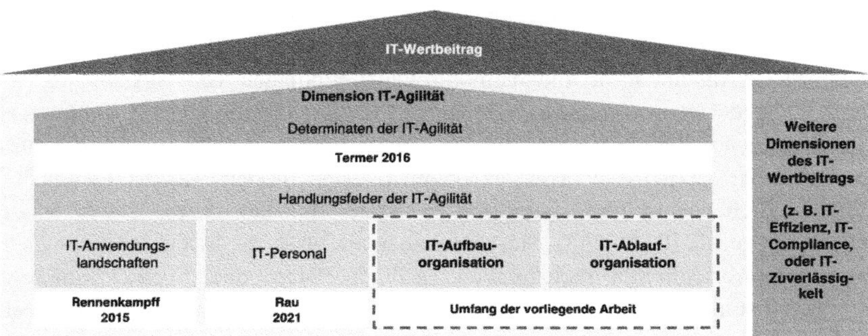

Abb. 1.2 Einordnung des Forschungsthemas in die Forschung zum IT-Wertbeitrag. (Quelle Eigene Darstellung in Anlehnung an (Termer et al. 2014; Termer 2016))

Weiterführend werden folgend die IT-Aufbau- und IT-Ablauforganisation weiter eingegrenzt. Neben dem Körper der IT-Aufbauorganisation sind die intraorganisatorischen Schnittstellen zu den Geschäftsfunktionen, die Einbettung in das Gesamtunternehmen, die Komposition der organisatorischen Einheiten, die formellen Rahmenbedingungen und die Entscheidungs- und Kontrollprozesse über die IT-Ressourcen von Bedeutung. Inhaltlich wird hierbei auf die langfristige Linienorganisation der IT-Funktion fokussiert. Die Besonderheiten temporärer IT-Aufbauorganisationen liegen nicht im Fokus der Untersuchung. In den Gegenstandsbereich der IT-Ablauforganisation fällt die Gesamtheit der IT-Serviceprozesse entlang der Lebenszyklen der IT-Systeme. Es sind damit nicht nur die IT-Entwicklungsprozesse, sondern ebenfalls die IT-Betriebsprozesse, bspw. für das Management der IT-Applikationslandschaft und IT-Infrastruktur relevant. Durch die dargestellte Abgrenzung des Gegenstandsbereichs und das hierdurch verbundene Erkenntnisziel in der IT-Organisation ist die vorliegende Arbeit innerhalb des interdisziplinären Forschungsfeldes der Wirtschaftsinformatik einzuordnen (Heinzl et al. 2001, S. 225).

1.4 Forschungsparadigma und Vorgehensweise

Für die wissenschaftliche Bearbeitung einer Fragestellung haben sich in der Wirtschaftsinformatik zwei erkenntnistheoretische Paradigmen durchgesetzt: das verhaltenswissenschaftliche Paradigma des Behavioral-Science und das gestaltungswissenschaftliche Paradigma der Design-Science (Wilde und Hess 2007, S. 281).

Das zu entwickelnde Kennzahlensystem wird ein Artefakt im Sinne von HEVNER ET AL. sein (Hevner et al. 2004, S. 83). Demzufolge wird die Design-Science in Anlehnung an die methodischen Grundlagen von HEVNER ET AL. und PEFFERS ET AL. genutzt (Hevner et al. 2004; Peffers et al. 2007). Das Design-Science-Paradigma verfolgt die Bildung von technischen oder organisatorischen Artefakten wie bspw. Modellen oder Methoden, die die Fähigkeiten von Menschen und Organisationen erweitern (Hevner et al. 2004, S. 76; Österle et al. 2010, S. 666). Hervorzuheben ist, dass die Artefakte über einen anwendungsorientierten Zielcharakter verfügen. Diese dienen einer konkreten Problemlösung innerhalb der Praxis unter betriebswirtschaftlichen und technologischen Aspekten (Peffers et al. 2007, S. 49). Bei der Entwicklung des Artefakts wird die Lösung eines abstrakten relevanten Problems angestrebt (Hevner et al. 2004, S. 76 f.). Fehlende Messbarkeit von IT-Agilität ist ein Problem, das sowohl wissenschaftlich und praktisch für die Bestimmung des IT-Wertbeitrags relevant ist (vgl. Abschnitt 1.3). Gleichzeitig ist die Entwicklung eines Kennzahlensystems nach wissenschaftlichen Standards eine Designtätigkeit (Hevner et al. 2004, S. 78). Daher umfasst die Designtätigkeit das Artefakt als Produkt und den Prozess zur Erstellung des Artefakts (Hevner et al. 2004, S. 76). Vier Gütekriterien an das auszuarbeitende Artefakt werden dabei in Anlehnung an ÖSTERLE ET AL. aufgegriffen und in Abschnitt 6.2.2 kritisch gewürdigt (Österle et al. 2010, S. 668 f.):

- Abstraktion: Abstraktion: Ein Artefakt muss auf eine Problemklasse anwendbar sein
- Originalität: Ein Artefakt muss einen innovativen Beitrag zum publizierten Wissensstand leisten
- Begründung: Ein Artefakt muss nachvollziehbar begründet werden und validierbar sein
- Nutzen: Ein Artefakt muss heute oder in Zukunft einen Nutzen erzeugen können.

Unter Zuhilfenahme des Vorgehensmodells in Abb. 1.3 der Design-Science-Research-Methodology (DSRM) (Peffers et al. 2007), wird ein stringenter rigoroser Designprozess verfolgt und dient als integratives Rahmenwerk für die Einbettung wissenschaftlicher Methoden. Das schrittweise Vorgehen unter Rückkoppelungen entlang des sechsstufigen Prozesses strukturiert die Entwicklungsschritte des Artefakts.

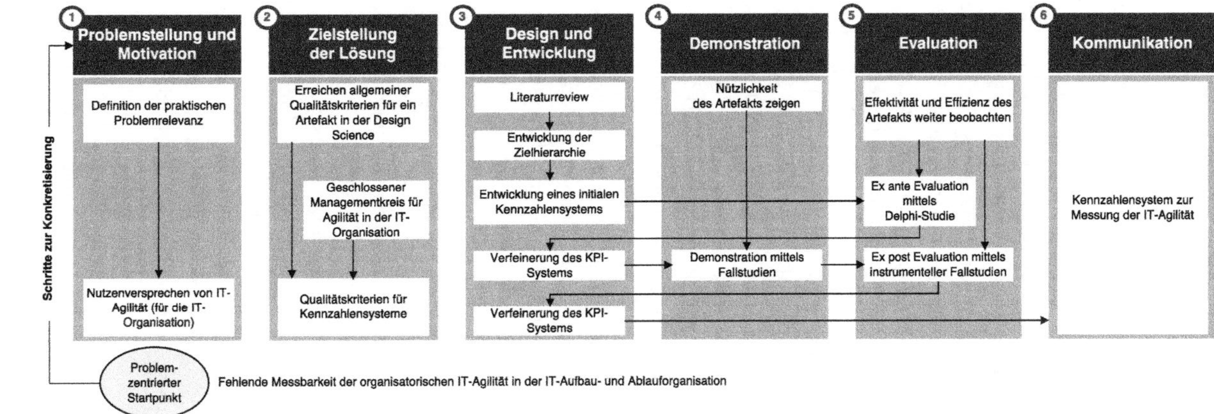

Abb. 1.3 Design-Science-Research-Methodology angewandt auf das untersuchte Problem. (Quelle In Anlehnung an (Peffers et al. 2007, S. 54))

Der erste Schritt widmet sich der Problemstellung zur Messbarkeit der organisatorischen IT-Agilität im betrieblichen Alltag und in der einschlägigen Literatur. Grundlage bildet die Kenntnis des praktischen Problemzustands und der Bedeutung des antizipierten Artefakts und des Nutzens für die Organisation der IT-Funktion (vgl. Abschnitt 1.4).

Der zweite Schritt umfasst die Zieldefinition für die Lösung ausgehend aus der Problemdefinition. Grundlegende Merkmale, die das Artefakt für eine Messbarkeit erfüllen muss, bestehen in der Anwendbarkeit im betrieblichen Alltag und Nützlichkeit der Messung für die effektive Steuerung (vgl. Sonnenberg und Brocke 2012). Hierunter fallen zusätzlich Anforderungen an Kennzahlensysteme und Kennzahlen sowie allgemeine Gütekriterien für das Artefakt (vgl. Abschnitt 2.4).

Der dritte Schritt umfasst das Design des initialen Artefakts. Dazu ist es erforderlich einen grundlegenden Stand der Forschung mithilfe eines Literaturreviews anzufertigen. Dies wird anhand methodischer Richtlinien von WOLFSWINKEL ET AL., WEBSTER UND WATSON und COOPER in Verbindung mit der Grounded Theory von CORBIN UND STRAUSS umgesetzt (Cooper 1988; Corbin und Strauss 1990; Webster und Watson 2002; Wolfswinkel et al. 2013). In Anlehnung an die Entwicklungshinweise von KÜTZ sowie von HEINRICH UND STELZER werden Zielhierarchien entwickelt (Kütz 2011; Heinrich und Stelzer 2011). Grundlage für die Zielhierarchie bilden die Zielkonstrukte, die aufbauend auf den identifizierten Eigenschaften der organisatorischen IT-Agilität entwickelt werden. Aufbauend auf den Evaluationen werden die Erkenntnisse in mehreren Designiterationen wieder in das Kennzahlensystem zurückgeführt.

Der vierte Schritt der Demonstration im Sinne eines instanziierten Prototyps (Sonnenberg und Brocke 2012, S. 81) findet mit instrumentellen Fallstudien in Anlehnung an die methodischen Hinweise u. a. von BENBASAT, STAKE und YIN statt (Benbasat et al. 1987; Stake 2006; Yin 2014). Dazu wurden drei sehr heterogene Unternehmen mit unterschiedlichen IT-Funktionen ausgewählt für die praktische Messung der organisatorischen IT-Agilität.

Der fünfte Schritt umfasst die ex ante und die ex post Evaluation. Zunächst wird das initiale Kennzahlensystem in einer mixed-mode Delphi-Studie mit zwei Runden und einem heterogenen Expertenpanel ex ante, d. h. vor der Instanziierung, evaluiert (Peffers et al. 2007, S. 70, Sonnenberg und Brocke 2012, S. 80). Die beiden Runden umfassen leitfadengestützte Experteninterviews und eine Befragung, die in methodischer Anlehnung an GLÄSER UND LAUDEL, HÄDER, MEUSER UND NAGEL (Gläser und Laudel 2009; Meuser und Nagel 2002, Häder 2014) angefertigt werden. Die Auswertung nutzt den arithmetischen Mittelwert, Certain Level of Agreement und Variationskoeffizient (Brake 2009; Gracht 2012) auf Basis von intervallskalierten Ratingskalen (Bortz und Döring 2006; Greving 2009). Die qualitative Inhaltsanalyse wird auf Basis wörtlicher Transkription (Schriftdeutsch) angefertigt (Kuckartz et al. 2008; Mayring 2016) und paraphrasiert (Meuser und Nagel 2002). Die ex post Evaluation schließt den Evaluationsschritt der DSRM in dieser Arbeit ab.

Der Abschluss des DSRM im sechsten Schritt bildet die Kommunikation durch die Veröffentlichung der vorliegenden Arbeit.

1.5 Aufbau der Arbeit

Die Arbeit untergliedert sich in sechs Kapitel und folgt einer Struktur, die ausgehend aus dem Allgemeingültigen spezifischer bis zum fünften Kapitel und zum Ende der Arbeit erneut allgemeingültiger wird. Dieser Sachverhalt ist mit dem grauen Hintergrund in Abb. 1.4 angedeutet (vgl. Rennenkampff 2015, S. 23).

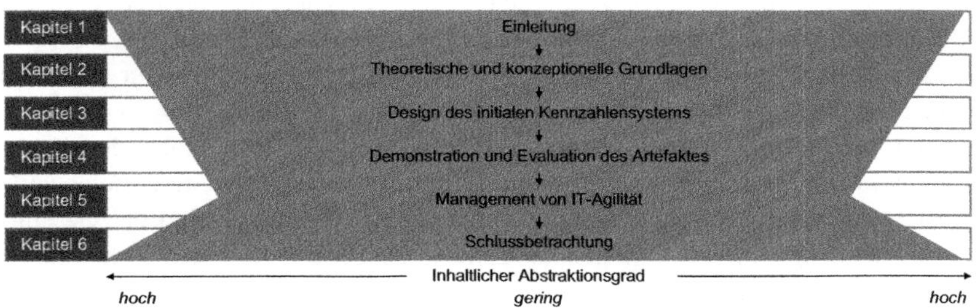

Abb. 1.4 Schematischer Aufbau der Dissertation. (Quelle: Eigene Darstellung)

Das erste Kapitel beschreibt die Motivation und die praktische Problemstellung. Aus der Zielsetzung werden die Forschungsfragen abgeleitet und der Gegenstandsbereich in die Forschungsdisziplin der Wirtschaftsinformatik eingeordnet. Für die systematische Bearbeitung wird das gewählte Forschungsparadigma expliziert und die methodische Vorgehensweise aufgezeigt.

Im zweiten Kapitel wird IT-Agilität von verwandten Begriffen abgegrenzt. Neben der Darstellung von Begriffen werden Konzepte erläutert, die im Rahmen der IT-Agilität von Bedeutung sind, wie bspw. Bimodalität und DEVOPS. Ferner wird IT-Agilität in den theoretischen Bezugsrahmen gesetzt. Dazu wird die IT-Agilität vor dem Hintergrund des ressourcenorientierten Ansatzes diskutiert. Einhergehend werden die Grundlagen zur Aufbau- und Ablauforganisation der IT-Funktion, Zielen und Kennzahlen dargestellt. Ausgehend von der theoretischen

Fundierung wird der IT-Wertbeitrag der IT-Agilität basierend auf einer Ursache-Wirkungs-Kette zwischen IT-Ressourcen, IT-Agilität und Unternehmens-Agilität verdeutlicht.

Das dritte Kapitel beschäftigt sich mit dem Stand der Forschung. Identifizierte Eigenschaften werden in einer Konzeptmatrix kategorisiert. Dadurch wird zum einen die Forschungsfrage zur Abgrenzung der organisatorischen IT-Agilität beleuchtet und zum anderen der Forschungsstand dargestellt. Im zweiten Teil werden die initialen Zielhierarchien für die IT-Ablauf- und IT-Aufbauorganisation strukturiert und hinsichtlich ihrer Zielkonstrukte beschrieben. Ferner werden die Zielhierarchien und die darunterliegenden Unterziele in quantitative Elementarkennzahlen operationalisiert.

Im vierten Kapitel werden die Prozessschritte der Evaluation und der empirischen Untersuchung der DSRM expliziert. Das Artefakt wird mithilfe einer mixed-mode Delphi-Studie und drei instrumentellen Fallstudien mit Experten und Unternehmen aus der Praxis evaluiert, wodurch Erkenntnisse in das Design zurückfließen, um das Artefakt weiterzuentwickeln. Dadurch wird die Überführung für den betrieblichen Alltag vorbereitet.

Das fünfte Kapitel zeigt das finale vorläufig Kennzahlensystem inklusive seiner Aggregationslogik mit den 18 Elementarkennzahlen, die jeweils in Steckbriefen strukturiert sind. Zusätzlich findet die kritische Würdigung des Kennzahlensystems statt und es wird ein Ausblick auf eine weitere potenzielle Designiteration gegeben. Ferner wird die grundlegende Konzeption der Gesamtzusammenhänge im IT-Agilitätsmanagement ausgehend von den Erfahrungen und Designiterationen der Kennzahlen im Rahmen der Demonstration erweitert. Dazu werden die einzelnen Restriktionsebenen und Steuerkreise der IT-Agilität in Bezug auf ein Unternehmen und dessen optimale IT-Agilität detailliert beleuchtet.

Das letzte Kapitel fasst die Forschungsergebnisse zusammen und würdigt diese kritisch vor dem Hintergrund der Forschung, der Methodik und der Implikationen auf die IT-Agilitätsforschung und die IT-Organisation. Ergänzend werden unterschiedliche Verwendungsmöglichkeiten des Artefakts und des entwickelten Forschungsprozesses aufgezeigt. Abschließend wird ein Ausblick auf weitere zukünftig relevante Forschungsbereiche gegeben.

Hierbei ist anzumerken, dass in der vorliegenden Arbeit teilweise Schlussfolgerungen aus nachfolgenden Forschungsschritten in der Arbeit inhaltlich vorgezogen werden (beispielsweise die Forschungslücke in Kapitel 1 auf Basis des Literaturreviews in Kapitel 3).

Theoretische und konzeptionelle Grundlagen

2

Dieses Kapitel schafft die Grundlagen für die Bearbeitung der ersten beiden Forschungsfragen. Dazu wird ein Überblick von Agilitätsdefinitionen gegeben, der Zusammenhang zwischen IT und Unternehmensagilität aufgezeigt, Definitionsebenen von Agilität differenziert und IT-Agilität im organisatorischen Handlungsfeld definiert. Ferner wird Agilität von Begriffen wie Flexibilität und Ambidextrie abgegrenzt. Weitergehend werden die Aufbau- und Ablauforganisation der IT-Funktion differenziert sowie die Besonderheiten beschrieben. Zudem werden Zusammenhänge zwischen Aufbau- und Ablauforganisation dargestellt. Parallel wird Bimodalität beleuchtet, zwischen agiler und klassischer Applikationsentwicklung differenziert und das DEVOPS-Konzept erläutert, bei dem Applikationsentwicklung und -betrieb enger zusammenarbeiten, indem Aktivitäten entlang des Applikationslebenszyklus automatisiert werden. Ferner werden der IT-Wertbeitrag der IT-Agilität aus theoretischer Perspektive beleuchtet und die organisatorischen IT-Ressourcen von IT-Agilität anhand des ressourcenorientierten Ansatzes qualifiziert. Im letzten Abschnitt werden allgemeine Ziele der IT-Funktion, Kennzahlen, IT-Kennzahlenarten und Kennzahlensysteme dargestellt. Diese Einführung schafft die konzeptionellen Grundlagen für das Design des Kennzahlensystems zur Messung der IT-Agilität in der IT-Aufbau- und IT-Ablauforganisation.

Ergänzende Information Die elektronische Version dieses Kapitels enthält Zusatzmaterial, auf das über folgenden Link zugegriffen werden kann https://doi.org/10.1007/978-3-658-44606-2_2.

R.-A. Koch, *Management von IT-Agilität in der IT-Funktion*, Forschung zur Digitalisierung der Wirtschaft | Advanced Studies in Business Digitization, https://doi.org/10.1007/978-3-658-44606-2_2

2.1 Definition von IT-Agilität

Die Arbeit behandelt die Fragestellung, wie die organisatorische IT-Agilität gemessen werden kann. Dazu ist es erforderlich, eine entsprechende Definition zugrunde zu legen und abzugrenzen. Aus diesem Grund werden im ersten Schritt mehrere Definitionen von Agilität analysiert, unabhängig von ihrer Definitionsebene, um Kernaspekte auszuarbeiten. Im zweiten Schritt werden die unterschiedlichen Definitionsebenen von der Unternehmensebene über die IT-Funktion bis hin zu den organisatorischen IT-Ressourcen beleuchtet und eine Definition für die IT-Agilität und die organisatorische IT-Agilität entwickelt.

2.1.1 Allgemeine Agilitätsdefinition

Agilität ist nicht neu, sondern war in den frühen 90er Jahren in den Bereichen des strategischen Managements und der Fertigungsfunktion angesiedelt. In turbulenten Situationen bzw. Industrien müssen Unternehmen agil sein, d. h. aktiv Veränderungen herbeiführen und auf Marktveränderungen schnell reagieren (Goldman et al. 1996, S. 3 ff.).

Der Literaturreview (siehe Abschnitt 3.1.3) verdeutlicht, dass es keine allgemeingültige Definition der Agilität gibt. Anhang A im elektronischen Zusatzmaterial zeigt eine chronologisch geordnete Übersicht von 40 Definitionen zur Agilität, die im Rahmen des grundlegenden Literaturreviews (vgl. Abschnitt 3.1) ausgearbeitet wurde. Hierin sind ergänzend die vornehmlichen Definitionsebenen in der dritten Spalte in Anhang A im elektronischen Zusatzmaterial aufgeführt. Die augenscheinliche Analyse der Definitionen zeigt, dass Fähigkeit (Ability) und Veränderung (Change) typische Begriffe sind. Für eine weitergehende Analyse wurde über eine quantitative Textanalyse die Häufigkeit der verwendeten Begriffe in den Definitionen analysiert und lehnt sich an dem Vorgehen von SATORI an (Satori 1985; MacKenzie et al. 2011). Dieser empfiehlt eine repräsentative Sammlung von Begriffsdefinitionen hinsichtlich der vorkommenden Merkmale zu analysieren (MacKenzie et al. 2011, S. 298; Sartori 1985, S. 121 f.). Dazu sind in Abb. 2.1 die 16 häufigsten Begriffe aus den 40 Definitionen dargestellt.

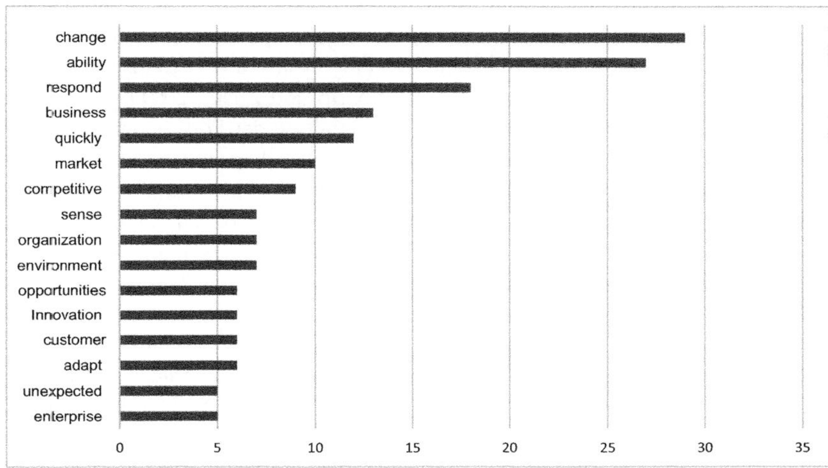

Abb. 2.1 Häufigkeitsverteilung verwendeter Begriffe in den 40 Definitionen. (Quelle: Eigene Berechnung und Darstellung)

Die Verteilung der Begriffe lässt mehrere Schlussfolgerungen zu: Agilität bezeichnet die Veränderungsfähigkeit, um schnell auf Geschäftsveränderungen im Markt bzw. Wettbewerb oder in der Unternehmensumwelt reagieren zu können. Damit eröffnen sich für eine Organisation neue Möglichkeiten. Die Erweiterung um eine schnelle Wahrnehmung (SENSE) von Veränderungen ist eine Vorbedingung für eine schnelle Reaktion (RESPOND) (Tallon et al. 2019). Der geschlossene Regelkreis aus SENSE und RESPOND ermöglicht es, Innovationen zu entwickeln und das Unternehmen an die veränderten Rahmenbedingungen anzupassen. Einer Differenzierung in SENSE und RESPOND wird auch in der vorliegenden Arbeit gefolgt. Der Schwerpunkt der Agilitätsdefinitionen liegt häufig in der RESPOND. Zwei Aspekte der RESPOND sind zu unterscheiden. Erstens die zeitliche Wahrnehmung, wie mit der Veränderung umgegangen wird und zweitens die Art des Veränderungsbedarfs. Hinsichtlich der zeitlichen RESPOND unterscheiden die untersuchten Definitionen zwischen einer reaktiven und einer proaktiven Art und Weise (Arteta und Giachetti 2004; Conboy und Fitzgerald 2004, S. 38; Ramasesh et al. 2001; Yusuf et al. 1999). Ein passiver, abwartender Umgang mit Veränderung wird als reaktiv charakterisiert, während eine von innen getriebene Veränderungsfreude als proaktiv definiert wird (Langer und Alting 2000; Mathiassen und Pries-Heje 2006; Nissen et al. 2011; Ramesh et al. 2001; Roberts und

Grover 2012; Sambamurthy et al. 2003; Termer 2016; Yusuf et al. 1999). Gleichzeitig ist zu unterscheiden, ob es sich um eine Anpassung an eine erwartete oder unerwartete Veränderung handelt (Ganguly et al. 2009; Goranson 1999; Lu und Ramamurthy 2011; Oosterhout 2010; Sharifi und Zhang 2001). Beim zweiten Aspekt des Veränderungsbedarfs ist die Definition der Forschungsgruppe von NISSEN ET AL. hervorzuheben, die zwischen einem kapazitiven Veränderungsbedarf, d. h. einer mengenmäßigen Variation des gleichen Outputs, und einem funktionalen Veränderungsbedarf, d. h. eine Variation der Beschaffenheit des Outputs unterscheiden (Nissen et al. 2011, S. 2). Die Unterscheidung konkretisiert damit den RESPOND-Anteil. Zusammenfassend wird in dieser Arbeit die folgende allgemeine Definition der Agilität verwendet:

> Agilität besteht aus zwei wesentlichen Fähigkeiten. Die erste Fähigkeit (Sense) besteht darin, relevante Veränderungen in der Unternehmensumwelt wahrzunehmen und zu bewerten. Die zweite Fähigkeit (Respond) umfasst einen schnellen reaktiven bzw. proaktiven Impuls in funktionaler oder kapazitiver Form.

Die verwendete Definition steht in Einklang mit den Definitionen (Conboy und Fitzgerald 2004; Mathiassen und Pries-Heje 2006; Nissen et al. 2011; Overby et al. 2006; Ramasesh et al. 2001; Roberts und Grover 2012; Sambamurthy et al. 2003; Seo und La Paz 2008; Tallon und Pinsonneault 2011; Tapanainen 2012).

2.1.2 IT-Agilität und Handlungsfelder

Analog zur allgemeinen Agilitätsdefinition findet sich keine einheitliche Definition der IT-Agilität, gleichwohl haben sich mehrere Autoren mit der Darstellung von Definitionen zur Agilität auch in der Forschungsdisziplin der Wirtschaftsinformatik auseinandergesetzt (Oosterhout et al. 2006, S. 133; Ravichandran 2018, S. 26; Roberts und Grover 2012, S. 235 f.; Tallon et al. 2019, S. 222; Termer 2016, S. 255 f.; Yousif et al. 2016, S. 2). Mehrere Autoren bringen Agilität konkret in den Kontext der IT-Funktion (Nissen et al. 2011, S. 1; Tapanainen 2012, S. 14; Oosterhout 2010, S. 251). TIWANA UND KONSYNSKI sehen IT-Agilität als die Fähigkeit der IT-Funktion, sich schnell an veränderte Anforderungen und Möglichkeiten der Linienfunktion anzupassen (Tiwana und Konsynski 2010, S. 294) und LOWRY UND WILSON als die Fähigkeit mithilfe der IT[-Funktion] operativ und strategisch auf Veränderungen im externen

Umfeld zu reagieren (Lowry und Wilson 2016, S. 215). Folgend der Argumentation von LEONHARDT ET AL., muss die Agilität der IT-Funktion (IT-Agilität), ähnlich wie die Agilität (siehe Abschnitt 2.1.1), aus zwei Dimensionen bestehen – SENSE und RESPOND (Leonhardt et al. 2017, S. 971; Overby et al. 2006). IT-Agilität ist weiterhin aufgrund seiner kontextabhängigen Bedeutung mehrdeutig (Schuch et al. 2020, S. 4337). Die trügerische Annahme, dass die Bezeichnung oder Benennung des Konstrukts gleichbedeutend mit seiner Definition ist, kann im späteren Verlauf des Forschungsprozesses zu erheblichen Schwierigkeiten führen (MacKenzie et al. 2011, S. 298). Frühes Material wie das agile Manifest für die agile Softwareentwicklung stellt IT-Agilität als klares, einfaches und kohärentes Konzept in der Öffentlichkeitsarbeit dar (Conboy 2009, S. 330). Dies bildet jedoch die Realität kaum ab, da IT-Agilität viele Facetten hat und mehrdimensional ist und fast alle Facetten der IT-Funktion betrifft (Conboy 2009, S. 330; Yousif und Pessi 2016, S. 8). Hervorzuheben ist die Differenzierung zwischen einer agilen IT-Entwicklung und dem Einsatz von IT für die Unternehmens-Agilität (Tallon et al. 2019, S. 221). Daher sollte IT-Agilität nicht mit agilen Softwareentwicklungs- oder Projektmanagement-Methoden (vgl. Lee und Xia 2010) verwechselt werden, obwohl dies einen potenziellen Weg darstellen kann, um organisatorische IT-Agilität zu erlangen (Leonhardt et al. 2017, S. 972). Durch die Integration der Ansichten mit Abschnitt 2.1.1 wird IT-Agilität in der vorliegenden Arbeit wie folgt definiert. IT-Agilität im organisatorischen Handlungsfeld umfasst zwei Fähigkeiten der komplementären IT-Ressourcen der IT-Funktion (Barney 1995, S. 56). Das ressourcenorientierte Bezugsobjekt ist hierbei die IT-Aufbau- und IT-Ablauforganisation der IT-Funktion.

> Die erste Fähigkeit (Sense) ermöglicht es, relevante Veränderungen im Geschäftsumfeld und im Unternehmen schnell wahrzunehmen und adäquat zu bewerten. Die zweite Fähigkeit (Respond) ermöglicht einen schnellen reaktiven und oder proaktiven Impuls in funktionaler oder kapazitiver Form durch die technologischen und humanen IT-Ressourcen

Da die Unternehmens-Agilität moderner Organisationen zunehmend von der Agilität der IT-Funktion abhängt, wird es bedeutender zu verstehen, wie IT-Ressourcen zur IT-Agilität beitragen (Lowry und Wilson 2016, S. 212; Leonhardt et al. 2017, S. 971). In dieser Arbeit wird eine erweiterte Konzeptualisierung von IT-Agilität genutzt, die auf den IT-Ressourcen der IT-Funktion fußt. Dieser ressourcenbasierte Konzeptualisierungsansatz für IT-Agilität reiht sich in den vorherrschenden Ansatz zur theoretischen Fundierung von Agilität ein – dem ressourcenbasierten Ansatz (RBV) (Barney 1991; Tallon et al. 2019, S. 227

sowie Abschnitt 2.2.2). Daher wurde eine Definition zur IT-Agilität angefertigt in Anlehnung an SARTORI und als Fähigkeit der betrieblichen IT-Funktion definiert (Bharadwaj 2000, MacKenzie et al. 2011, S. 300). IT-Agilität kann sich daher fallweise je nach untersuchtem Unternehmen unterscheiden. Ferner kann ebenfalls die gemessene organisatorische IT-Agilität im gleichen Unternehmen abweichen, wenn zwischen der Messung beispielsweise ein Jahr liegt, da sich diese über die Zeit hinweg entwickeln kann (MacKenzie et al. 2011, S. 300). In der Langzeitforschung zur IT-Agilität wurden IT-Ressourcen in drei Handlungsfeldern operationalisiert, die sich gegenseitig ergänzen und versuchen, Eigenschaften der IT-Agilität zu messen (Termer 2016, sowie Abschnitt 1.3). Die Gesamtzusammenhänge sind in Abschnitt 5.3.1 dargestellt. Das erste Handlungsfeld bildet die IT-Architektur mit besonderem Fokus auf die Architektur der Anwendungslandschaft, die die Kerngeschäftsprozesse unterstützen (Rennenkampff 2015, S. 8–12). Hierbei werden die Eigenschaften der IT-Architektur hinsichtlich ihres Einflusses auf die IT-Agilität mithilfe von neun Kennzahlen messbar gemacht (Rennenkampff 2015). Hierzu gehören die Haupteigenschaften der IT-Anwendungslandschaft wie eine geringe Abhängigkeit, hohe Homogenität, hohe Modularität, geringe Redundanz sowie hohe technologische Skalierbarkeit und sind in zwei Fallstudien demonstriert (Rennenkampff 2015; Nissen und Rennenkampff 2017). Das zweite Handlungsfeld beschäftigt sich mit den Mitarbeitern der IT-Funktion als ressourcenorientiertes Bezugsobjekt. Hierbei werden die Haupteigenschaften der Mitarbeiterflexibilität, Workforce Management und IT-Innovationsfähigkeit mithilfe von 26 Kennzahlen gemessen und in einer Fallstudie demonstriert (Rau 2021). Im Zentrum der vorliegenden Arbeit steht das organisatorische Handlungsfeld, das die Aufbau- und Ablauforganisation der IT-Funktion als ressourcenorientiertes Bezugsobjekt besitzt, welches bisher noch nicht untersucht wurde.

2.1.3 Zusammenhang zwischen IT und Unternehmensagilität

Unternehmens-Agilität (vgl. Abschnitt 2.1.1) umfasst die Agilität auf der Ebene des Gesamtunternehmens (Rennenkampff 2015, S. 50). Befähiger für eine Unternehmens-Agilität sind beispielsweise die Governance im Unternehmensnetzwerk, die Unternehmensarchitektur, die Unternehmenskultur, die Belegschaft des Unternehmens, die Beziehungen zu Unternehmenspartnern wie Kunden und Lieferanten und die Agilität einzelner Geschäftsfunktionen (Geschäftsagilität), wie z. B. die Fertigungsagilität (Oosterhout et al. 2006; Zhang und Sharifi 2007; Vinodh et al. 2010).

In der bisherigen IS-Forschung wurde dazu auch IT als Ermöglicher von Unternehmens-Agilität auf Unternehmensebene vorgeschlagen und mit einer Vielzahl von Modellen und Ansätzen untersucht (z. B. Lee et al. 2015; Lu und Ramamurthy 2011; Overby et al. 2006; Roberts und Grover 2012; Sambamurthy et al. 2003; Tallon und Pinsonneault 2011; Park et al. 2017, S. 670). Im heutigen digitalisierten Geschäftsumfeld sind die Informationstechnologien stärker mit den Geschäftsprozessen als früher verbunden und IT wird zunehmend zu einem Innovationsauslöser (Park et al. 2017, S. 649; Leonhardt et al. 2017, S. 971). IT ermöglicht Unternehmen eine Informationsverarbeitung, die die menschliche Kapazität ohne IT-Einsatz andernfalls überfordern würde (Overby et al. 2006, S. 126). Ebenso sind Antworten in modernen Umgebungen oft zu komplex für eine zeitnahe Umsetzung ohne eine adäquate IT-Unterstützung und Automatisierung (Oosterhout 2010, S. 52; Overby et al. 2006, S. 126). Fortschritte in der Informationstechnologie und im Datenmanagement ermöglichen es Unternehmen, bedeutende Geschäftsereignisse schnell zu erkennen und darauf zu reagieren (Park et al. 2017, S. 649). IT-Ressourcen wie Data Warehousing und Analytics unterstützen Unternehmen, vielfältige Daten über Geschäftsprozesse, Lieferketten und Kundeninteraktionen zu sammeln (Park et al. 2017, S. 649). Hierzu gehören veränderte Kundenpräferenzen, geändertes Kaufverhalten, das Aufspüren von Trends oder das Ermitteln von Meinungen einzelner Personen, das Erkennen von schwachen Signalen, mehrdeutigen Hinweisen in einer einfachen, schnellen und erschwinglichen Weise (Overby et al. 2006, S. 126; Park et al. 2017, S. 649; Tallon et al. 2022, S. 642 f.). Hochwertige Informationen zu Marktrisiken und -chancen kann Managern helfen, profitable neue Kundensegmente zu identifizieren (Overby et al. 2006, S. 126; Tallon et al. 2019, S. 219). Veränderungen in den Benutzeranforderungen, Geschäftsprozessen und organisatorischen Prioritäten führen zu veränderten IT-Anforderungen der Geschäftsfunktionen (Tiwana und Konsynski 2010, S. 290). Es besteht daher ein kontinuierliches Erfordernis, mit IT innovativ zu sein, um Veränderungen herbeizuführen und Geschäftsprozesse und -praktiken anzupassen, um auch auf Veränderungen von Wettbewerbern zu reagieren, was oft als Agilität bezeichnet wird (Peppard und Ward 2004, S. 183). Dies unterstützt die Schaffung digitaler Innovationen, die eine Einbindung der Kunden (z. B. durch mobile Anwendungen) sowie die Automatisierung (z. B. Business-to-Business-Plattformen) erleichtern (Haffke 2017, S. 83; Lee et al. 2003, S. 54). Neue digitale Plattformen bieten die Möglichkeit, neue Geschäftsmodelle zu schaffen oder digitale Produkte und Dienstleistungen zu entwickeln (Ravichandran 2018, S. 36).

Ein automatisches Datenerfassungs- und -verarbeitungssystem sorgt dabei auch für betriebliche Effizienz (Seo und La Paz 2008, S. 138), bspw. bei der Automatisierung von Back-Office-Prozessen (Urbach et al. 2018, S. 5). Unternehmen nutzen ebenso integrierte ERP-Systeme zur Automatisierung und Unterstützung von Geschäftsprozessen und werden mit Unternehmens-Agilität, aber auch mit Rigidität und Unflexibilität in Verbindung gebracht (Lu und Ramamurthy 2011, S. 932; Oosterhout 2010, S. 63; Rennenkampff 2015, S. 106).

In empirischen Studien wird IT vorwiegend als einzelnes wenngleich ganzheitliches Konstrukt (z. B. IT-Fähigkeiten oder IT-Kompetenzen) behandelt, welches Unternehmen benötigen, um Veränderungen wahrzunehmen und darauf zu reagieren (Chen et al. 2014; Chakravarty et al. 2013; Lu und Ramamurthy 2011; Park et al. 2017, S. 649; Tallon et al. 2022, S. 642). Ausgeprägte IT-Fähigkeiten und IT-Kompetenzen erhöhen die Unternehmensagilität (Chakravarty et al. 2013; Chen et al. 2014; Lu und Ramamurthy 2011). Dabei ist IT-Agilität im Vergleich zu den IT-Fähigkeiten ein neueres Konzept, dessen Vorläufer und Ergebnisse vergleichsweise weniger gut verstanden sind (Leonhardt et al. 2017, S. 979). Dennoch finden sich in den untergeordneten Konstrukten mehrere Hinweise zu SENSE und RESPOND Fähigkeiten der IT-Funktion, wie z. B. einer proaktiven IT-Haltung oder integrierte IT-Geschäftsfähigkeiten, um proaktiv nach neuen IT-Innovationen zu suchen oder bestehende IT-Ressourcen für aufkommende Geschäftsmöglichkeiten zu nutzen und die Geschäftsziele zu unterstützen (Lu und Ramamurthy 2011, S. 936; Leonhardt et al. 2017, S. 975). Umfassende Interaktionen zwischen IT- und Geschäftsfunktionen, die Verschmelzung von Geschäfts- und IT-Expertise in multidisziplinären Teams, die Förderung von IT-Experimenten (Chen et al. 2014, S. 342), regelmäßige Updates der technischen IT-Ressourcen sowie ausgeprägte IT-Fähigkeiten der Mitarbeiter (Chakravarty et al. 2013, S. 993) können ebenso ein SENSE und RESPOND der IT-Funktion fördern.

Eine IT-Architektur im Sinne einer wiederverwendbaren und flexiblen IT-Architektur und adäquate Werkzeuge für die Geschäftsprozessorchestrierung schaffen eine Basis, um auf Unternehmensebene agil zu werden (Tiwana und Konsynski 2010, S. 288 ff.; Peppard und Ward 2004, S. 183; Oosterhout 2010, S. 106). IT-Agilität, basierend auf einer modularen IT-Architektur ermöglicht es, IT kontinuierlich an den Geschäftsprioritäten auszurichten, und zu branchenüberdurchschnittlichen Margen und Wachstumsraten beizutragen (Tiwana und Konsynski 2010, S. 291). Investitionen in die technologische Infrastruktur werden zunehmend wichtiger und unangemessene Entscheidungen in diesem Bereich können die Unternehmens-Agilität beeinträchtigen, wenn dies nicht in einem integrativen Ansatz, der alle IT-Ressourcen betrachtet, geschieht (Peppard und Ward 2004, S. 169; Lu und Ramamurthy 2011, S. 948). Dabei ermöglicht die IT-Infrastruktur einen Austausch von Informationen in Echtzeit und in Kombination mit ergänzenden Koordinierungsmechanismen schnelle Unternehmensreaktionen (Chen et al. 2014, S. 329; Roberts und Grover 2012, S. 252). Es besteht auch ein positiver Zusammenhang zwischen der IT-Agilität und Unternehmens-Agilität (Arteta and Giachetti 2004; Oosterhout 2010, S. 128), wenn eine reife Enterprise-Architektur im Sinne einer höheren Standardisierung, gemeinsamen Datennutzung und hohen Datenqualität vorliegt (Oosterhout 2010, S. 212). IT-Agilität spielt auch eine entscheidende, aber unterschätzte Rolle bei der Aufrechterhaltung des Business-IT-Alignment, welches einen Einfluss auf die Unternehmensagilität aufweist (Tiwana und Konsynski 2010, S. 288; Lu und Ramamurthy 2011; Tallon und Pinsonneault 2011). Insgesamt fördert eine hohe IT-Agilität die Unterstützung der IT-Funktion für eine unternehmensweite Digitalisierung im Sinne einer verbesserten Technologienutzung, Umgestaltung der Geschäftsprozesse und Ausbringung von IT-gestützten Innovationen (Leonhardt et al. 2017, S. 978). Forschungsarbeiten zu Unternehmens-Agilität im Zusammenhang mit IT fordern dazu auf, das Verständnis zwischen den Komponenten der IT-Agilität und der Unternehmensagilität zu erweitern (Park et al. 2017, S. 649; Tallon et al. 2019; Leonhardt et al. 2017, S. 979).

2.1.4 Abgrenzung von artverwandten Begrifflichkeiten

Im Kontext der Veränderung finden sich in der wissenschaftlichen Literatur neben der Agilität weitere Begrifflichkeiten wie Flexibilität, Ambidextrie und Bimodalität, die sich ebenfalls auf die IT-Funktion beziehen lassen. Daher werden im Folgenden die Begrifflichkeiten vorgestellt und abgegrenzt und tragen dazu bei, die begriffliche Klarheit der Agilität zu erhöhen.

2.1.4.1 Flexibilität

Flexibilität und Agilität verfügen über eine gemeinsame Schnittmenge, die sich im Umgang mit Veränderungsprozessen zeigt. In der Literatur gibt es Hinweise, dass eine inhaltliche Abgrenzung zwischen beiden Begriffen nicht ohne weiteres möglich ist. TERMER analysiert dazu ausführlich unterschiedliche Literaturquellen hinsichtlich ihrer definitorischen Überschneidung. Dabei reicht das Spektrum von einer deckungsgleichen Verwendung bis zu einer überschneidungsfreien Menge zwischen Flexibilität und Agilität. Als Resultat seiner Analyse, die durch Venndiagramme unterstützt wird, sind in Abb. 2.2 zusammenfassend

Gemeinsamkeiten und Unterschiede zwischen Flexibilität und Agilität dargestellt (Oosterhout 2010, S. 28 ff.; Termer 2016, S. 47).

Agilität	Gemeinsamkeiten	Flexibilität
▪ offensive Verhaltensweise ▪ auf neue Ziele ausgerichtet ▪ initiieren von Veränderungen	▪ für erwartete und unerwartete Situationen, Ereignisse und Zustände ▪ sowohl reaktiv als auch proaktiv ▪ geplant und zeitlich festgelegt ▪ sowohl durch innere als auch durch äußere Reize ausgelöst ▪ Handlungen werden in einer adäquaten Geschwindigkeit durchgeführt	▪ defensive Verhaltensweise ▪ auf ursprüngliche Ziele ausgerichtet ▪ reagieren auf Veränderungen

Abb. 2.2 Abgrenzung und Überschneidung zwischen Agilität und Flexibilität. (Quelle: (Termer 2016, S. 47))

Als Unterscheidungsmerkmal zwischen Agilität und Flexibilität wird die offensive Anpassung an äußere Markteinflüsse und die Entwicklung von eigenen technologischen Innovationen hervorgehoben, um das Marktumfeld proaktiv zu gestalten (Rennenkampff 2015, S. 94). Zusätzlich beschreibt TERMER die Innovation als eine der Charakteristika von agilem Verhalten (Termer 2016, S. 45). Daher ist Agilität nicht zu verwechseln mit Flexibilität. Agilität hat ferner eine zeitliche Komponente und behandelt die Voraussicht, wie sich bspw. Geschäftsmodelle in der Zukunft entwickeln. Differenzierungsmerkmal zur Flexibilität bildet daher die offensiv-aggressive Anpassung an neue Umwelteinflüsse sowie die proaktive Initiierung von Veränderungen, um das Marktumfeld aktiv zu gestalten (Rennenkampff 2015, S. 94; Termer 2016, S. 45). Die Fähigkeit, sowohl auf strategischer als auch auf operativer Ebene schnell auf solche unvorhersehbaren Veränderungen zu reagieren, erfordert ein Maß, das über die traditionelle Flexibilität hinausgeht. Daher wird davon ausgegangen, dass Agilität das Konzept der Flexibilität umhüllt und erweitert zur wirksamen Bewältigung von externen und internen Veränderungen (Overby et al. 2006, S. 127). Agilität ist dann erforderlich, wenn die Veränderungen bei der Einführung organisatorischer Prozesse und Systeme nicht vorgesehen waren (Oosterhout et al. 2006, S. 134).

2.1.4.2 Ambidextrie

Unternehmen stehen konstant vor der Herausforderung, eine effektive und effiziente Wertschöpfung zu gestalten und gleichzeitig sich an die dynamisch veränderten Umwelten anzupassen. Hierbei müssen die eigene Strategie und

Organisation hinterfragt werden und falls es sinnvoll erscheint, angepasst bzw. erneuert werden. Das betrifft die Nutzung von Ressourcen sowohl für Routineprozesse als auch für neue Geschäftsmodelle (Gregory et al. 2015, S. 67). Dieser Kompromiss wird noch unübersichtlicher, wenn bedacht wird, dass verschiedene Unternehmensebenen von Veränderungen und Geschwindigkeiten ein hohes Maß an Ausgewogenheit und Abstimmung erfordern (Gregory et al. 2015, S. 64). Diese Balance der Spannungsfelder, auch organisatorische Ambidextrie (Beidhändigkeit) genannt, lässt sich als die Fähigkeit einer Organisation beschreiben, zwei gefühlt unvereinbare bzw. sich teilweise gegenseitig ausschließende Ziele gleichermaßen gut zu verfolgen (Gregory et al. 2015, S. 73; Lee et al. 2015, S. 398; Leonhardt et al. 2017, S. 969). Deshalb müssen Führungskräfte z. B. in der Lage sein, die Verteilung der Ressourcen zwischen dem alten und dem neuen Geschäftsbereich zu orchestrieren, um erfolgreich zu sein (Weber und Tarba 2014, S. 8). Ambidextrie definiert sich über zwei wesentliche Fähigkeiten (March 1991, S. 71):

- Exploration: Erkundung neuer Kombinationen von Ressourcen und Fähigkeiten
- Exploitation: Ausnutzung der disponiblen Ressourcen und Kompetenzen.

Unternehmen müssen in der Lage sein, inkrementelle und diskontinuierliche Innovationen parallel zu verfolgen (Tushman und O'Reilly 1996, S. 24). Organisatorische Ambidextrie findet daher eine Anwendung für eine Vielzahl von gegensätzlichen Zielsetzungen im Unternehmenskontext. Hierunter fallen bspw. Differenzierung und Integration, Organisation und Individuum oder Internalisierung und Externalisierung (Raisch et al. 2009, S. 686 ff.). Falls keine Balance zwischen beiden Fähigkeiten besteht, führt die einseitige Ausrichtung entweder zu einer Erfolgsfalle (Exploitation ist stärker ausgeprägt als Exploration) oder einer Fehlerfalle (Exploration ist stärker ausgeprägt als Exploitation) (vergleiche hierzu Abb. 2.3). Daher nutzen Unternehmen sequenzielle Ansätze, d. h., sie teilen zeitlich zwischen beiden Aktivitäten auf. Solche Strategien werden im Rahmen des zeitlichen Zyklus diskutiert. Nichtsdestotrotz ist die zeitliche Befolgung solcher einseitigen Strategien nicht ambidexter, weil nicht beide Ziele zeitgleich verfolgt werden (Lackner et al. 2011, S. 5).

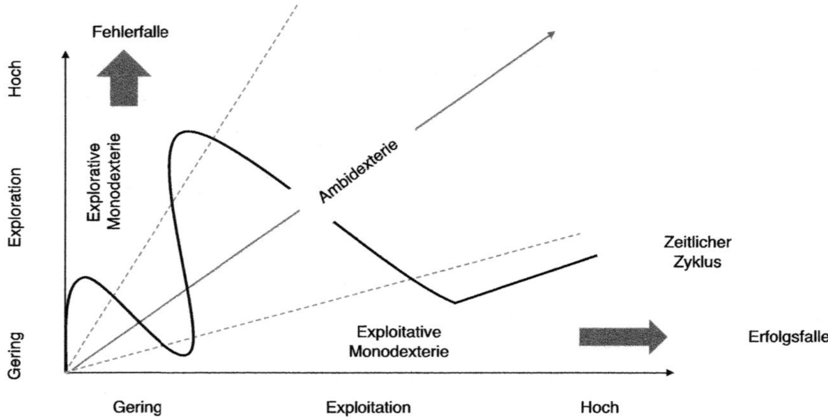

Abb. 2.3 Ambidextrie, Monodextrie und temporäre Zyklen. (Quelle: (Lackner et al. 2011, S. 5))

Diese Kontradiktionen liegen nicht nur auf allgemeiner Unternehmensebene vor, sondern gleichwohl auf der Ebene der IT-Funktion. Gleichzeitig werden neue Möglichkeiten unter dem balancierten Management der entstehenden Spannungen für die Nutzung der IT erkundet und bewertet (Lee et al. 2015, S. 398; Leonhardt et al. 2017, S. 969). Spannungsfelder in der IT-Funktion bestehen bspw. in Bezug auf Portfolioentscheidungen (Senkung operativer Ausgaben versus IT-Investitionen in Innovationen), Plattformentwicklungen (standardisierte Bereitstellung von Services versus Reaktion auf neue Geschäftsanforderungen) oder in Bezug auf die Programmplanung, bei der Strategiewechsel schnell berücksichtigt werden oder eine Basis für die disziplinierte Programmdurchführung geschaffen wird (Gregory et al. 2015, S. 64).

Ambidextrie und Agilität bilden spezifische Eigenschaften der IT-Funktion, bisher ist jedoch nur wenig über deren Beziehung bekannt. Lediglich in den Studien von Lee et al. und Leonhardt et al. werden sie in einen Zusammenhang gestellt (Lee et al. 2015, S. 400; Leonhardt et al. 2017, S. 970). Während sich die IT-Agilität mit der schnellen Wahrnehmung von Veränderungen und der veränderten Antwort in der IT-Funktion befasst, steht bei der IT-Ambidextrie die Ausbalancierung von erkundenden innovativen IT-Aktivitäten und der effizienten Verwertung der aktuellen IT-Ressourcen für IT-Routineaufgaben im Vordergrund (Zhen et al. 2021, S. 55).

2.1.4.3 Bimodalität

Aufbauend auf der vorherigen Diskussion zur Ambidextrie findet in der betrieblichen Praxis und in der Theorie das organisatorische Konzept der bimodalen IT-Funktion vermehrte Aufmerksamkeit. Weitere Begrifflichkeiten in diesem Kontext sind Two-Speed IT oder Light- und Heavyweight-IT (Horlach et al. 2016, S. 1419). Unternehmen sehen derzeit die Digitalisierung bzw. die digitale Transformation als eine zentrale Herausforderung an (vgl. beispielsweise Capgemini 2021, S. 11). Die IT-Funktion sieht sich in der Position, einen explorativen Beitrag zur Digitalisierung zu leisten, indem neue digitale Geschäftsmodelle entwickelt werden. Etablierte Unternehmen und deren fachliche Führungskräfte sahen bis zur Digitalisierung das Aufgabenspektrum der IT-Funktion in der standardisierten Bereitstellung von IT-Services, um eine operative Effizienz in der IT-Funktion und den Geschäftsprozessen zu gewährleisten. In diesem diametralen Spannungsfeld beider Modi bewegt sich die IT-Funktion. Praktiker haben dazu das Konzept der bimodalen IT entwickelt, um explorative und bereits nutzbare Aktivitäten besser als traditionelle Organisationen auszubalancieren (Haffke 2017, S. 84 f.; siehe Abschnitt 2.1.4.2). Ausgehend von GARTNER kann die bimodale IT definiert werden als "die Praxis, zwei getrennte, kohärente Arten der IT-Bereitstellung zu verwalten, wobei sich die eine auf Stabilität und die andere auf Agilität konzentriert. Modus 1 ist traditionell und sequenziell, wobei der Schwerpunkt auf Sicherheit und Genauigkeit liegt. Modus 2 ist explorativ und nichtlinear, wobei der Schwerpunkt auf Agilität und Geschwindigkeit liegt." (Gartner 2015). Tab. 2.1 zeigt die Charakteristika der unterschiedlichen Modi für die IT-Funktion.

Tab. 2.1 Charakteristika traditioneller und digitaler IT. (Quelle:(Horlach et al. 2016, S. 1421))

	Traditionale IT (Modus 1: Industrielle IT)	Digitale IT (Modus 2: Agile IT)
Ziel	Stabilität	Agilität
Kultur	IT-zentrisch	geschäftszentrisch
Kundennähe	entfernt	nah
Auslöser	Leistung und Sicherheit	kurzfristige Markttrends
Wert	Verbesserung der Services	Kundenerlebnis und Markenaufbau
Serviceschwerpunkt	Sicherheit und Zuverlässigkeit	Innovation

(Fortsetzung)

Tab. 2.1 (Fortsetzung)

	Traditionale IT (Modus 1: Industrielle IT)	Digitale IT (Modus 2: Agile IT)
Softwareentwicklung	Wasserfall-Entwicklung	iterative, agile Entwicklung
Applikationen	Aufzeichnungssystem	Interaktionssystem
Bereitstellungsgeschwindigkeit	langsam	schnell

Unternehmen versuchen daher, eine bimodale IT-Funktion aufzubauen. Mithilfe einer (teilweisen) organisatorischen Trennung wird das Ziel verfolgt, diesen zwei Geschwindigkeiten und Aufgabenspektren gerecht zu werden (Leonhardt et al. 2017, S. 979 f.). Dabei können drei Archetypen (Projekt (A), Funktion (B), Division (C)) und Abstraktionsebenen der Trennung in der betrieblichen Praxis unterschieden werden und werden folgend erläutert (Haffke 2017, S. 92). Beim projektbezogenen Archetyp A kann zwischen klassischer (Modus 1) und agiler Projektmethodik wie SCRUM (Modus 2) beim Projektmanagement unterschieden werden (siehe Haffke 2017, S. 92f; Horlach et al. 2016, S. 1423). Beim Archetyp B sind der IT-Funktion zwei Abteilungen zugeordnet, die in unterschiedlichen Modi operieren. Die eine IT-Organisationseinheit operiert im Feld der kundenzentrischen IT-Lösungen, während die andere IT-Organisation traditionelle IT-Services bereitstellt (Haffke 2017, S. 93 f.). Die inkohärenteste Ausgestaltung ist der Archetyp C der divisionalen Bimodalität. Die agile IT ist vollständig in eine andere Organisationseinheit des Gesamtunternehmens verankert, die das bestehende Geschäftsmodell unter der Zuhilfenahme einer innovativen geschäftszentrischen Kultur erneuern soll, um mit innovativen Dienstleistungen und Produkten mit dem Endkunden zu experimentieren (Haffke 2017, S. 94 f.). Die klassische IT-Funktion bleibt hierbei auf das Aufgabenspektrum bspw. der Unterstützung der Geschäftsprozesse reduziert (Haffke 2017, S. 94 f.).

Eine bimodale IT-Organisationsgestaltung kann als eine Möglichkeit angesehen werden, um die steigende Erwartungshaltung im Rahmen der Digitalisierung kurzfristig zu erfüllen. Die Unterteilung der IT-Funktion in schnell und innovativ sowie langsam und nicht innovativ führt zu Spannungen zwischen beiden IT-Organisationseinheiten. Dieser Wettbewerb um Projekte kann eine Kooperation zwischen den beiden Einheiten beim zweiten und dritten Archetyp verhindern. Beispiele hierfür bildet die Implementierung von Innovationsprojekten durch die traditionelle IT-Funktion, die durch die agile IT konzipiert und entwickelt wurden (Horlach et al. 2016, S. 1424). Eine bimodale IT-Funktion kann als Übergangslösung angesehen werden, um die Herausforderungen der Digitalisierung zu bewältigen. Das kann als ein Schritt eines längerfristigen Transformationsprozesses hin zu einer insgesamt agilen IT-Funktion verstanden werden (Haffke 2017, S. 95; Horlach et al. 2016, S. 1425).

2.2 Wertbeitrag der organisatorischen IT-Agilität aus theoretischer Perspektive

Dieser Abschnitt integriert die IT-Agilität der organisatorischen IT-Ressourcen in den ressourcenorientierten Ansatz (Resource-based View, RBV) des strategischen Managements. Dadurch wird eine Kausalkette zwischen IT-Ressourcen, IT-Agilität, Unternehmens-Agilität und Wettbewerbsvorteilen geschaffen.

2.2.1 Einordnung in den theoretischen Bezugsrahmen

Innerhalb des strategischen Managements können der marktorientierte Ansatz (MBV) (Porter 2008) und der ressourcenorientierte Ansatz (RBV) (Barney 1991; Wade und Hulland 2004) zur Erlangung von Wettbewerbsvorteilen unterschieden werden. Einen Wettbewerbsvorteil definiert BARNEY als die Umsetzung einer wertschöpfenden Strategie, die nicht gleichzeitig von aktuellen oder potenziellen Wettbewerbern umgesetzt wird (Barney 1991, S. 102).

Beim marktorientierten Ansatz ist die Positionierung der Produkte und Dienstleistungen gegenüber Wettbewerbern eine wesentliche Erfolgskenngröße für die Erreichung von strategischen Wettbewerbsvorteilen. Beim ressourcenorientierten Ansatz sind unternehmensinterne Ressourcen (Merkmale und Art ihrer Nutzung) die Ursache für strategische Wettbewerbsvorteile eines Unternehmens. Der RBV sieht anders als der marktorientierte Ansatz die äußeren Marktumstände als gegeben an und fokussiert auf die Erzielung von Wettbewerbsvorteilen mithilfe von unternehmensinternen Erfolgsgrößen. Dem RBV liegen zwei wissenschaftliche Erkenntnisziele zugrunde (Freiling 2001, S. 5):

1. Das Gestaltungsziel: Maßnahmenidentifikation zur Erfolgsmaximierung eines Unternehmens
2. Das Erklärungsziel: Bestimmung von Erfolgsursachen eines Unternehmens

IT-Agilität entwickelt sich aus den internen Ressourcen der IT-Funktion. Daher bildet der ressourcenorientierte Ansatz den vorherrschenden theoretischen

Bezugsrahmen für die Erklärung des Wertbeitrags der IT-Agilität zur Erreichung von Wettbewerbsvorteilen (Nissen et al. 2012, S. 25; Rennenkampff 2015, S. 75; Termer 2016, S. 57). Die Einordnung in den theoretischen Bezugsrahmen des RBV ist mit dem genutzten gestaltungsorientierten Forschungsansatz dieser Arbeit konsistent und findet ebenfalls in einer Vielzahl anderer Arbeiten zur IT-Agilität eine Verwendung (Tallon et al. 2019, S. 222 f.; Termer 2016; Rau 2021)

2.2.2 Resource-based View

Die zugrunde gelegte Ausgangshypothese des RBV beruht darauf, dass Ressourcen zwischen konkurrierenden Unternehmen heterogen verteilt sind. Diese uneinheitliche Verteilung führt unter Umständen zu einer Quelle von Wettbewerbsvorteilen (Barney 1991, S. 99). Des Weiteren besteht die Annahme, dass diese Ressourcen und Fähigkeiten von Dauer sind und Unternehmen vor diesem Hintergrund konstant überdurchschnittliche Leistungen erzielen (Barney 2001, S. 648 f.).

Nach der ressourcenbasierten Sichtweise ist ein Unternehmen mit einer Menge aus materiellen und immateriellen Vermögenswerten und Fähigkeiten ausgestattet (Collis und Montgomery 2008, S. 142). Im Zentrum der strategischen Überlegung des RBV stehen daher die Ressourcen, die je nach Literaturquelle unterschiedlich ausgelegt werden. Im Grundsatz fallen alle Ressourcen eines Unternehmens in den Betrachtungsumfang (Foss 1996, S. 10). BARNEY fasst unter Ressourcen alle Vermögenswerte, Fähigkeiten, organisatorische Prozesse, Unternehmenseigenschaften, Informationen und Wissen zusammen, die vom Unternehmen geplant, gesteuert und kontrolliert werden, um Strategien zu konzipieren und zu implementieren, die die Effizienz oder Effektivität erhöhen (Barney 1991, S. 101). GRANT hebt den Teilaspekt der Kontrolle im Sinne des Eigentumsrechts hervor. Die Verfügungsgewalt über eine Ressource ist ein wesentlicher Bestandteil in seiner Definition: Ressourcen sind die produktiven Vermögenswerte, die dem Unternehmen gehören (Grant 2016, S. 118). Ebenso definieren AMIT UND SHOEMAKER Ressourcen als den Bestand an verfügbaren Faktoren, die sich im Besitz oder unter der Kontrolle des Unternehmens befinden (Amit und Schoemaker 1993, S. 35). TEECE ET AL. beschreiben Ressourcen wie folgt: Ressourcen sind unternehmensspezifische Vermögenswerte, die schwer bzw. nicht nachahmbar sind. Betriebsgeheimnisse und bestimmte spezialisierte Produktionsanlagen und technische Erfahrungen sind hierfür Beispiele. Solche Vermögenswerte sind zwischen den Unternehmen schwer zu transferieren, weil

Transaktionskosten anfallen und die Vermögenswerte unter Umständen implizites Wissen enthalten. Gleichzeitig merken TEECE ET AL. an, dass der Begriff der Ressource irreführend sei. Der Schwerpunkt sei auf die unternehmensspezifischen Besonderheiten (Assets) zu legen, um in Einklang mit dem RBV zu stehen (Teece et al. 1997, S. 516). HELFAT UND PETRAF definieren Ressourcen als Vermögenswert oder als Produktionsfaktor (materiell oder immateriell), den eine Organisation besitzt, kontrolliert oder zu dem sie auf einer semipermanenten Basis Zugang hat (Helfat und Petraf 2003, S. 999). FREILING ET AL. setzen den Schwerpunkt auf die unternehmensspezifische Veredelung einer Ressource, um den Unternehmenserfolg zu beeinflussen: Ressourcen können als Vermögenswerte verstanden werden, die einem unternehmensspezifischen Modernisierungsprozess unterzogen wurden und zur Wettbewerbsfähigkeit des Unternehmens beitragen sollen (Freiling et al. 2008, S. 1151). WERNERFELT definiert unter den Ressourcen alle Eigenschaften, die als Stärke oder Schwäche eines Unternehmens gelten könnten. Formal gesehen könnten die Ressourcen eines Unternehmens zu einem Zeitpunkt definiert werden als materielle oder immaterielle Vermögenswerte, die semipermanent an das Unternehmen gebunden sind (Wernerfelt 1984, S. 172). Eine vergleichbare Definition der Ressourcenbasis sehen HELFAT ET AL. als materielle, immaterielle und menschliche Vermögenswerte (oder Ressourcen) sowie Fähigkeiten, über die das Unternehmen verfügt, sie kontrolliert oder zu denen es präferenziell Zugang hat (Helfat et al. 2007, S. 4). Beide Literaturquellen legen den Schwerpunkt auf die materielle und immaterielle Beschaffenheit von Ressourcen, die ebenfalls BARNEY zum Ressourcenbegriff berücksichtigt: Ressourcen sind die materiellen und immateriellen Vermögenswerte, die ein Unternehmen zur Auswahl und Umsetzung seiner Strategien nutzt. Die Art, die Menge und die Qualität der Ressourcen, die dem Unternehmen zur Verfügung stehen, haben einen wichtigen Einfluss darauf, was das Unternehmen tun kann (Grant 1991, S. 122). Durch die beispielhafte spätere Ergänzung der Materialität und der Immaterialität zeigt sich, dass sich das Ressourcenverständnis im Zeitablauf verändert. Märkte verändern sich und die Ressourcen, die zu einer Differenzierung in diesen Märkten führen, unterliegen ebenfalls Veränderungen. Die Vielzahl der Definitionen verdeutlicht die Heterogenität des Ressourcenbegriffs. Nicht alle Ressourcen sind jedoch eine Quelle für nachhaltige Wettbewerbsvorteile. Abb. 2.4 zeigt die von BARNEY postulierten grundlegenden Eigenschaftsanforderungen an Ressourcen im VRIS-Rahmenwerk (Barney 1991, S. 105). Das Akronym VRIS umfasst die Werthaltigkeit (Value), Seltenheit (Rareness), Nicht-Imitierbarkeit (Non-Imitation) und Nicht-Substituierbarkeit (Non-Substitution).

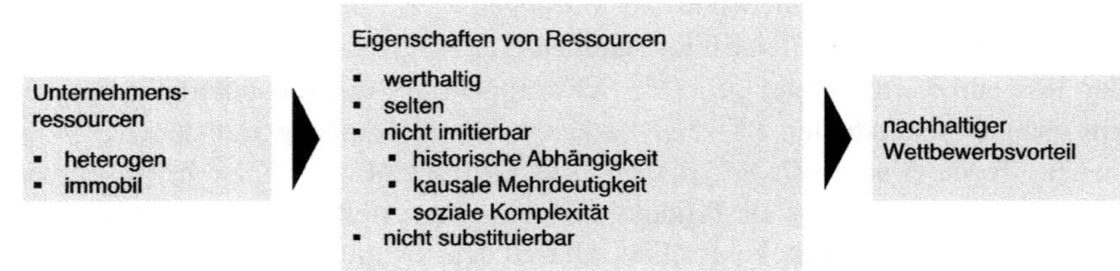

Abb. 2.4 Relation von Ressourcen, Eigenschaften und nachhaltigen Wettbewerbsvorteilen. (Quelle: In Anlehnung an (Barney 1991, S. 113))

Werthaltigkeit

Wertvolle und knappe Ressourcen können eine Quelle von Wettbewerbsvorteilen sein und führen bspw. zu einer beschleunigten Realisierung von Innovationen. Unternehmen, die über eine vorteilhafte Ausstattung von wertvollen und knappen Ressourcen verfügen, sind in der Lage, sich als sogenannte First-Mover auf dem Markt zu positionieren (Barney 1991, S. 107). HOOPES ET AL. beschreiben, dass eine Ressource wertvoll ist, wenn sie einem Unternehmen ermöglicht, seine Marktposition im Vergleich zum Wettbewerb zu verbessern (Hoopes et al. 2003, S. 890).

Seltenheit

Falls eine wertvolle Ressource oder eine Sammlung aus wertvollen Ressourcen allen Marktteilnehmern frei zur Verfügung steht und gleichermaßen ausgenutzt wird, kann die Ressource keine Quelle für einen Wettbewerbsvorteil sein (Barney 1991, S. 106 f.). Eine Ressource ist selten, wenn die Nachfrage das Angebot nach der Ressource übersteigt. HOOPES ET AL. ergänzen, dass die Seltenheit der Ressource dann relevant sei, wenn die Ressource gleichzeitig wertvoll und schwer imitier- bzw. substituierbar ist (Hoopes et al. 2003, S. 890).

Nicht-Imitierbarkeit

Weiterführend darf es für Wettbewerber nicht möglich sein, Ressourcen nachzuahmen. Eine Ressource lässt sich schwer imitieren, wenn die Kosten für ihre Replikation exorbitant hoch sind (Hoopes et al. 2003, S. 890). Das Erschweren der Imitierbarkeit ergibt sich aus den historischen Umständen, die zur Entstehung von einzigartigen Ressourcenkombinationen geführt haben und die nicht nachgestellt bzw. nachträglich kopiert werden können. Weiterhin sind die Ursache-Wirkungs-Beziehungen zwischen dem Vorliegen von Ressourcen und dem tatsächlichen Unternehmenserfolg nicht transparent. Je mühsamer eine Ressource zu identifizieren ist, desto schwieriger ist es, sie zu imitieren. Die Intransparenz einer Ressource bildet eine Bedingung für deren Nichtimitierbarkeit (Foss et al. 1996, S. 13). Bei Ressourcen kann es ebenfalls zu sozialer Komplexität kommen, d. h., es sind menschliche Fähigkeiten und Fertigkeiten notwendig, die insgesamt das Potenzial einer Ressource wiedergeben. Ebendiese Umstände lassen sich in einer gewissen Form nicht nachstellen bzw. kopieren.

Nicht-Substituierbarkeit

Eine Substituierbarkeit liegt vor, wenn konkurrierende Unternehmen in der Lage sind, mit strategisch äquivalenten Ressourcen die gleiche Strategie in einer anderen Art und Weise umzusetzen. Wenn konkurrierende Unternehmen für eine strategische Umsetzung auf Ressourcen zurückgreifen können, die weder werthaltig, knapp oder imitierbar sind, kann die verfolgte Strategie nicht zu einem nachhaltigen Wettbewerbsvorteil führen. Die Nichtsubstituierbarkeit von Ressourcen beschreibt, dass keine anderen Äquivalente zu einer Ressource existieren dürfen (Barney 1991, S. 111; Termer 2016, S. 58).

Aufbauend auf dem VRIS-Rahmenwerk entwickelte Barney das VRIO-Rahmenwerk. Die Weiterentwicklung unterscheidet sich dadurch, dass der organisatorische Blickwinkel integriert wurde (Barney 1995, S. 56). Das Unternehmen sollte gleichzeitig in der Lage sein, das volle Potenzial seiner Ressourcen auszunutzen. Dabei ist die Organisation eines Unternehmens im Sinne der formalen Berichtsstrukturen, Managementkontrollsysteme und die Grundsätze der Kompensation entscheidend für das Ausschöpfen des Potenzials einer Ressource (Barney 1995, S. 56; Termer 2016, S. 63). Diese organisatorischen Komponenten können als komplementäre Ressourcen angesehen werden, die nicht isoliert in der Lage sind, einen Wettbewerbsvorteil zu erzielen. Erst durch die Kombination mit anderen Ressourcen und Fähigkeiten ermöglichen diese komplementären Komponenten die vollständige Realisierung von Wettbewerbsvorteilen (Barney 1995, S. 56).

2.2.3 Dynamische Fähigkeiten

Neben dem klassischen Ansatz des RBV (Termer 2016; Rau 2021; Rennenkampff 2015) findet sich in Forschungsarbeiten zur Agilität in der Wirtschaftsinformatik verstärkt die theoretische Perspektive der dynamischen Fähigkeiten (Overby et al. 2006; Park et al. 2017; Roberts und Grover 2012; Tallon et al. 2019; Sambamurthy et al. 2003) und wird daher vor dem Hintergrund der zweiten Forschungsfrage des theoretischen Bezugsrahmens ergänzend erläutert. Die zentrale Hypothese des RBV lautet, dass Wettbewerbsvorteile auf unternehmenseigenen und schwer zu imitieren Ressourcen beruhen. Dabei werden die Ressourcen überwiegend in einem statischen Kontext analysiert. Organisatorische IT-Agilität muss zeitlich nicht stabil sein. Im gleichen Unternehmen können zu zwei unterschiedlichen Zeitpunkten zwei unterschiedliche Messwerte gemessen werden, wenn zwischen den Messzeitpunkten eine relevante Zeitdauer vergangen ist, womit dies eine Besonderheit von organisatorischer IT-Agilität bildet (MacKenzie et al. 2011, S. 311). Die statische und deskriptive Perspektive zeigt jedoch nicht auf, warum Unternehmen über die Zeit eine beachtliche Menge von wertvollen technologischen Vermögensgegenständen akkumulieren können, ohne erfolgreich zu sein (Teece et al. 1997, S. 515). Die Prozesse, mit deren Hilfe die eingesetzten Ressourcen erst Wettbewerbsvorteile bewirken, werden im RBV häufig nicht detailliert untersucht, sondern als „Blackbox" angesehen. Ferner sind statisch orientierte Studien vermehrt dem Vorwurf der Tautologie ausgesetzt (Barney 2001, S. 645; Priem und Butler 2001, S. 33). Auch lässt sich der Unternehmenserfolg nicht durch das alleinige Vorhandensein bspw. von nicht-personellen Ressourcen erklären (Termer 2016, S. 58). Im Zuge der Kritik wurde die ressourcen-orientierte Logik weiterentwickelt, um sich mit den zeitlichen Veränderungen und Auswirkungen auf die Wettbewerbsfähigkeit zu befassen (Barney 2001, S. 648).

TEECE ET AL. nutzt den Begriff der „dynamischen Fähigkeiten" für die Entwicklung von neuen Wettbewerbsvorteilen. Der Terminus der Dynamik referenziert auf Kapazitäten für die Erneuerung der Kompetenzen, um eine Kongruenz zu veränderten Geschäftsanforderungen unter den Randbedingungen herzustellen, wenn eine Markteinführungszeit kritisch, der Technologiewandel rapide und die Unternehmensumwelt schwer zu bestimmen ist (Teece et al. 1997, S. 515). Der zweite Terminus der Fähigkeiten umfasst die Schlüsselrolle des strategischen Managements, um in angemessenem Umfang einer veränderten Anforderungslage der Umwelt zu entsprechen. Das umfasst die Anpassung, Integration und Rekonfiguration von internen und externen Fertigkeiten, Ressourcen und funktionalen Kompetenzen (Teece et al. 1997, S. 515). Nach TEECE ET AL. verfügen Unternehmen über dynamische Fähigkeiten, wenn sie in der Lage sind, interne und externe Kompetenzen zu integrieren, aufzubauen und neu zu konfigurieren, um schnell auf ein verändertes Wettbewerbsumfeld zu reagieren. Dynamische Fähigkeiten spiegeln die Fähigkeit eines Unternehmens wider, angesichts von Pfadabhängigkeiten und Marktpositionen innovative Wettbewerbsvorteile zu erreichen (Teece et al. 1997, S. 516). Nach HELFAT ET AL. können Unternehmen mit dynamischen Fähigkeiten die eigene Ressourcenbasis neu aufbauen, erweitern und modifizieren (Helfat et al. 2007, S. 4) und sich im Laufe der Zeit relevant entwickeln (Helfat und Petraf 2003, S. 999). Weitere Erläuterungen zu dynamischen

Fähigkeiten finden sich bei BARNETT ET AL.; KARIM UND MITCHELL sowie LEVINTHAL UND MYATT (Barnett et al. 1994; Karim und Mitchell 2000; Levinthal und Myatt 1994). Diese dynamischen Fähigkeiten beeinflussen die Qualität der Wettbewerbsaktivitäten von Unternehmen und sind signifikante Mediatoren für den Unternehmenserfolg (Sambamurthy et al. 2003, S. 238). Mithilfe von dynamischen Fähigkeiten sind Unternehmen in der Lage, die zukünftige Position (Freiling et al. 2008, S. 1160) durch die Entwicklung neuer Produkte, Dienstleistungen und Prozesse zu ihren eigenen Vorteilen zu gestalten (Moldaschl und Fischer 2004, S. 127 f.; Sambamurthy et al. 2003, S. 241). Agilität ist eine von vielen möglichen Ausprägungen der dynamischen Fähigkeiten (Sambamurthy et al. 2003, S. 243). Obwohl die Perspektive der dynamischen Fähigkeiten viele Gemeinsamkeiten mit der Agilität aufweist, sind dynamische Fähigkeiten wesentlich breiter angelegt. Agilität kann als eine spezifische Untergruppe der dynamischen Fähigkeiten betrachtet werden (Overby et al. 2006, S. 121). SENSE umfasst die proaktive Bildung und das Testen von Hypothesen zu künftigen Auswirkungen von beobachteten Ereignissen und Trends zu neuen Produkten, Dienstleistungen und Geschäftsmodellen. Das erfordert, dass man den Nutzern zuhört und den Kern der Kundenprobleme versteht, um Chancen zu erkennen, bevor sie sich voll entfalten und von Konkurrenten wahrgenommen werden. Hierzu sollten mehrere Disziplinen und Perspektiven zusammengebracht werden (Teece et. al. 2016, S. 21). Beim RESPOND geht es um die Umsetzung von identifizierten Trends. Es gibt Möglichkeiten, wie beispielsweise flexible Beschaffungsvereinbarungen oder zeitliche Freiräume im Unternehmen, die dies unterstützen. Dabei stehen die organisatorischen und strategischen Routinen im Vordergrund, die dazu führen, dass Unternehmen neue Ressourcenkonfigurationen ausarbeiten, wenn Märkte entstehen, zusammenprallen, sich teilen und sterben (Sambamurthy et al. 2003, S. 239) und ist daher vor dem Hintergrund des organisatorischen Handlungsfelds der IT-Agilität von Relevanz. Dabei ist die Integration von IT positiv mit dem SENSE und RESPOND auf Unternehmensebene verbunden (Nazir und Pinsonneault 2021, S. 16). Dabei handelt es sich häufig nicht um die Ressourcen, sondern um die Services, die die Ressourcen bereitstellen (Penrose 2009, S. 22). Es werden zusätzlich Fähigkeiten der Mitarbeiter und des Managements benötigt, die mit einer vorteilhaften Entscheidungsfindung die Potenziale von Ressourcen auszunutzen wissen (Termer 2016, S. 68). Ausgangsgröße dieses Veredelungsprozesses bilden dynamische Fähigkeiten, die es Unternehmen erlauben die Geschäfts- und IT-Ressourcen miteinander zu kombinieren, um zukünftige Wettbewerbsaktivitäten über Innovationen in Produkten, Dienstleistungen oder anderen Kanälen zu stimulieren (Mikalef et al. 2021, S. 529; Nazir und Pinsonneault 2021, S. 16;

Sambamurthy et al. 2003, S. 241; Tallon et al. 2019, S. 228). Unternehmen müssen zum Beispiel entscheiden, welche Ressourcen beibehalten und eingestellt werden sollen, um einen spürbaren Einfluss auf die Unternehmens-Agilität zu erzielen (Tallon et al. 2019, S. 227).

Zusammenfassend lässt sich festhalten, dass der ressourcenorientierte Ansatz (RBV) und die Theorie der dynamischen Fähigkeiten die vorherrschenden Ansätze für die theoretische Fundierung der IT-Agilität sind (Havakhor et al. 2019; Karimi-Alaghehband und Rivard 2020; Mikalef et al. 2021; Saldanha et al. 2020). Die ressourcenbasierte Sichtweise ist weiterhin angemessen, da Agilität den Ressourcen zuzuschreiben ist, die wertvoll, selten, unnachahmlich oder nicht austauschbar sind. Die weiterentwickelte Perspektive der dynamischen Fähigkeiten wirft zudem die Frage auf, ob ein Unternehmen seine Ressourcen gemäß den entwickelnden Markterfordernissen anpassen, umgestalten oder umschichten kann (Tallon et al. 2019, S. 227). Die dynamischen Fähigkeiten würden dabei Ressourcen in der Terminologie des ressourcenorientierten Ansatzes abbilden.

2.2.4 Organisatorische IT-Ressourcen im ressourcenorientierten Ansatz

Allgemein wird unter der IT-Funktion eines Unternehmens die gesamte Informationsfunktion und -infrastruktur eines Unternehmens verstanden (Heinrich und Stelzer 2011, S. 19 f. sowie Abschnitt 1.3). Gleichzeitig sind nicht alle IT-Komponenten gleichermaßen eine Quelle von Wettbewerbsvorteilen. Hardware oder standardisierte Software, die frei am Markt allen Marktteilnehmern zur Verfügung steht, ist aufgrund ihrer fehlenden Seltenheit und hohen Mobilität keine wettbewerbsdifferenzierende Ressource im Sinne des RBV. Dieser Sachverhalt wird innerhalb der CARR-Debatte beschrieben, indem IT als Gebrauchsgegenstand ohne strategische Relevanz pauschalisiert wird (Carr 2004). Dieser Aussage ist vor dem Hintergrund der eng ausgelegten Perspektive auf die eigentliche Technik zu erklären (Bharadwaj 2000, S. 172; Piccoli und Ives 2005, S. 748; Rennenkampff 2015, S. 80 f.). Der alleinige Besitz von Informations- und Kommunikationstechnologie ist nicht die Ursache für einen Unternehmenserfolg im Sinne eines Automatismus, sondern bedarf eines kreativen Einsatzes im Sinne einer Veredelung, um zu einem gesteigerten Unternehmenserfolg beizutragen (Termer 2016, S. 58). Daher benötigt die effektive IT-Nutzung den Einsatz von sozial komplexen Unternehmensressourcen. Falls diese sozialen Ressourcen nicht zu imitieren, wertvoll, selten und nicht substituierbar sind, kann das Unternehmen aus der Kombination zwischen IT und sozial komplexen Ressourcen die technologischen Potenziale realisieren und Wettbewerbsvorteile generieren (Barney 1991, S. 110). TERMER unterteilt unter Rückgriff auf MELVILLE ET AL. vier grundlegende IT-Ressourcen: technische, humane, organisatorische und prozessuale IT-Ressourcen (Melville et al. 2004, S. 293; Termer 2016, S. 65). Gleichzeitig finden sich diese organisatorischen IT-Ressourcen in vergleichbarer Form in weiteren ressourcenorientierten Untersuchungen wieder (Termer 2016, S. 59):

- internes Technologiewissen, Beschäftigung von talentiertem Personal und effiziente Abläufe (Wernerfelt 1984, S. 172)
- organisatorische Prozesse, Unternehmenseigenschaften und Informationswissen (Barney 1991, S. 101)
- Organisation, Kommunikation, Prozessneugestaltung, IT-Planung (Powell und Dent-Micallef 1997, S. 384)
- Managementfähigkeiten, organisatorische Prozesse und Routinen, Informationen und Wissen (Armstrong und Shimizu 2007, S. 960).

Daher ist ein ganzheitlicher Ansatz unter Berücksichtigung von Personen, Strukturen, Technologien und Prozessen zielführend (Lui und Piccoli 2007, S. 125). Im Folgenden wird der ressourcenorientierte Ansatz für eine Analyse der organisatorischen und prozessualen IT-Ressourcen herangezogen. Die Grundannahme des RBV besteht darin, dass Ressourcen eine Quelle von Wettbewerbsvorteilen sein können. Die organisatorischen IT-Ressourcen sind ein Teil der organisatorischen Infrastruktur, der die Aufbauorganisation beschreibt sowie Struktur, Leitsätze, Politik und Kultur in einem Unternehmen adressiert (Barney 1995, S. 50; Termer 2016, S. 65). Zu den prozessualen IT-Ressourcen zählen IT-Betriebs- und IT-Entwicklungsprozesse, die für die Bereitstellung der IT-Services in die Gesamtorganisation und in den Geschäftsprozessen erforderlich sind.

Organisierte IT-Ressourcen verfügen über keine originäre Seltenheit. Seltene organisatorische Ressourcen sind in der Lage, die Wahrnehmung von Veränderungsbedarf (SENSE) sowie Veränderungsfähigkeit (RESPOND) zu ermöglichen und das bestmögliche Potenzial der Unternehmens-IT zu realisieren (Barney 1995, S. 55). Hinsichtlich der Seltenheit kann konstatiert werden, dass prozessuale IT-Ressourcen die Anforderung der Seltenheit per se nicht erfüllen, weil jedes Unternehmen, das die Ressource der Informationstechnologie nutzt, zwangsweise über prozessuale IT-Ressourcen zur Bereitstellung von IT-Services verfügen muss. Die prozessualen IT-Ressourcen können erst als distinktiver seltener Faktor angesehen werden, wenn eine Veredelung durch das strategische

Management erfolgt ist (Freiling et al. 2008, S. 1151). Damit Ressourcen eine Quelle von nachhaltigen Wettbewerbsvorteilen bilden können, muss die Anforderung der Unnachahmlichkeit erfüllt sein. Dabei führen drei Umstände zur Unnachahmlichkeit:

- soziale Komplexität
- kausale Mehrdeutigkeit
- einzigartige historische Hintergründe.

Organisatorische IT-Ressourcen im Sinne einer Aufbauorganisation oder hierarchischen Struktur sind imitierbar und keine Quelle eines nachhaltigen Wettbewerbsvorteils und können mittelfristig auf eine andere IT-Funktion übertragen werden (Wade und Hulland 2004, S. 119). Unter Einbeziehung der Kultur in der IT-Funktion, der informellen und formellen Beziehungen zum Fachbereich bzw. zu einem externen Dienstleister sind die organisatorischen IT-Ressourcen nicht in kurzer Zeit imitierbar (Barney 1995, S. 55), weil eine erfolgreiche Unternehmenskultur inklusive der organisatorischen Rituale und Gewohnheiten im Allgemeinen und in der IT-Funktion im Speziellen sich über mehrere Jahre entwickelt haben und kurzfristig nicht imitiert werden können. Die entstehenden Entscheidungen erfüllen die Bedingungen der kausalen Ambiguität und der sozialen Komplexität (Barney 1995, S. 54). Einerseits sind die getroffenen Entscheidungen, die aus einer Abstimmung der IT-Funktion mit den Fachbereichen resultieren, für einen Marktbegleiter weder kausal nachvollziehbar noch imitierbar. Andererseits ist die Kultur in der IT-Funktion sozial komplex und daher nicht imitierbar. Ferner gehören die organisatorischen IT-Ressourcen zu den intangiblen Ressourcen, die nicht käuflich zu erwerben oder in einer Unternehmensbilanz zu finden sind und folglich schwerer zu imitieren (Teece et al. 1997, S. 518). Auch für die einzigartigen historischen Hintergründe lässt sich festhalten, dass die organisatorischen IT-Ressourcen nicht imitierbar und daher als Quelle für nachhaltige Wettbewerbsvorteile geeignet sind (Barney 1995, S. 55). Die Eigenheiten der prozessualen IT-Ressourcen sind das Ergebnis einer kontinuierlichen Verbesserung der humanen, organisatorischen und technischen IT-Ressourcen und damit historisch gewachsen und pfadabhängig. Diese unternehmenseigenen Veränderungen, bedingt durch die jeweilige Unternehmensgeschichte und deren Auswirkungen auf die IT-Prozesslandschaft, erschweren eine Nachahmung (Keuper 2010, S. 15 f.). Gleichzeitig verfügen die prozessualen IT-Ressourcen über eine kausale Mehrdeutigkeit, die das Bindeglied zwischen den IT-Ressourcen bilden. Erst durch die individuelle Anpassung und den individuellen Mensch-Maschine-Dialog kann pfadabhängig aus standardisierten Prozessen eine vernetzte distinktive Ressource erwachsen, die auch durch die soziale Komplexität im jeweiligen Unternehmen geprägt ist (Keuper 2010, S. 19 f.).

Organisatorische IT-Ressourcen sind für die IT-Funktion nicht substituierbar, um einen nachhaltigen Wettbewerbsvorteil bereitzustellen (Barney 1995, S. 57), und dennoch für die Orchestrierung der technischen und personellen IT-Ressourcen erfolgskritisch und maßgeblich verantwortlich. Ein Wettbewerbsvorteil ausgehend aus der Gesamtheit der IT-Ressourcen lässt sich nicht ohne prozessuale IT-Ressourcen implementieren. Weiterhin behindert die tiefe Integration der Unternehmens-IT in andere Unternehmensbereiche eine Herauslösung, womit ein Ersatz kaum möglich ist (Termer 2016, S. 65). Marktbegleiter können zwar auf andere Ressourcen zurückgreifen, bedürfen jedoch eines zeitlichen Aufwands, um die prozessualen IT-Ressourcen so zu veredeln, dass diese einen hohen Beitrag zur Wettbewerbsfähigkeit leisten können (Freiling et al. 2008, S. 1151).

Insgesamt lässt sich festhalten, dass die organisatorischen und prozessualen IT-Ressourcen jeweils aus originären und komplementären Ressourcen bestehen, die kaum die Möglichkeit besitzen, isoliert Wettbewerbsvorteile zu generieren. In Kombination mit weiteren IT-Ressourcen ermöglichen die organisatorischen IT-Ressourcen einem Unternehmen, einen Wettbewerbsvorteil zu realisieren (Barney 1995, S. 55; Melville et al. 2004, S. 283).

2.2.5 Wettbewerbsvorteile durch IT-Agilität

In der Literatur finden sich mehrere Ursache-Wirkungs-Zusammenhänge zwischen IT-Agilität und Wettbewerbsvorteilen auf Unternehmensebene (Rennenkampff 2015, S. 83–89; Rau 2021, S. 50 ff.). In der vorliegenden Arbeit wird der Schwerpunkt auf eine mehrstufige Wirkungskette analog zu Overby et al. gelegt. Die Gesamtheit der IT-Ressourcen können als Grundlage für Unternehmens-Agilität angesehen werden (Chen et al. 2014, S. 329; Leonhardt et al. 2017, S. 970; Overby et al. 2006, S. 125). Overby et al. unterscheiden zwischen direkten und indirekten Einflüssen auf die Unternehmens-Agilität. Beim direkten Einfluss unterstützt die IT-Funktion durch die Antizipation und die Wahrnehmungsfähigkeit von geschäftsrelevanten Technologieverbesserungen oder -veränderungen die Möglichkeiten zur frühzeitigen Implementierung von wettbewerbsdifferenzierenden Strategien. Zum anderen unterstützt die responsive Fähigkeitskomponente die kontinuierliche Anpassung von unterstützenden

IT-Systemen, um bspw. die Kundenbeziehungen für die Geschäftsfunktionen zu verbessern (Bharadwaj 2000, S. 175; Overby et al. 2006, S. 126).

Die zugrunde liegende These des indirekten Effekts der IT-Agilität auf die Unternehmens-Agilität besteht in der hohen Komplementarität der IT zu den Geschäftsprozessen. Dabei stellt die IT-Funktion die Infrastruktur bereit, mit der die Fachseite ihre Funktionen und Prozesse abbilden kann. Durch die Verwendung der IT wird die Reichweite und die Vielfalt des unternehmensspezifischen Wissens in den Geschäftsprozessen verbessert. Eine erhöhte Wissensreichweite und -vielfalt aktiviert die wahrnehmenden Fähigkeiten durch die Bereitstellung von qualitativ hochwertigen Informationen über den aktuellen Geschäftsstatus, wodurch eine Identifikation möglicher Chancen und Risiken unterstützt wird (Overby et al. 2006, S. 126). Gleichzeitig erweitert die IT die Prozessreichweite von Unternehmen mit einer systematischen Integration von internen und externen Kunden, Zulieferern und Partnern mithilfe von Technologien wie bspw. E-Mail, Intranet, Extranet oder Supply-Chain-Managementsystemen (Overby et al. 2006, S. 122). Diese Technologien helfen bei der Vernetzung und ermöglichen grenzüberschreitende Aktivitäten und die Kollaboration zwischen und im Unternehmen (Merali 2002, S. 47). Prozessvielfalt verbessert die Qualität der Informationen, die den Prozessteilnehmern zur Verfügung stehen und ermöglichen zeitgenaue und kundenspezifische Prozesse (Overby et al. 2006, S. 126). Prozessreichweite und -vielfalt unterstützen die Reaktionsfähigkeit der Unternehmen durch die Verbesserung der internen und externen Koordination des Unternehmens, z. B. bei der Produkt- und Systementwicklung, der Lieferkette oder der Produktion (Overby et al. 2006, S. 126 f.). Dadurch wird es möglich, unterschiedliche Strategien zu implementieren wie Produktdifferenzierungen, strategische Allianzen, Diversifikationsstrategien oder vertikale Integrationsstrategien (Mata et al. 1995, S. 492). Diese Strategien können als werthaltig angesehen werden, denn es ist für Unternehmen möglich, mit dem Einsatz von IT die operativen Kosten zu senken oder den Unternehmensumsatz zu erhöhen (Mata et al. 1995, S. 488). Zudem ermöglicht der IT-Einsatz den Unternehmen, Veränderungen in Bezug auf Kundenentscheidungen zeitnah nachzuverfolgen und Reaktionen einzuleiten (Bharadwaj 2000, S. 175). Wenn die von Barney konstatierten VRIS-Anforderungen (vgl. Abschnitt 2.2.2) an Ressourcen erfüllt sind, können IT-Ressourcen eine Quelle von nachhaltigen Wettbewerbsvorteilen bilden.

IT-Ressourcen, die Veränderungen antizipieren (Fitzgerald 1990) und bei Eintritt schnelle Reaktionen hervorrufen (Byrd und Turner 2000, S. 170 ff.; Duncan 1995, S. 44), schaffen Wettbewerbsvorteile für das gesamte Unternehmen über direkte und indirekte Effekte (Overby et al. 2006, S. 126; Rennenkampff 2015, S. 88). Das Ergebnis ist eine schnellere Anpassungsfähigkeit der

IT-unterstützten Geschäftsprozesse auf der Geschäftsebene und die Realisierung von Wettbewerbsvorteilen. Abb. 2.5 verdeutlicht die wesentlichen Zusammenhänge. Für eine Übersicht weiterer Ursache-Wirkungs-Zusammenhänge zwischen IT-Agilität und Wettbewerbsvorteilen siehe RENNENKAMPFF und RAU (Rennenkampff 2015, S. 87 ff.; Rau 2021, S. 50 ff.).

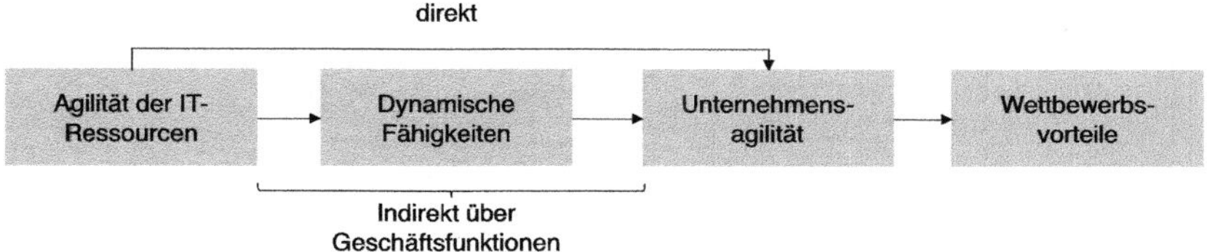

Abb. 2.5 Wettbewerbsvorteile ausgehend von IT-Ressourcen. (Quelle: In Anlehnung an (Overby et al. 2006, S. 126; Teece et al. 1997, S. 516))

2.3 Grundlagen zur Organisation der IT-Funktion

Im folgenden Abschnitt werden die allgemeinen Grundlagen einer Unternehmensorganisation beschrieben, wobei hier auf die Organisationsgestaltung und die Unterschiede zwischen Ablauf- und Aufbauorganisation eingegangen wird. Ferner werden die Besonderheiten bei der Aufbau- und Ablauforganisation einer IT-Funktion (im Sinne der Definition in Abschnitt 1.3) im Unternehmenskontext expliziert. Hierdurch wird das organisatorische Bezugsobjekt für das antizipierte Kennzahlensystem abgegrenzt.

2.3.1 Allgemeine Unternehmensorganisation

Der Begriff der Organisation kennzeichnet ein in Prozessen und Strukturen dokumentiertes System mit aufeinander abgestimmten Regelungen, die das Leistungsverhalten der Mitarbeiter auf die Erreichung der Unternehmensziele ausrichtet (Bach et al. 2017, S. 27). Die Gesamtaufgabe für eine Zielerreichung bildet die Grundlage für die Unterteilung in mehrere Teilaufgaben bzw. Aktivitäten und deren anschließende Aufgabensynthese für eine Prozessgestaltung in der Ablauforganisation und der Strukturgestaltung in der Aufbauorganisation (Bach et al. 2017, S. 31). Mittels einer Organisation sind Einzelpersonen damit in der Lage, gemeinsam Ziele zu verfolgen (Reinhardt 2020, S. 103). Die für die übergeordneten Aufgaben benötigten Teilaufgaben werden zusammengefasst zu zielorientierten Prozessen (Prozessgestaltung) und auf die Kapazitäten und Fähigkeiten einer Stelle mit Aufgaben zugeschnitten (Strukturgestaltung), wie in Abb. 2.6 illustriert.

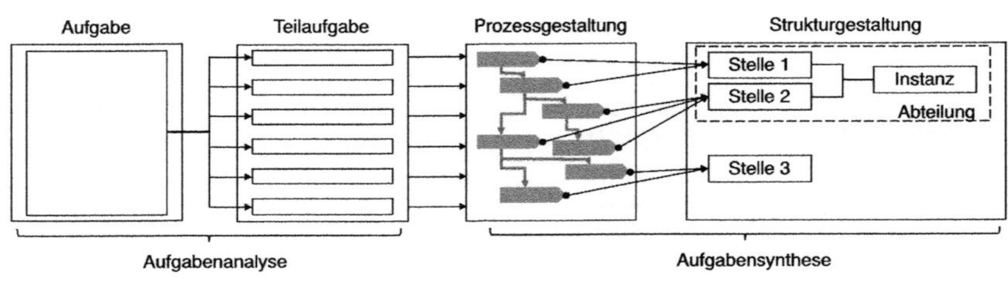

Abb. 2.6 Methodisches Vorgehen zur Organisationsgestaltung. (Quelle: (Bach et al. 2017, S. 32))

Die Ablauf- und Aufbauorganisation bilden zwei Dimensionen der Aufgabe. Die Aufgabenbeziehung wird in Abb. 2.7 verdeutlicht. In der Organisationstheorie berücksichtigt die Ablauforganisation die Ermittlung und Definition von Arbeitsprozessen unter der Beachtung von Raum, Zeit, Sachmitteln und Mitarbeitern. Darunter wird die Gliederung der Tätigkeiten und Abläufe der Organisationseinheit in Prozesse zur Erfüllung ihrer Aufgaben erfasst. Die Aufbauorganisation hingegen befasst sich im Kern mit der Strukturierung eines Unternehmens in Organisationseinheiten, wie Abteilungen, Teams, Personalstellen, Rollen, und unter Berücksichtigung der Verantwortlichkeiten für die Teilaufgaben bzw. Aktivitäten (Broy und Kuhrmann 2013, S. 31). Die Rolle ist die kleinste Organisationseinheit innerhalb der Organisation. Sie zeichnet sich durch spezifizierte Zuständigkeiten, Befugnisse und ein Aufgaben- und Fähigkeitsprofil aus, um Teilaufgaben erfüllen zu können. Eine Personalstelle kann eine oder mehrere Rollen umfassen und umgekehrt (Broy und Kuhrmann 2013, S. 33).

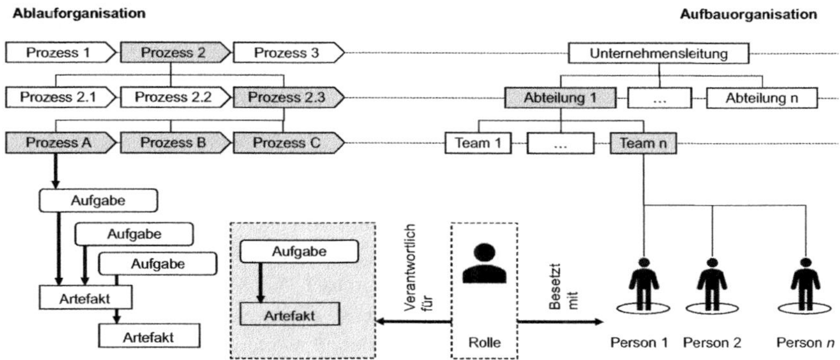

Abb. 2.7 Zusammenhang zwischen Aufbau- und Ablauforganisation. (Quelle: (Broy und Kuhrmann 2013, S. 33))

2.3.2 IT-Ablauforganisation

Für die Erreichung eines übergeordneten Unternehmensziels verfügt ein Unternehmen über eine Ablauforganisation, in der die Geschäftsprozesse organisiert sind. Ein Geschäftsprozess ist definiert als eine inhaltlich abgeschlossene, zeitliche und sachlogische Abfolge von Aktivitäten, die für die Bearbeitung eines betriebswirtschaftlichen Objekts ausgeführt wird (Rosemann 1996, S. 9). Die Geschäftsprozesse können Unternehmens-Agilität bereitstellen. Dabei liegt beispielsweise der Geschäftsprozess für den Einkauf von Gütern und Leistungen im Verantwortungsbereich des Einkaufs. Hierbei ist der Einkaufsprozess stellvertretend für eine Vielzahl von Geschäftsprozessen, die eine hohe IT-Durchdringung mit IT-Services (bspw. durch eine ERP-Unterstützung) erfahren und fällt daher in die Gruppe der IT-unterstützten Geschäftsprozesse (Chen et al. 2014, S. 338; Tallon et al. 2016, S. 565). Die IT-Funktion stellt IT-Services für die jeweiligen Geschäftsprozesse bereit. Ein IT-Service ist für die Lieferung und die kontinuierliche Bereitstellung von Wert für den Kunden zuständig, um die Resultate des Kunden zu unterstützen, wobei der Kunde selbst nicht für die Kosten und die Risiken verantwortlich ist (Axelos 2011a, S. 451). Für die Bereitstellung und Gewährleistung von IT-Services ist das IT-Servicemanagement (ITSM) zuständig und bildet überwiegend die Aufgabengrundlage für die Ablauforganisation in der IT-Funktion. Zu den ITSM-Prozessen gehören Applikationsentwicklungs-, Applikationsbetriebs- und Infrastrukturmanagementprozesse (Bekkhus 2016, S. 2;

Brauk 2013, S. 12; Cesare et al. 2010, S. 127 f.) und sind eine strukturierte Zusammenstellung von IT-Aktivitäten für eine spezifische Zielerreichung. Klassische ITSM-Modelle verfolgen drei zentrale betriebswirtschaftliche Ziele: IT-Serviceprozesse ausrichten, Qualität verbessern und Kosten senken (Yamami et al. 2019, S. 2; Iden und Langeland 2010). Dazu gehören Referenzmodelle wie Control Objectives for Information and Related Technology (COBIT®) und Information Technology Infrastructure Library (ITIL®) und können die inhaltliche Aufgabengestaltung der IT-Funktion mit Referenzprozessen, Praktiken und Best Practices unterstützen (Johanning 2020, S. 68). COBIT® strukturiert fünf Domänen EDM (Evaluate, Direct und Monitor), APO (Align, Plan und Organize), BAI (Build, Acquire und Implement), DSS (Deliver, Service und Support) und MEA (Monitor, Evaluate und Assess) denen weitere Prozesse zugeordnet sind (Johanning 2020, S. 70 f.; ISACA 2019, S. 12). Bei ITIL® handelt es sich um eine Zusammenstellung von Best-Practices in Form eines Leitfadens für das IT-Servicemanagement und setzt sich als Basis für eine zweckmäßige Erbringung von IT-Dienstleistungen international zunehmend als Standard durch, auch aufgrund der hohen Vollständigkeit (Mangiapane und Büchler 2015, S. 15; Wauch und Meyer 2012, S. 89; Logica 2011, S. 12). In der veralteten dritten Version von 2011 ITIL®3 werden fünf Phasen des Applikationslebenszyklus unterschieden und finden sich in den fünf ITIL®-Bücher Axelos 2011 (Axelos 2011a; Axelos 2011b; Axelos 2011c; Axelos 2011d; Axelos 2011e). Zeitgenössische Modelle wie SCRUM oder DEVOPS machten es zunehmend schwieriger, den Mehrwert von ITIL®3 herauszustellen (Schwaber und Sutherland 2020; Humble und Molesky 2011). Als Folge wurde ITIL®4 veröffentlicht, welches eine neue Struktur, reduzierte Prinzipien, moderne Praktiken sowie Werkzeuge beinhaltet (Reiter und Miklošík 2020, S. 526). Ergänzend wurde eine ITIL® Service Value Chain vorgestellt, denen 34 neustrukturierte Managementpraktiken in drei Bereichen; General Management, Service Management und Technologie Management, zugeordnet sind (Axelos 2019, S. 105; Johanning 2020, S. 72 f.; Winkler und Wulf 2019, S. 640). Unter der IT-Ablauforganisation wird zusammenfassend die Gesamtheit der ITSM-Prozesse verstanden (Heinrich und Stelzer 2011, S. 310 f.).

2.3.2.1 Lebenszyklus des Applikationsmanagements

Ein relevanter Aspekt der ITSM-Prozesse bildet der Lebenszyklus des Applikationsmanagements und ist in Abb. 2.8 gezeigt und wird folgend beschrieben.

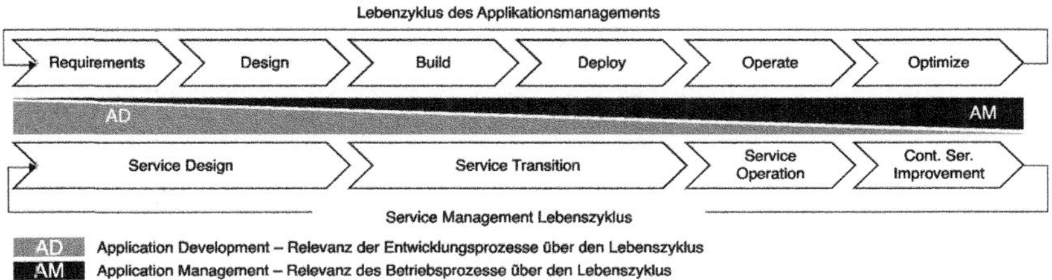

Abb. 2.8 Lebenszyklus des Applikationsmanagements. (Quelle: In Anlehnung an (Axelos 2011d, S. 188))

Innerhalb der ersten Phase – Requirements – werden Anforderungen gesammelt. Anforderungen können sechs Teilbereichen zugeordnet werden (Axelos 2011d, S. 181): Funktion, Betrieb, Benutzerfreundlichkeit, Architektur, Schnittstellen oder Service-Level. In der Designphase werden die unterschiedlichen Anforderungen in Spezifikationen überführt. In der Build-Phase werden die einzelnen Applikationskomponenten definiert, entwickelt, akquiriert, integriert und getestet. Test ist keine separate Phase im Lebenszyklus, sondern das Testen ist in die Entwicklungslebenszyklusphasen Build und Deploy eingebunden. In der Deploy-Phase werden das Betriebsmodell und die Applikation eingesetzt und mit der bestehenden IT-Umgebung in der Service-Transition vereint. Insbesondere in der frühen Phase wird die Qualität des Deploymentprozesses mit einer dedizierten Unterstützungsleistung in Form eines „Early Life Supports" sichergestellt. In der Operate-Phase übernimmt die IT-Serviceorganisation den Betrieb der Applikation als Teil der Serviceleistung. Die Leistungsfähigkeit der Applikation wird kontinuierlich gegenüber den Servicelevels und den Kerngeschäftstreibern evaluiert. Innerhalb der letzten Phase – Optimize – werden die Services gewartet und optimiert. Das umfasst bspw. eine neue Verbesserungsiteration im Applikationsentwicklungslebenszyklus oder das Ausscheiden der Applikation (Axelos 2011d, S. 181 ff.).

Um den Lebenszyklus zu durchlaufen, haben sich zwei Vorgehensweisen (klassisch und agil) etabliert. Diese werden aufgrund der thematischen Relevanz für die IT-Prozesse hier prägnant anhand des WASSERFALLMODELLS und SCRUM vorgestellt. Das WASSERFALLMODELL ist ein sequenzielles Entwicklungsmodell, bei dem jeder Schritt vor dem nächsten Schritt abgeschlossen wird. Die Anforderungen werden vollständig fertiggestellt, bevor das Design beginnt. Sobald das Design finalisiert ist, beginnt die Kodierung im Build, nach Abschluss der Programmierung beginnt der Test des vollständigen Codes. Jede Entwicklungsphase läuft in dieser Reihenfolge ab, ohne dass es zu Überschneidungen kommt. Die Dokumentation findet am Ende jeder Phase statt, wodurch die Qualität des Projekts erhalten bleibt (Balaji und Murugaiyan 2012, S. 27). SCRUM gehört zu den agilen Vorgehensmodellen für die Softwareentwicklung und ist streng iterativ formalisiert. Jede Iteration (Sprint) umfasst planende, berichtende und retrospektive Aktionen des Lebenszyklus. Zu den Regelaktivitäten in den Scrum-Iterationen zählen das Sprint-Planning, Daily Meeting, Sprint-Review und die Retrospektive (Brauk 2013, S. 10 f.). Weiterführende Informationen zu den Teamrollen, Artefakten, Events und den Hintergründen finden sich im SCRUM-GUIDE (Schwaber und Sutherland 2020) sowie bei (Matharu et al. 2015, S. 3; Sutherland und Schwaber 2011, S. 16). Beide Vorgehensweisen haben spezifische Vor- und Nachteile und sollten in Abstimmung mit den jeweiligen Rahmenbedingungen (Anforderungsstabilität, Projektgröße, Erfahrung der Entwickler) ausgewählt werden (Balaji und Murugaiyan 2012, S. 29). Für größere Programme wurden mittlerweile Rahmenwerke entwickelt, die sich mit einer skalierten agilen Entwicklung auseinandersetzen. Hierbei sind bspw. LARGE SCALE SCRUM (LeSS) oder das SCALED AGILE FRAMEWORK (SAFe) zu nennen (Gerster et al. 2018).

2.3.2.2 DevOps

DEVOPS kann als Überbegriff für agile IT-Entwicklungsprozesse und -strategien (Thomas et al. 2017, S. 180), als eine Philosophie (Söllner 2017, S. 189) oder als eine Sammlung von Praktiken im Sinne bewährter Handlungsabläufe und Werkzeuge (Alt et al. 2017, S. 218; Claps et al. 2014, S. 28 f.) definiert werden. Dabei bildet DevOps ein Zielbild, welches sich aus der agilen Softwareentwicklung entwickelt hat (Thomas et al. 2017, S. 182). Praktiker regen bei der Entwicklung eine Zusammenarbeit zwischen Anwendern, Applikationsentwicklern und dem Betriebsexperten an. Die Forderung wurde unter dem Kunstbegriff „DEVOPS", einer Synthese aus den englischen Begriffen „Development" (Entwicklung) und „Operations" (Betrieb) zusammengefasst (Alt et al. 2017, S. 218; Thomas et al. 2017, S. 180). Gleichzeitig ist die Forderung nicht neu, bereits bei ITIL® finden sich Hinweise auf DEVOPS bspw. durch die Einbindung der Betriebsmitarbeiter in die Lebenszyklusphase Service Design unter Betriebsgesichtspunkten (Söllner 2017, S. 203; vgl. Abb. 2.8). HUMBLE UND MOLESKY definieren vier Grundprinzipien von DEVOPS (Humble und Molesky 2011, S. 7; Fitzgerald und Stol 2017, S. 178):

- Culture: Entwickler und Mitarbeiter der IT-Betriebsabteilung sollten in die jeweils anderen Bereiche integriert werden
- Automation: Die Automatisierung der Prozesse von Entwicklung über Test und Bereitstellung bis zur Produktivsetzung für die Reduzierung der Durchlaufzeiten, die Vermeidung von Fehlern und ein schnelleres Feedback an die Entwickler
- Measurement: Messung, Überwachung und Visualisierung des Fortschritts wird mithilfe ausgewählter KPIs umgesetzt
- Sharing: Wissen, Erfolge, Techniken, Werkzeuge und Infrastruktur sollten zwischen Entwicklungs- und Betriebsabteilung geteilt werden.

Culture bedingt eine gemeinsame Verantwortung für die Lieferung qualitativ hochwertiger Applikationen an den Endnutzer. Bei Automation wird die Automatisierung des Aufbaus, des Einsatzes und der Tests angewiesen, um kurze Durchlaufzeiten und eine schnelle Lieferung sowie Feedback vom Endnutzer zu erhalten. Automatisierungswerkzeuge können für mehrere Anwendungsfälle innerhalb des IT-Wertschöpfungsprozesses genutzt werden, wie die Release-Automation, Versionierungskontrolle, Testdurchführung, Konfigurationsmanagement, Logging oder Infrastrukturmonitoring (Fitzgerald und Stol 2017, S. 179; Wiedemann et al. 2019, S. 47). Prinzip drei umfasst ein Verständnis für die aktuelle Lieferfähigkeit und die Festlegung und Verbesserung von Zielen mithilfe von Messungen. Das Measurement variiert von der Überwachung von Geschäftskennzahlen (z. B. Umsatz) bis hin zur Testabdeckung und der Zeit für den Einsatz einer neueren Version (Fitzgerald und Stol 2017, S. 178). Darüber hinaus wird teilweise die Servicequalität nicht mehr in gelösten Zwischenfällen gemessen, sondern in der mittleren Zeit bis zur Wiederherstellung (MTTR) oder der mittleren Zeit zwischen den Ausfällen (MTBF) (Gerster et al. 2018, S. 7 f.). Dabei können die leistungsstärksten Teams signifikant schnellere und kürzere Durchlaufzeiten realisieren als die leistungsschwächsten Teams und die Ausfallraten sind bis zu siebenmal geringer (Forsgren et al. 2019, S. 21). Das letzte Prinzip findet auf verschiedenen Ebenen statt, von der gemeinsamen Nutzung des Wissens über Werkzeuge und Infrastruktur bis zur gemeinsamen Feier erfolgreicher Releases (Fitzgerald und Stol 2017, S. 178). Insgesamt umfasst DevOps organisatorische als auch technische Aspekte, die im Folgenden getrennt behandelt werden.

Neben einer engeren Abstimmung zwischen Geschäftsbereichen und IT-Funktion (siehe Abschnitt 3.1.4.1) müssen auch die Entwicklung und der Betrieb in der IT-Funktion miteinander verbunden werden in der Deploy und

Operate-Phase. Bei klassischen Vorgehensweisen sind Infrastruktur und Betrieb oft zeitlich nachgelagert und/oder von der Applikationsentwicklung getrennt (Brauk 2013, S. 11; Söllner 2017, S. 191). Nach Fertigstellung durch die Applikationsentwicklung müssen umfangreiche Tests durchgeführt und absichernde Prozesse absolviert werden. Forderungen nach einem Test Driven Development (TDD) lassen sich leichter umsetzen, wenn Tester und Entwickler dabei zusammenarbeiten (Brauk 2013, S. 9; Söllner 2017, S. 201). Erzielte Zeitgewinne in der Entwicklung können sich reduzieren durch Rückmeldeprozeduren aus dem Betrieb (Söllner 2017, S. 192). Hinzu kommt, dass sich bei Übergabe zum IT-Betrieb und Problemmanagement regelmäßig Konflikte zwischen Entwicklung und Betrieb ergeben – unabhängig der gewählten Vorgehensweise für die Applikationsentwicklung (Brauk 2013, S. 11). Diesem Konflikt soll mit einer engen Kooperation zwischen Entwicklung und Betrieb entgegengewirkt werden (Brauk 2013, S. 11 f.). Dabei sind die gegenläufigen Ansätze einer agilen Applikationsentwicklung mit schneller und häufiger Lieferung von neuen Features und dem Anspruch eines sicheren und stabilen Betriebs in Einklang zu bringen (Söllner 2017, S. 189). Die Hypothese lautet: Falls das Entwicklungsteam ebenfalls für den Applikationsbetrieb und die Probleme zuständig ist, ergibt sich ein Anreiz, den Betrieb zu vereinfachen (Thomas et al. 2017, S. 182). DEVOPS soll das Wirkungsspektrum agiler Methoden erweitern, weil nicht nur Programmierer, Tester und Qualitätssicherungsingenieure, sondern auch das Betriebspersonal durch eine Förderung der Zusammenarbeit und Angleichung der Ziele zusammengeführt werden (Claps et al. 2014, S. 28f).

Entlang des IT-Lebenszyklus ergeben sich Verbesserungen für die kontinuierlichere Lieferung von qualitativ hochwertigen Applikationen (Thomas et al. 2017, S. 180). Beim automatisierten Build werden Änderungen am Code in verteilbare Artefakte überführt, die von einem Teammitglied freigegeben werden müssen (Söllner 2017, S. 201). Die Anpassungen werden automatisch in der Gesamtumgebung analysiert, kompiliert, einem Unittest unterzogen und integriert (Söllner 2017, S. 201). Dieses frühe Stadium der Automation unterstützt die Forderung, Fehler möglichst am Anfang zu erkennen (Söllner 2017, S. 201). Bereits bei der Integration der Code-Änderungen auftretende Fehler können frühzeitig behoben werden (Söllner 2017, S. 201). Ausgehend von den kleinen Code-Änderungen werden auch die automatisierten Tests überschaubarer und einfacher, gleichwohl ist für eine Testautomatisierung ein hoher Aufwand erforderlich, um manuelle Schritte zu eliminieren (Wiedemann et al. 2020, S. 7). Die Komplexität der Testszenarien sinkt und ein Fehler kann schnell erkannt werden und eine Rückmeldung an die Entwickler generieren. Beim automatisierten Deployment treffen die beiden Bereiche Entwicklung und Betrieb aufeinander.

In der Folge werden u. a. Continuous-Deployment-Praktiken angewendet, um Codeanpassungen jeweils kurzfristig anhand realer Bedingungen zu verifizieren (Söllner 2017, S. 201; Thomas et al. 2017, S. 181). Continuous Deployment bezieht sich auf die automatische Freigabe gültiger Builds für die Nutzer (Fitzgerald und Stol 2017, S. 182). Continuous Delivery (CD) bezieht sich auf die Fähigkeit, die Applikation in einer Umgebung bereitzustellen, aber nicht notwendigerweise auf die automatische Bereitstellung für Nutzer (Fitzgerald und Stol 2017, S. 182). Während Entwickler ihren Fokus auf das Verständnis der Anforderungen und die Umsetzung in der Anwendung legen, dreht sich die Arbeit der Administratoren um die Serverkonfiguration, Überwachung und Ausnahmebehandlung (Söllner 2017, S. 201). Parallel unterstützen die softwarebasierten Werkzeuge das Monitoring (wie etwa Protokollierung und Fehlerverfolgung) der Infrastruktur- und Applikationslandschaft (Thomas et al. 2017, S. 181). Die Virtualisierung und wachsende Cloud-Angebote steigern die vereinfachte Nutzung und Verfügbarkeit technischer Umgebungen für Entwicklungs- und Testarbeiten sowie für die Produktivsetzung (Söllner 2017, S. 192). Gleichzeitig führt der hohe Automatisierungsgrad und die damit verbundene hohe prozessuale Stabilität für den Betrieb zu neuen Herausforderungen und neuen Möglichkeiten (Brauk 2013, S. 11 f.). Dabei bildet eine Kernherausforderung die Schaffung eines einheitlich abgestimmten Werkzeugportfolios, da eine Vielzahl parallel verlaufender Entwicklungs-, Test- und Deployment-Zyklen auch Komplexität schaffen, die einen Überblick zu allen Verbesserungsmaßnahmen erschwert (Alt et al. 2017, S. 227).

2.3.3 IT-Aufbauorganisation

Heinrich und Stelzer sprechen vom Strukturmanagement der IT-Funktion. Der Zweck ist es, die Aufgaben, Kompetenzen und Ressourcen der IT-Funktion innerhalb des Unternehmens (intraorganisatorisch) zu strukturieren (Bach et al. 2017, S. 259; Heinrich und Stelzer 2011, S. 138). Das Resultat des Strukturmanagements in der IT-Funktion ist die Ausbringung eines zielkonformen Handelns, um die Aufgabenerfüllung zu unterstützen. Vor dem Hintergrund des Strukturierungsgegenstands – der IT-Funktion – sind die folgenden vier Gestaltungsmerkmale im Vergleich zu anderen Geschäftsfunktionen von besonderer Relevanz (Heinrich und Stelzer 2011, S. 138):

- Zentralisierung bzw. Dezentralisierung von Aufgaben, Kompetenzen und Ressourcen zur Erzielung von Synergie- und Autonomievorteilen

- Einbindung von Aufgaben, Kompetenzen und Ressourcen in bestehende Struktureinheiten außerhalb der IT-Funktion
- Auslagerung von Aufgaben, Kompetenzen und Ressourcen, um Synergie- und Spezialisierungsvorteile zu erreichen
- Errichtung einer Führungsorganisation durch die Bestellung eines CIO mit dem Ziel einer einheitlichen strategischen Führung der IT-Funktion.

Es existieren viele Gestaltungsoptionen (Stabsabteilung, eigenständige Hauptabteilung, Teil der Fachbereiche, Lenkungsausschussfunktion oder Querschnittsfunktion), die für eine Integration in die Gesamtorganisation genutzt werden (Luftman und Ben-Zvi 2011, S. 211 f.; Termer 2016, S. 85). Eine typische IT-Aufbauorganisation in einem divisional organisierten Unternehmen verfügt typischerweise über eine zentrale IT-Abteilung, die als Stabsstelle der Unternehmensführung zugeordnet ist sowie einzelne IT-Abteilungen in den divisionalen Bereichen (Heinrich und Stelzer 2011, S. 138; Johanning 2020, S. 18). Eine Abgrenzung von der permanenten Linienorganisation zur Aufgabenbewältigung des operativen Tagesgeschäfts bilden die temporären Strukturen in Form von Projekt- oder Programmorganisationen, die zu einem bestimmten Zweck als Teil aus der bestehenden Linienorganisation herausgelöst werden (Heinrich und Stelzer 2011, S. 138). Im Mittelpunkt der vorliegenden Arbeit steht die permanente IT-Aufbauorganisation. Exemplarische Aufbauorganisationen der IT-Funktion finden sich bei anderen Autoren (Agarwal und Sambamurthy 2002, S. 9–15; Hermes 2000, S. 9–18; Johannig 2020, S. 18; Kien et al. 2013, S. 8; Horlach et al. 2017, S. 5428).

Hinsichtlich der Einbettung der IT-Funktion in die Gesamtorganisation lassen sich zwei prinzipielle Strukturen unterscheiden – zentrale und dezentrale Organisationsformen sowie als Mischform in föderaler Form (Kien et al. 2013, S. 3; Krimpmann 2015, S. 1212) und werden bei der Zieldiskussion zur Autonomie wieder aufgenommen (vgl. Abschnitt 3.1.4.1). Beim zentralen Organisationsprinzip werden die gleichen Funktionen in einem Unternehmen zusammengefasst, um eine hohe Spezialisierung zu erreichen (Qian et al. 2006, S. 366). Im Unternehmen ist die IT-Funktion an einer zentralen Stelle angesiedelt, von der die IT-Aktivitäten im Gesamtunternehmen koordiniert werden (Termer 2016, S. 85). Die Vorteile liegen in der höheren Spezialisierung des Wissens, in der einheitlichen Koordination, in den Kostenskalierungseffekten und in der Sicherstellung der Kompatibilität der einzelnen Komponenten untereinander (Qian et al. 2006, S. 368). Dies ist insbesondere für die Integration in die Gesamtarchitektur relevant. Gleichzeitig ist die Koordination der Integration deutlich schwieriger zu lösen, weil das IT-Management auf Basis der Informationsbereitstellung der funktionalen Manager weitreichende Entscheidungen treffen muss (Qian et al. 2006, S. 369). Diese Konstellation führt dazu, dass die Reaktionsgeschwindigkeit sinkt, weil deutlich mehr Informationen für eine Entscheidung berücksichtigt werden müssen und lokale Anforderungen und Innovationsbedürfnisse weniger adressiert werden können (Kien et al. 2013, S. 3). Gleichzeitig können potenzielle Innovationen, die über ein hohes Nutzenpotenzial verfügen, leichter in die Gesamtorganisation übertragen werden (Qian et al. 2006, S. 369). Mit der Zentralisierung wird das Ziel verfolgt, funktionale Redundanzen durch Koordination zu vermeiden, Standardisierungspotentiale zu ermöglichen und die strategische Ausrichtung der IT-Funktion sicherzustellen (Hermes 2000, S. 9). Vor dem Hintergrund der Entscheidungsgeschwindigkeit können bei einer zentralisierten IT-Funktion lange Entscheidungswege entstehen, die die Reaktionsfähigkeit reduzieren (Termer 2016, S. 86).

Beim dezentralen Organisationsprinzip ist die Gesamtorganisation produktorientiert aufgebaut, indem komplementäre Aufgaben und Geschäftsfunktionen (Logistik, Produktion) in spezialisierten Geschäftsbereichen gruppiert werden (Qian et al. 2006, S. 397). Jeder Geschäftsbereich verfügt über eine lokale IT-Abteilung, die eine hohe Flexibilität und Reaktionsfähigkeit bewirkt, weil im Schwerpunkt lediglich die lokalen Restriktionen berücksichtigt werden müssen (Kien et al. 2013, S. 3). Problematisch ist die Kompatibilität der IT-Landschaft und der damit verbundene Koordinationsaufwand für andere Bereiche und Produkte (Qian et al. 2006, S. 369). Gleichzeitig laufen die Berichtslinien der lokalen IT-Organisationen in den Geschäftsbereichen anstatt beim CIO zusammen. Daher können die dezentralisierten Innovationen nicht ohne Weiteres auf das Gesamtunternehmen übertragen werden, während gleichzeitig Kostenineffizienzen sowie Ressourcen- und Kompetenzredundanzen entstehen (Kien et al. 2013, S. 3; Qian et al. 2006, S. 369). Vor dem Hintergrund der organisatorischen IT-Agilität bildet dieses Organisationsprinzip die bessere kurzfristige Veränderungsmöglichkeit, gleichwohl ist die Ressourcennutzung für ähnliche Aufgaben und die Skalierbarkeit bei mehreren parallelen Geschäftsbereichen bei diesem Organisationsprinzip nicht optimal. Gleichwohl unterstützt die Dezentralisierung eine Flexibilität der IT-Funktion für die besonderen Anforderungen in den divisionalen Geschäftsbereichen, womit die allgemeine Akzeptanz gegenüber der IT-Funktion erhöht wird (Hermes 2000, S. 9; Rockart et al. 1996, S. 51 f.). Dezentralisierung führt dazu, dass einer hohen Spezialisierung zentraler Organisationsbereiche entgegengewirkt wird und eine weitreichende Problemlösungskompetenz in dezentralen permanenten IT-Strukturen geschaffen wird (Termer 2016, S. 86).

Bei der föderalen IT-Organisation wird versucht, eine Balance zwischen den strategischen Zielen, den Skalierungseffekten und der Reaktionsfähigkeit zu schaffen (Krimpmann 2015, S. 1212). Dabei werden IT-Aufgabenbereiche zentralisiert, die über ein umfangreicheres Skalierungspotenzial verfügen, indem z. B. standardisierte IT-Infrastrukturdienstleistungen zentral bereitgestellt werden. Aufgabenbereiche, die geschäftskritisch für eine Reaktionsfähigkeit sind, wie z. B. die Applikationsentwicklung, werden dezentral organisiert. Für die IT-Funktion in der Geschäftseinheit ergeben sich dadurch doppelte Berichtslinien zur zentralen IT-Organisation und dem Geschäftsbereich aufgrund der notwendigen Integration von Infrastruktur, Daten, Anwendungen und Prozessen. Die Folgen sind höhere Koordinationsaufwände und damit einhergehende Verzögerungen (Kien et al. 2013, S. 10; Nurdiani et al. 2015, S. 9). Solche hybriden bzw. föderalen Formen sollen die Nachteile einer vollständig zentralisierten bzw. dezentralisierten Struktur reduzieren.

2.4 Ziele, Kennzahlen und Kennzahlensysteme in der IT-Funktion

Für die Entwicklung eines Kennzahlensystems ist es erforderlich, sich vorab mit den Grundlagen von Zielen und Zielsystemen auseinanderzusetzen, bevor Kennzahlen und Kennzahlensysteme entwickelt werden können. Durch die Darstellung dieser konzeptionellen Grundlagen wird die Basis für die Entwicklung des verfolgten Artefakts geschaffen.

Ein Ziel ist ein gedanklich vorweggenommener Zustand in der Zukunft, der erreicht werden soll unter realistischer Betrachtung der Gesamtsituation und den Endpunkt eines menschlichen Handlungsprozesses bildet (Heinrich und Stelzer 2011, S. 103). Grundsätzlich lassen sich zwei Formen von Zielen für Unternehmen unterscheiden: Sachziele und Formalziele (Heinrich et al. 2014, S. 137). Die Sicherung der langfristigen Überlebensfähigkeit entspricht dem Sachziel eines Unternehmens. Die Art und Weise, wie dieses grundsätzliche Sachziel zu verfolgen ist, wie bspw. mittels effizienter Ressourcennutzung, bildet ein untergeordnetes Formalziel. Die Überlebensfähigkeit eines Unternehmens hängt zunehmend von der wirkungsvollen Nutzung der Ressourcen ab (Bach et al. 2017, S. 163 f.). Sachziele in Bezug auf die IT-Funktion verfügen über zweckbezogene Inhalte wie bspw. die Bereitstellung der IT-Unterstützung für das Gesamtunternehmen (Heinrich und Stelzer 2011, S. 22), während die Zielinhalte der Formalziele die Qualität bzw. die Güte der Informationssysteme beschreiben (Eller und Riedl 2016, S. 226). Bei der IT-Funktion lassen sich

Sach- und Formalziele wie folgt abgrenzen. Das Sachziel besteht darin, die Anforderungen der Unternehmensstrategie und die Gestaltungsanforderungen in eine Struktur umzusetzen, sodass die angestrebte Unternehmensstrategie die Leistungspotenziale entfaltet. Neben dem Sachziel müssen Formalziele berücksichtigt werden, wie bspw. die Beurteilung der wirtschaftlichen Faktoren und die angemessene Anpassungsfähigkeit an die Umwelt (Heinrich und Stelzer 2011, S. 23; Hermes 2000, S. 86). HEINRICH UND STELZER unterscheiden nach der theoretischen Zielanalyse zwischen drei strategischen Formalzielen für die IT-Funktion (Heinrich und Stelzer 2011, S. 107):

- Das Anpassungsstreben: Eigenschaft der IT-Funktion ohne grundlegende Veränderung auf qualitative und quantitative Veränderungen zu reagieren
- Das Durchdringungsstreben: Eigenschaft der IT-Funktion, die gesamte Organisation unternehmensweit zu unterstützen
- Das Wirksamkeitsstreben: Eigenschaft der IT-Funktion, Leistungen und Angebote – unabhängig der entstandenen Kosten und dem dadurch realisierten Nutzen (Effektivität) – für die gesamtorganisatorische Aufgabenerfüllung zur Verfügung zu stellen.

Die IT-Agilität entspricht aufgrund ihres Fokus zur Bereitstellung von zusätzlichen innovativen Bestandteilen und der Anpassungsfähigkeit für das Gesamtunternehmen im weitesten Sinne allen strategischen Formalzielen und im engeren Sinne dem Anpassungsstreben. Die Messung und das Management der organisatorischen IT-Agilität fällt daher unter den Bezugsrahmen einer formalen Zielkategorie. Ein erster Schritt für die Erstellung des Artefakts bildet die Entwicklung der Zielhierarchie. Dabei lassen sich Ober- und Unterziele unterscheiden (Gadatsch und Mayer 2010, S. 268 f.). In Abb. 2.9 findet sich der Aufbau einer schematischen Zielhierarchie mit unterschiedlichen Zielaufgliederungen.

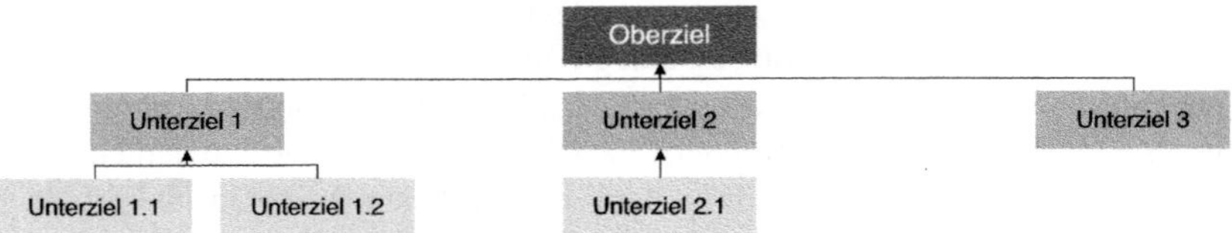

Abb. 2.9 Übersicht einer schematischen Zielhierarchie mit Unterzielen. (Quelle:In Anlehnung an (Gadatsch und Mayer 2010, S. 269; Heinrich und Stelzer 2011, S. 353))

Eine Zielhierarchie wird in dieser Arbeit definiert als ein Zielsystem in Form einer Rangordnung mit einer hierarchisch abnehmenden Bedeutung der einzelnen Zielelemente (Heinrich et al. 2014, S. 415). Bei den Wirkungsbeziehungen lassen sich horizontale und vertikale Wirkungsrichtungen unterscheiden (Heinrich et al. 2014, S. 137). Die vertikalen Wirkungsrichtungen von unten nach oben haben einen vermittelnden Charakter, d. h., sie dienen jeweils der Erreichung des darüberliegenden Ziels in der Hierarchie (Heinrich und Stelzer 2011, S. 103). In der Literatur finden sich eine Vielzahl von Qualitätskriterien für die Erstellung einer Zielhierarchie. Mehrere Autoren nennen Anforderungen an eine qualitativ hochwertige Zielhierarchie (Gladen 2014, S. 96 f.; Heinen 1966, S. 94–100; Heinrich und Stelzer 2011, S. 104 f.). Die Synthese adäquater Anforderungen für die Entwicklung der Zielhierarchie bilden die folgenden sechs Qualitätskriterien:

- Operationalität: Die Zielerreichung ist messbar
- Vollständigkeit: Das Zielsystem enthält alle relevanten Unterziele
- Erreichbarkeit: Das Zielsystem ist angemessen und beeinflussbar
- Widerspruchsfreiheit: Das Zielsystem enthält keine sich widersprechenden Ziele
- Terminierung: Dem Zielsystem muss ein klares Zeitlimit zugeordnet werden können
- Betroffenheit: Das Zielsystem steht in Einklang mit den Individualzielen der Nutzer.

Für die Ermittlung eines Zielerreichungsgrads werden häufig Kennzahlen genutzt. Der Zweck von Kennzahlen besteht darin, durch systematisches Vergleichen der erfassten Basisdaten Aussagen über Sachzusammenhänge zu machen. Bei der Verwendung von Planwerten (Sollwerten) unterstützt ein Kennzahlensystem die Überwachungs- und Steuerungsaufgaben, wenn zudem die Istwerte der entsprechenden Kennzahlen erfasst werden (Heinrich und Stelzer 2011, S. 350).

Kennzahlen erfassen Sachverhalte und sind durch die drei Merkmale Informationscharakter, Quantifizierbarkeit und Informationsform gekennzeichnet (Heinrich et al. 2014, S. 380). Der Informationscharakter bedeutet, dass eine Beurteilung von Sachverhalten der Wirklichkeit und deren Zusammenhängen (wie z. B. Ereignisse, Prozesse, Strukturen und Zustände) möglich ist. Quantifizierbarkeit bedeutet, dass Sachverhalte auf einer Skala gemessen werden können und relative Aussagen über Phänomene möglich sind. Die Informationsform meint, dass komplizierte Sachverhalte komprimiert und auf einfache Art und Weise dargestellt werden können (Heinrich und Stelzer 2011, S. 350; Kütz 2011, S. 39). Kennzahlen sollten über die folgenden fünf Anforderungen verfügen, um als wertvolle Managementunterstützung zu dienen (Bach et al. 2017, S. 249; Kütz 2011, S. 40) und werden ebenfalls in Abschnitt 5.1.3 wieder aufgegriffen:

- Zweckeignung: Übereinstimmung des Informationsbedarfs mit dem Informationsangebot
- Genauigkeit: Zuverlässigkeit und Validität der Information
- Aktualität: Geringer zeitlicher Abstand zwischen Messung und Auswertung
- Wirtschaftlichkeit: Erkenntnisgewinn ist höher zu bewerten als der Aufwand zur Erhebung
- Simplizität: Zurückverfolgbarkeit und Ergebnisinterpretierbarkeit durch den Nutzer

Der Einsatz von Kennzahlen erfordert die Datenverfügbarkeit in Informationssystemen zur Erfassung und Verdichtung der Messpunkte. Zusätzlich wird die Definition der Ziele und Aufgaben sowie die Quantifizierbarkeit der abzubildenden Sachverhalte benötigt.

Vor dem Hintergrund der IT-Funktion sind die IT-Kennzahlen von zentraler Bedeutung. Als relevante Analysebereiche für IT-Kennzahlen gelten die beispielhaften Bereiche Wirtschaftlichkeit (Kosten-Nutzen-Analyse bspw. von IT-Projekten), Innovationsgrad (Investition in den Betrieb von Altsystemen oder neuer IT-Systeme), Prozessqualität (Unterstützung der Geschäftsprozesse) oder Ressourcenauslastung (Qualifizierungsgrad und Nutzung des IT-Personals) (Gadatsch und Mayer 2010, S. 235). Hinsichtlich der Struktur können IT-Kennzahlen in absolute und Verhältniskennzahlen unterschieden werden, die weiter in Gliederungs-, Beziehungs- und Indexkennzahlen differenziert werden können (Gadatsch und Mayer 2010, S. 234). In Abb. 2.10 sind die unterschiedlichen Kennzahlenstrukturen und beispielhafte IT-Kennzahlen dargestellt.

Bei Abweichungen zwischen Soll- und Istwerten können die Ursachen analysiert und zielgerichtete Veränderungen eingeleitet werden, um die verfolgten übergeordneten Ziele zu erreichen (Gadatsch und Mayer 2010, S. 234).

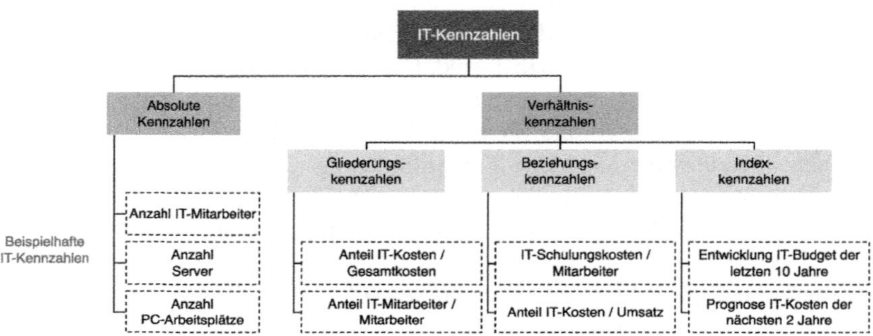

Abb. 2.10 Arten von IT Kennzahlen mit Beispielen. (Quelle: In Anlehnung an (Gadatsch und Mayer 2010, S. 235))

Aufgrund der begrenzten Aussagekraft von einzelnen Kennzahlen finden sich diese oft im Verbund mit anderen Kennzahlen (Gadatsch und Mayer 2010, S. 236 f.). Ein Kennzahlenverbund bildet in Verbindung mit einer Zielhierarchie ein Kennzahlensystem. Ein Kennzahlensystem stellt Kennzahlen, die zur Erreichung eines gemeinsamen Ziels zusammenwirken, in einen integrativen Zusammenhang (Heinrich und Stelzer 2011, S. 349). Das Kennzahlensystem ordnet anhand einer Zielhierarchie und einer Spitzenkennzahl die einzelnen Elementarkennzahlen an, stellt einen systematischen Zusammenhang her und erlaubt damit eine Gesamtaussage zum Untersuchungsbereich (Heinrich et al. 2014, S. 379).

In dieser Arbeit wird die Messung der Spitzenkennzahl des organisatorischen IT-Agilitätsindexes verfolgt. Zwischen der Spitzenkennzahl und den hierarchisch untergliederten Kennzahlen bestehen logische Beziehungen. Über die Zusammenfassung von zwei oder mehr Elementarkennzahlen zu Hauptkennzahlen sollen Aussagebereiche gebildet und Steuergrößen identifiziert werden, die sich aus untergeordneten auflösenden Kennzahlen ergeben. Aussagebereiche können gleichwertig nebeneinanderstehen oder hierarchisch miteinander verbunden sein (Heinrich und Stelzer 2011, S. 352 f.). Die folgenden Anforderungen und Rahmenbedingungen sind speziell für den Aufbau von Kennzahlensystemen zu berücksichtigen (Heinrich und Stelzer 2011, S. 351 f.; Kütz 2008, S. 50 f.) und werden in Abschnitt 5.1.3 wieder aufgegriffen und kritisch gewürdigt:

- Ganzheitlichkeit: Das zu steuernde System soll möglichst vollständig und hinreichend korrekt abgebildet werden, damit Aktionen zu den gewünschten Ergebnissen führen
- Minimalität: Unter Berücksichtigung der Vollständigkeit soll die minimale Anzahl an Kennzahlen zur Steuerung beinhaltet sein, auch vor dem Hintergrund des Kosten-Nutzen-Verhältnisses in Bezug auf die Befüllung des Kennzahlensystems (maximal 15–20 Kennzahlen in einem Kennzahlensystem)
- Nachvollziehbarkeit: Die Kennzahlenbezeichnungen und -erklärungen im Kennzahlensystem müssen eindeutig und nachvollziehbar sein, um systembedingte Fehlinterpretationen auszuschließen
- Invarianz gegenüber Zieländerungen: Zielveränderungen beeinflussen lediglich die Zielwerte. Kennzahlen sind über eine längere Zeitachse miteinander vergleichbar
- Stabilität: Ebenfalls soll sich das Kennzahlensystem nach organisatorischen, strukturellen oder technologischen Veränderungen uneingeschränkt weiterverwenden lassen
- Veränderungssensibilität: Änderungen im zu steuernden System sind frühzeitig und deutlich in den berechneten Werten des Kennzahlensystems erkennbar.

Zusammenfassend lässt sich festhalten, dass mit diesem Abschnitt die methodischen Grundlagen und die Qualitätskriterien für die Entwicklung der Zielhierarchie, der Kennzahlen und des Kennzahlensystems geschaffen wurden.

3 Design des initialen Artefakts

Das dritte Kapitel zeigt den grundlegenden Forschungsstand zur IT-Agilität anhand einer interdisziplinären Literaturrecherche. Hiermit wird der Forschungsstand für die Beantwortung der dritten Forschungsfrage hinsichtlich der Eigenschaften der IT-Aufbau- und IT-Ablauforganisation mit positivem Einfluss auf die organisatorische IT-Agilität ausgearbeitet. Es zeigt sich, dass viele Einzelaspekte wie bspw. aus der agilen Softwareentwicklung bereits untersucht wurden (Cesare 2010; Kupiainen et al. 2015). Es fehlt dennoch an einer integrativen Übersicht zur organisatorischen IT-Agilität der IT-Funktion. Auf Basis des Literaturreviews nach WOLFSWINKEL ET AL. und unter Rückgriff auf WEBSTER UND WATSON werden Eigenschaften identifiziert und in einer Konzeptmatrix anhand von zwölf Kategorien mithilfe der Grounded Theory organisiert (Corbin und Strauss 1990; Webster und Watson 2002; Wolfswinkel et al. 2013). Hieraus werden zwölf Ziele und 27 Unterziele auf die organisatorische IT-Agilität strukturiert und diskutiert und in die logische Wirkungsbeziehung einer Zielhierarchie gesetzt. Anschließend werden 27 Zielkonstrukte entwickelt. Parallel werden die Zielkonstrukte mit hypothetisch vorliegenden Informationen im betrieblichen Kontext verknüpft. Hierbei wurde davon ausgegangen, dass drei Erhebungsquellen (Befragung, Dokumente, IT-Systeme) genutzt werden können, um die jeweiligen Kennzahlen zu erfassen. Mit den drei wesentlichen Schritten (Literaturreview mit Konzeptmatrix, Zielhierarchiedesign und Kennzahlendesign) wird ein initiales Kennzahlensystem entwickelt, welches die Grundlage für

---

Ergänzende Information Die elektronische Version dieses Kapitels enthält Zusatzmaterial, auf das über folgenden Link zugegriffen werden kann https://doi.org/10.1007/978-3-658-44606-2_3.

R.-A. Koch, *Management von IT-Agilität in der IT-Funktion*, Forschung zur Digitalisierung der Wirtschaft | Advanced Studies in Business Digitization, https://doi.org/10.1007/978-3-658-44606-2_3

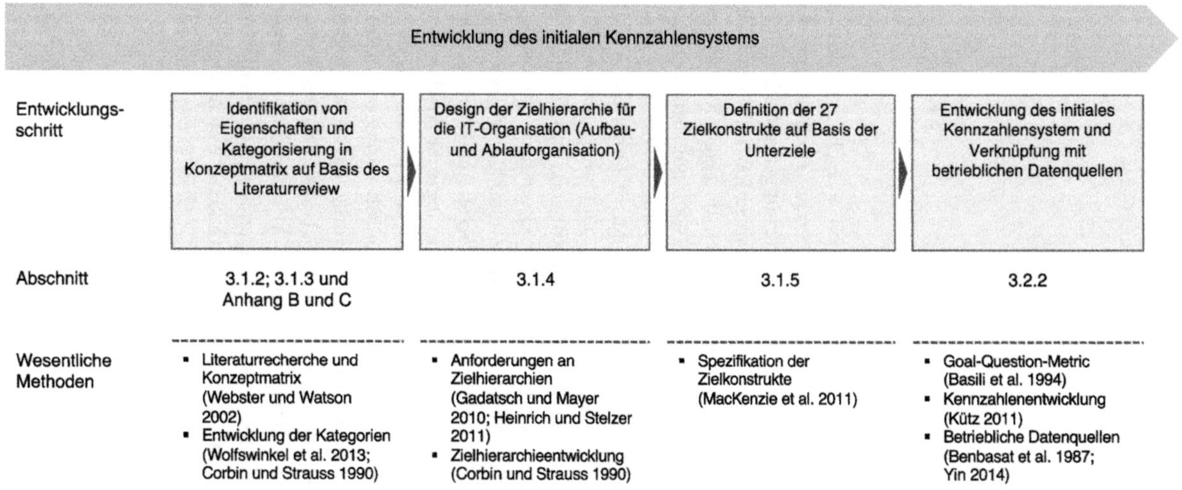

Entwicklung des initialen Kennzahlensystems

Entwicklungsschritt	Identifikation von Eigenschaften und Kategorisierung in Konzeptmatrix auf Basis des Literaturreview	Design der Zielhierarchie für die IT-Organisation (Aufbau- und Ablauforganisation)	Definition der 27 Zielkonstrukte auf Basis der Unterziele	Entwicklung des initiales Kennzahlensystem und Verknüpfung mit betrieblichen Datenquellen
Abschnitt	3.1.2; 3.1.3 und Anhang B und C	3.1.4	3.1.5	3.2.2
Wesentliche Methoden	▪ Literaturrecherche und Konzeptmatrix (Webster und Watson 2002) ▪ Entwicklung der Kategorien (Wolfswinkel et al. 2013; Corbin und Strauss 1990)	▪ Anforderungen an Zielhierarchien (Gadatsch und Mayer 2010; Heinrich und Stelzer 2011) ▪ Zielhierarchieentwicklung (Corbin und Strauss 1990)	▪ Spezifikation der Zielkonstrukte (MacKenzie et al. 2011)	▪ Goal-Question-Metric (Basili et al. 1994) ▪ Kennzahlenentwicklung (Kütz 2011) ▪ Betriebliche Datenquellen (Benbasat et al. 1987; Yin 2014)

Abb. 3.1 Designprozess vom Literaturreview bis zum initialen Kennzahlensystem. (Quelle: Eigene Darstellung)

den nachfolgenden Designprozess schafft. In Abb. 3.1 ist der Designprozess vom Literaturreview bis zum initialen Kennzahlensystem sowie die begleitenden methodischen Hinweise dargestellt.

3.1 Literaturreview und Design der Zielhierarchien

Mit dem Literaturreview wird das Ziel verfolgt, einen Überblick über den Stand der Forschung zu geben und zu analysieren, inwiefern die Fragestellung zur Messbarkeit der organisatorischen IT-Agilität in der Literatur bearbeitet wurde. Gleichzeitig wird sichergestellt, dass die Forschung auf bisherigen Veröffentlichungen aufbaut und keine Forschungsfragen behandelt werden, die bereits durch andere Studien beantwortet wurden (Webster und Watson 2002, S. xiv; Wolfswinkel et al. 2013, S. 45). Der Literaturreview wird in fünf Phasen Definition, Suche, Auswahl, Analyse und Präsentation durchgeführt (Wolfswinkel et al. 2013). Bestehende Konzepte aus den verschiedenen Forschungssträngen werden in eine Konzeptmatrix (Webster und Watson 2002, S. xvi) integriert und in Anhang B im elektronischen Zusatzmaterial gezeigt.

3.1.1 Umfang des Literaturreviews

Zur Abgrenzung des geplanten Literaturreviews wird die Taxonomie von COOPER verwendet (Brocke et al. 2009, S. 7; Cooper 1988, S. 109). Die Taxonomie in Abb. 3.2 definiert den Literaturumfang über die Auswahl von Ausprägungen (dunkelgrau) der sieben Dimensionen.

Dimension	Ausprägung			
Handlungsfeld	IT-Architektur	IT-Personal	**IT-Prozesse**	**IT-Organisation**
Fokus	**Ergebnisse**	**Methoden**	**Theorien**	**Anwendung**
Zielstellung	**Integration**	**Kritik**	**Zentrale Fragen**	
Organisation	Historisch	**Konzeptionell**	Methodisch	
Perspektive	Neutral	**Position stützend**		
Zielgruppe	Wissenschaft (allgemein)	**Wissenschaft (spezialisiert)**	**Praxis / Politik**	Allgemeinheit
Abdeckung	Vollständig	**Vollständig und selektiv**	Repräsentativ	zentral

Abb. 3.2 Taxonomie des Literaturreviews. (Quelle: In Anlehnung an (Cooper 1988, S. 109))

Innerhalb der ersten Dimension sind die beiden kräftig unterlegten Handlungsfelder der IT-Agilität relevant. Bei der Schwerpunktsetzung wurde keine Einschränkung der Ausprägungen vorgenommen, weil der Literaturreview einen umfassenden Überblick über den grundlegenden Stand der Forschung geben soll. Die Exploration empirischer Untersuchungsmethoden steht ebenso im Mittelpunkt wie die praktische Anwendung, da ein praxistaugliches Messinstrument verfolgt wird. Mehrere Zielsetzungen sind mit dem Literaturreview verbunden. Die Integration der Forschungsergebnisse bildet das Fundament für die anschließende Bearbeitung. Die kritische Analyse bestehender Ergebnisse unterstützt die Beantwortung der dritten Forschungsfrage. Die Organisation des Reviews wird aufbauend auf den Empfehlungen von WEBSTER UND WATSON (Webster und Watson 2002, S. vii) in einer Konzeptmatrix dargestellt. Die Abdeckung des Reviews erfolgt möglichst vollständig und anschließend selektiv. Zunächst werden wissenschaftliche Datenbanken nach Schlagwörtern durchsucht. Anschließend werden ausgewählte Quellen detailliert untersucht, die eine Relevanz für das Thema haben. Mit der Recherche wird gezielt nach positiven Eigenschaften von organisatorischer IT-Agilität gesucht. Die Zielgruppe des Reviews bilden Wissenschaftler der Wirtschaftsinformatik, die sich einen Überblick über den aktuellen Stand der Forschung verschaffen möchten. Durch den interdisziplinären Charakter des organisatorischen Handlungsfelds erscheint es sinnvoll, angrenzende Disziplinen der Wirtschaftsinformatik einzubeziehen. Insbesondere die allgemeine Betriebswirtschaft bietet eine Quelle für potenziell relevante Artikel. Die Auswahl wissenschaftlicher Zeitschriften orientiert sich an den Empfehlungen des VHB- JOURQUAL- 3-Rankings (VHB 2018). Es werden 61 Zeitschriften aus vier Teildisziplinen in den jeweiligen Ratings berücksichtigt (siehe Tab. 3.1). Parallel werden Publikationen von elf führenden Konferenzen[1] der Wirtschaftsinformatik in den Untersuchungsumfang (siehe Tab. 3.1) aufgenommen. Dadurch soll das Risiko unerkannter Eigenschaften geringgehalten werden. Bei der Suche nach relevanten Veröffentlichungen werden fünf Schlagwörter (Agilität, Flexibilität, Innovation, Ambidextrie, Anpassungsfähigkeit) verwendet respektive deren englische Pendants (Agility, Flexibility, Innovation, Ambidexterity, Adaptability). Diese sind verknüpft über einen „Oder" Suchoperator. Auf das vorangestellte IT (Informationstechnologie) bzw. IS (Information-System) wird in den Schlagwörtern verzichtet, damit keine potenziell relevanten Artikel vorab ausgegrenzt werden. Hinsichtlich der grundlegenden Eingrenzung des Rechercheumfangs wird der Textanteil der Zeitschriften und Konferenzen aus einem Jahrzehnt in Datenbanken wie z. B. AIS Electronic Library, ScienceDirect, SpringerLink oder Webdatenbanken der Journale untersucht. Über den grundlegenden Literaturreview hinaus fand eine kontinuierliche Suche, Reflexion und Einbeziehung neuer Veröffentlichungen auch über das Jahr 2017 hinaus statt. Es wurde dabei der Fokus auf Beiträge mit einschlägigem Peer-Review gelegt. Für eine Berücksichtigung ist der Beitragstitel entscheidend. Falls die Aussagekraft des Titels nicht ausreichend für eine erste Relevanzentscheidung zur Beantwortung der übergeordneten Fragestellung ist, wurde der Abstract hinzugezogen. Nach Abzug der Duplikate wurden 606 potenziell relevante Einzelartikel identifiziert.

Tab. 3.1 Umfang und Suchparameter des Literaturreviews. (Quelle: Eigene Darstellung)

Dimension	Ausprägung			
Teilbereich VHB	Allgemeine BWL	Entrepreneurship	Strategisches Management	Wirtschaftsinformatik
Rating	A+ / A	A+ / A	A+ / A	A+ / A / B
Journalanzahl (Konferenzen)	17 (0)	4 (0)	3 (0)	37 (11)
Suchwörter	Ambidextrie I Agilität I Flexibilität I Anpassungsfähigkeit I Innovation sowie englische Pendants			
Suchzeitraum	2006-2017ff.			
Suchbereich	Textbeitrag			
Treffer (Gesamtanzahl)	5569	2802	673	12298
	(21342)			
Potenzielle Beiträge	606			

[1] Wirtschaftsinformatik, Americas Conference on Information Systems, Australasian Conference on Information Systems, Communication of the Association for Information Systems, European Conference in Information Systems, Southern Association on Information Systems Conference, International Conf. on Inf. Resources Management, Mediterranean Conference on Information Systems, Pacific Asia Conference on Information Systems, Multikonferenz Wirtschaftsinformatik, Hawaii International Conference on Systems Sciences.

Die Selektion des Literaturbestands wurde nach den Empfehlungen von WEBSTER UND WATSON in zwei Schritten durchgeführt. Das Ziel der ersten Iteration bestand in der systematischen Ausgrenzung von Forschungsbereichen, Artikeln und zugehörigen Hinweisen, die keine Relevanz für die zentrale Fragestellung aufweisen. Dazu wurden Titel, Abstract und Zusammenfassung analysiert (Webster und Watson 2002, S. xvi). Für die Analyse wurden die Artikel inhaltlich abstrahiert, mit Konzepten kodiert (OPEN CODING) und prägnant zusammengefasst (Corbin und Strauss 1990, S. 420). Mithilfe dieser Vorgehensweise konnten u. a drei Themenbereiche zusammengefasst und strukturiert ausgegrenzt werden, da diese nachvollziehbar über das intraorganisatorische Handlungsfeld der IT-Agilität hinausgehen. Der erste Bereich betrachtet das exogene Unternehmensumfeld. Der zweite Bereich umfasst unternehmensübergreifende Aktivitäten auf Unternehmensebene und der dritte umschließt Unternehmenscharakteristika, die sich kaum für eine Steuerung eignen. Hierzu finden sich folgende Beispiele, die in drei Bereichen aufgegliedert sind.

- Exogene Faktoren:
    - Branchenzugehörigkeiten (Oosterhout et al. 2006)
    - landeskulturelle Unterschiede (Chua et al. 2015)
    - rechtliche Rahmenbedingungen (Zhu et al. 2006)
- Interorganisatorische Faktoren:
    - Unternehmenskooperationen (Abdi und Aulakh 2017)
    - Merger-und-Acquisition-Aktivitäten (Karim 2006)
    - Beziehungsgestaltung zu den Geschäftspartnern (Cao et al. 2013)
- Spezifische Charakteristika des Unternehmens:
    - Größe (Camisón-Zornoza et al. 2004)
    - Alter (Kacperczyk 2012)

Darüber hinaus ist die Schnittstelle zu anderen Handlungsfelder der IT-Agilität hervorzuheben. Zweifellos gibt es organisatorische Eigenschaften, die mit den personellen und architektonischen Handlungsfeldern der IT-Agilität zusammenhängen. Dennoch wurden diese zwischen den Handlungsfeldern abgeglichen. Die Eigenschaften, die eher dem organisatorischen als dem personellen oder architektonischen Handlungsfeld zuzuordnen sind, sind in das Artefakt aufgenommen. An der personellen Schnittstelle wurden psychologische Eigenschaften von Individuen, operativen (Aritzeta et al. 2007) und strategischen (Clark und Sousbly 2007) Teams, Führungsstile (Morgeson et al. 2010) sowie deren Wechselwirkungen bei der Auswahl für das organisatorische Artefakt ausgegrenzt. Neben diesen fünf Bereichen wurden zudem die grundlegenden Risiko- und Erfolgsfaktoren von Technologien sowie temporären IT-Projekten (Goh et al. 2013), IT-Programmen (Biehl 2007) und Transformationen (Dolata 2009) aufgrund des fehlenden Fokus auf die permanente Linienorganisation ausgeschlossen. Für den zweiten Schritt wurden die Beitragstexte der verbleibenden Artikel nach Eigenschaften untersucht. Parallel sind die zugeordneten Konzepte als auch die kurze Zusammenfassung des Beitrags verfeinert worden. Nach Abschluss wurden 54 relevante Artikel identifiziert. Mithilfe der Vorwärts- bzw. Rückwärtssuche konnten auch relevante Artikel identifiziert werden, die bereits vor dem Jahr 2006 veröffentlicht wurden (vgl. Grover et al. 1996; Weill und Ross 2005). In Summe wurden 63 Artikel dadurch in den grundlegende Literaturreview aufgenommen.

Aufbauend auf der grundlegenden Literaturarbeit wurde versucht, kontinuierlich den Bezug zum aktuellen Forschungsstand herzustellen. Hierzu war es das Ziel, zu überprüfen, ob die Ergebnisse im Einklang mit der Literatur stehen oder abweichende bzw. neue relevante Forschungsergebnisse in der Zwischenzeit erzielt wurden. Um eine Anschlussfähigkeit sicherzustellen, wurden daher fortlaufend Forschungsbeiträge der Wirtschaftsinformatik mit Bezug zum organisatorischen Handlungsfeld einbezogen. Dabei wird auf die Abgrenzung des grundlegenden Literaturreview zurückgegriffen. Literaturreviews in Verbindung mit konzeptionellen Anfertigungen werden nicht ignoriert.

3.1.2 Konzeptmatrix des grundlegenden Literaturreviews

Für die Entwicklung von Kategorien der beiden Handlungsfelder wurden die ausgewählten Artikel nach der Grounded-Theory-Methode kodiert (Corbin und Strauss 1990). Konkret wurden die Artikel mithilfe von Open Coding über die verwendeten Konzepte aus der Literatur kodiert. Darauf aufbauend wurden Gemeinsamkeiten und Unterschiede in den Konzepten analysiert. Zudem wurden vertikale Beziehungen zwischen den Konzepten über die Bildung von Haupt- und Unterkategorien mit dem Axial Coding ausgearbeitet. Durch die Abstraktion von Konzepten wurden jeweils sechs Hauptkategorien in der IT-Aufbauorganisation und in der IT-Ablauforganisation identifiziert. Diese zwölf Hauptkategorien bilden die Strukturierungselemente für die Konzeptmatrix (siehe

Anhang B im elektronischen Zusatzmaterial) (Webster und Watson 2002, S. xv; Wolfswinkel et al. 2013, S. 51). Bei der Erstellung wurde das Ziel verfolgt, bis zur theoretischen Saturierung überschneidungsfreie Kategorien zu erzeugen, d. h., bis keine neuen Eigenschaften auftauchen (Wolfswinkel et al. 2013, S. 51). Dadurch war es möglich, die Determinanten der IT-Agilität im organisatorischen Handlungsfeld von TERMER zu erweitern und für die vorliegende Forschungsarbeit vorzubereiten (Termer 2016, S. 109 ff.). Die 63 analysierten Beiträge des grundlegenden Literaturreviews finden sich in alphabetischer Reihenfolge in Anhang C im elektronischen Zusatzmaterial. Dort finden sich drei zusätzliche Spalten zur Klassifikation der Beiträge. In der ersten Spalte wird das dominant behandelte Handlungsfeld, das innerhalb des Beitrags bearbeitet wird, mit einem „P" für die Ablauforganisation und einem „O" für die Aufbauorganisation markiert. Falls beide Handlungsfelder gleichwertig behandelt werden, wird der Beitrag mit „P/O" gekennzeichnet. Zweitens sind die Artikel prägnant zusammengefasst. Drittens liegen die Eigenschaften in Anlehnung an STELZER in den drei folgenden Kategorien vor (Stelzer 2010, S. 61).

- konstruktivistisch: Entwurf von Organisations- bzw. Teilstrukturen
- prozessual: Prozess zur Gestaltung zwischen einem Ausgangs- und Zielpunkt
- deskriptiv: Beschreibung von organisatorischen Wirkungszusammenhängen

Der Großteil der identifizierten Eigenschaften ist konstruktivistischer Natur. 48 Beiträge befassen sich mit der Frage, wie eine Organisation entworfen werden sollte, um u. a. Agilität zu unterstützen. Bei den 32 Beiträgen mit deskriptiven Eigenschaften liegt der Schwerpunkt auf der Beschreibung einzelner Elemente und auf den Wechselwirkungen untereinander. Prozessuale Eigenschaften werden in fünf untersuchten Beiträgen diskutiert. Übergreifend zeigt sich ein variierender Abstraktionsgrad in den Eigenschaften. Diese Aussage betrifft die Konkretisierung der dargestellten Hinweise als auch deren Beschreibung. Eigenschaften umfassen bspw. die Auswirkungen einer dezentralen bzw. zentralen Organisationsstruktur auf die Fähigkeit, Innovationen hervorzubringen (Qian et al. 2006) oder die Verteilung von Aufgabenspektren innerhalb einer föderalen IT-Governance (Weill und Ross 2005). Für die Ableitung der Zielhierarchie sind die konstruktivistischen und deskriptiven Eigenschaften von Bedeutung. Die konstruktivistischen Arbeiten gewähren konkrete Eigenschaften auf Basis von Fallstudien (Kien et al. 2013; Nurdiani et al. 2015) oder qualitativen Interviews mit IT-Führungskräften (Kalgovas et al. 2014). Bspw. untersuchen

KIEN ET AL. mithilfe einer Fallstudie eine betriebliche IT-Aufbauorganisation (Kien et al. 2013).

3.1.3 Diskussion des Literaturreviews

Der Literaturreview umfasst neben der Wirtschaftsinformatik weitere Teilbereiche aus dem Bereich des strategischen Managements, des Entrepreneurships und der allgemeinen Betriebswirtschaftslehre. Dadurch war eine übergreifende Perspektive auf die (IT-)Agilität möglich. Aus methodischer Sicht wird das Forschungsfeld der IT-Agilität gleichermaßen mit einem breiten Methodenspektrum der Behavioral-Science und der Design-Science bearbeitet. Es werden auch Eigenschaften der Unternehmens-Agilität identifiziert, die sich nicht explizit mit der IT-Funktion befassen, sich jedoch aufgrund ihres prinzipiellen Charakters auch auf eine IT-Funktion übertragen lassen (wie bspw. die Führungsspannweite). Diese Eigenschaften sind im späteren Verlauf der Arbeit zu untersuchen. Gleichwohl werden Schlüsselarbeiten im Bereich der IT-Agilität von NISSEN UND RENNENKAMPFF, OVERBY ET AL., SAMBAMURTHY ET AL. und TERMER identifiziert (Nissen und Rennenkampff 2015; Overby et al. 2006; Sambamurthy et al. 2003; Termer 2016).

Darüber hinaus finden sich Arbeiten, die sich mit Kennzahlen befassen. BEKKHUS bewertet die Standardkennzahlen des ITIL®-Frameworks vor dem Hintergrund der Innovationsfähigkeit und kommt zur Schlussfolgerung, dass diese nicht geeignet sind, um eine proaktive Veränderungsfähigkeit der IT-Funktion zu erfassen (Bekkhus 2016, S. 11). Parallel zeigen die Arbeiten von POONACHA UND BHATTACHARYA, RENNENKAMPFF, RICHTER UND ESSWEIN, YOUSIF ET AL., sowie KINNUNEN UND LUOMA unterschiedliche Ansätze für die Bewertung von IT-Agilität (Kinnunen und Luoma 2018; Poonacha und Bhattacharya 2012; Rennenkampff 2015; Richter und Esswein 2014; Yousif et al. 2016). YOUSIF ET AL. leiten hierbei mittels Literaturreview einen Fragenkatalog für eine webbasierte Umfrage von 60 Fragen in acht Dimensionen ab. Der Fragebogen beruht auf kollektiven Einschätzungen zur Priorisierung von IT-Agilitätsdimensionen (Yousif et al. 2016, S. 3). Bei POONACHA UND BHATTACHARYA werden Kriterien aus der Literatur abgeleitet und über eine Umfrage in einem Softwareentwicklungsunternehmen mit Schwerpunkt auf die Softwareentwicklung gewichtet (Poonacha und Bhattacharya 2012, S. 5330). Weitere Studien (Kwak et al. 2016; Winkler et al. 2008) legen den Schwerpunkt nicht auf die Organisationseinheit der IT-Funktion, sondern vielmehr auf den Teilbereich der Entwicklung. RICHTER UND ESSWEIN entwickeln ein qualitatives Klassifikationsschema, um zu entscheiden, wann ein Prozess bzw. ein Projekt standardisiert oder agil realisiert werden sollte. Eine Fokussierung auf die IT-Funktion wird nicht verfolgt, sodass relevante Bestandteile der IT-Funktion wie bspw. im Bereich des Business-IT-Alignments oder der funktionalen Zentralisierung oder Dezentralisierung nicht erfasst werden. Das Klassifikationsschema wird zudem nicht innerhalb eines betrieblichen Unternehmens demonstriert (Richter und Esswein 2014, S. 1082). KINNUNEN UND LUOMA präsentieren ein Vorgehen zur Entwicklung von Messpunkten auf Basis eines Literaturreviews, wobei vergleichbar zum vorliegenden Forschungsdesign, Hinweise aus der Literatur zur Skalenentwicklung einbezogen werden unter methodischer Berücksichtigung von STRAUB und MACKENZIE ET AL. (Kinnunen und Luoma 2018, S. 5432; MacKenzie et al. 2011; Straub 1989). Auch hier werden die entwickelten Messskalen, durch ein siebenköpfiges Expertengremium ex ante hinsichtlich der Relevanz, Klarheit und Prägnanz vorevaluiert (Kinnunen und Luoma 2018, S. 5430). Das Vorgehen ähnelt damit der ersten Runde der Delphi-Studie (vgl. Abschnitt 4.2.4) in der vorliegenden Arbeit. Als Ergebnis präsentieren die Autoren sieben Fragen mit Extrempunktbetrachtungen, um die IT-Agilität in Bezug auf die Softwareentwicklung zu bewerten (Kinnunen und Luoma 2018, S. 5432). Auch diese Fragen betrachten lediglich einen Bruchteil der organisatorischen IT-Agilität. Spezielle Eigenschaften der IT-Funktion wie beispielsweise aus dem Bereich der Kultur, Geschäftspartnerschaft oder Skalierbarkeit werden nicht behandelt. Eine weiterführende Demonstration des Instruments beispielsweise im Rahmen einer Fallstudie findet nicht statt.

Die letzte Arbeit ist dem Handlungsfeld der IT-Architektur zugeordnet, dabei bildet diese Arbeit einen Teil einer Forschungsarbeit für die übergreifende Messung der IT-Agilität (Nissen und Rennenkampff 2015). Im Beitrag von NISSEN UND RENNENKAMPFF wird die IT-Agilität der IT-Architektur anhand von neun Kennzahlen messbar gemacht (Nissen und Rennenkampff 2015, S. 16), wobei einige Kennzahlen aufgrund des hohen Erhebungsaufwands (Abhängigkeitsstabilität und Parametrisierbarkeitsgrad) im Forschungsprozess entfernt wurden (Rennenkampff 2015, S. 215; Termer 2016, S. 29). Die Nützlichkeit des entwickelten Artefakts wird u. a. in einer Fallstudie in der Automobilindustrie demonstriert. Ein derartiges Kennzahlensystem konnte weder für die IT-Aufbau- noch für die IT-Ablauforganisation identifiziert werden und wird ebenfalls von den Autoren als weiterer Forschungsbedarf hervorgehoben (Nissen und Rennenkampff 2015, S. 27). Die Breite des Literaturreviews zeigt, dass IT-Agilität in den Prozessen und in der Organisation eine Vielzahl von Facetten umfasst. Hierfür schafft der Literaturreview eine Basis, indem die Eigenschaften kategorisiert, geordnet und beschrieben werden (siehe Abschnitt 3.1.4.1 und 3.1.4.2).

Ein Großteil der gesichteten Artikel bearbeitet isolierte Teilbereiche der organisatorischen IT-Agilität. Ein Vorteil dieses spezialisierten Ansatzes besteht darin, dass bestehende Ansätze der Wirtschaftsinformatik unter speziellen Rahmenbedingungen untersucht werden können (z. B. Guillemette und Paré 2012, S. 533 zur Rolle der IT-Funktion im Unternehmen). Es fehlt jedoch an einer integrativen Übersicht der IT-Agilität, um bspw. Abhängigkeiten und Wechselwirkungen zwischen unterschiedlichen Ausprägungen besser bewerten zu können. Der Literaturreview zeigt, dass zwar relevante Teilkomponenten in der Forschung bereits isoliert bearbeitet wurden (Business-IT-Alignment, agile Applikationsentwicklung) aber der Transfer in die betriebliche Praxis mittels eines Artefakts noch nicht vollendet ist.

Aufbauend auf dem Literaturreview kann festgehalten werden, dass eine Forschungslücke hinsichtlich der Messbarkeit von Eigenschaften von organisatorischer IT-Agilität gegeben ist. Die Literaturanalyse zeigt, dass keine geeigneten Kennzahlensysteme existieren, mit denen es möglich wäre, die Agilität in der IT-Aufbau- und der IT-Ablauforganisation anhand von beobachtbaren Eigenschaften zu messen. Auf den Bedarf wird zudem von mehreren Autoren hingewiesen (Lee et al. 2016, S. 260; Nissen und Rennenkampff 2015, S. 26 f.; Salmela et al. 2015, S. 12; Termer 2016, S. 221).

3.1.4 Zielhierarchien der IT-Aufbau- und IT-Ablauforganisation

Die Motivation für die Entwicklung einer Zielhierarchie besteht darin, ein abstraktes Oberziel in mehrere konkrete Unterziele komplementär zu untergliedern. Durch die Erreichung der Unterziele wird ebenso das verknüpfte Oberziel erreicht (Gadatsch und Mayer 2010, S. 268 f.; Rennenkampff 2015, S. 126). In diesem Abschnitt werden die identifizierten Eigenschaften aus den zwölf Kategorien aus dem Literaturreview in Zielhierarchien überführt, diese bilden die Grundlage für die anschließende Operationalisierung in Kennzahlen. Für die Ableitung der Zielhierarchien in Abb. 3.3 und Abb. 3.4 wurde auf die vorherigen Abschnitte zurückgegriffen:

- Definition der IT-Agilität (siehe Abschnitt 2.1.2.)
- Grundlagen der IT-Aufbau- und IT-Ablauforganisation (siehe Abschnitt 2.3.2 und 2.3.3.)
- Anforderungen an eine Zielhierarchie (siehe Abschnitt 2.4.)

- Eigenschaften aus dem Literaturreview (siehe Abschnitt Anhang C im elektronischen Zusatzmaterial).

Die unterschiedlichen Eigenschaften werden in ein ausgerichtetes Beziehungsnetz in der Zielhierarchie unter Verwendung der Grounded Theory – insbesondere des VERTICAL CODING und SELECTIVE CODING – gesetzt (Corbin und Strauss 1990, S. 423 f.). Durch AXIAL CODING wurden den zwölf Zielen insgesamt 27 Unterziele zugeordnet und mithilfe von SELECTIVE CODING weiter verfeinert. Unter Rückgriff der Anforderungen an die Ziele und das Zielsystem (Gladen 2014, S. 96 f.; Heinrich und Stelzer 2011, S. 104 f.) wird es möglich, die beiden initialen Zielhierarchien in Abb. 3.3 und Abb. 3.4 mit vier Hierarchieebenen abzuleiten. Die Ziele sind in den Abschnitten 3.1.4.1 und 3.1.4.2 beschrieben.

Im Designprozess sind mehrere Designiterationen ausgehend aus dem Feedback der natürlichen Evaluationen geplant. Dadurch kommt es zu strukturellen und inhaltlichen Anpassungen zwischen dem initialen und dem finalen Kennzahlensystem. Die Verfeinerungen und die Beweggründe für die Anpassungen sind in den Abschnitten 4.2.4.4, 4.2.5.4 und 4.3.8 erläutert.

3.1.4.1 Zieldiskussion in der IT-Aufbauorganisation

Die identifizierten sechs Ziele in der dritten Hierarchieebene der initialen Zielhierarchie (siehe Abb. 3.3) werden hinsichtlich ihrer Relevanz auf die organisatorische IT-Agilität folgend dargestellt. Die Unterziele bilden die Grundlage für die Zielkonstrukte (in Abschnitt 3.1.5.). Die ergänzenden Erkenntnisse der kontinuierlichen Literaturrecherche sind in Abschnitt 5.1.1 den Kennzahlensteckbriefen vorangestellt.

Innovative IT-Kultur

Kultur steht für die kollektive Verhaltenstendenz einer Organisation (Yousif et al. 2016, S. 5). Unter Kultur versammeln sich Werte, Visionen, Normen, Arbeitssprache, Symbole, Glaubensgrundsätze und Gewohnheiten einer Organisation (Chen et al. 2015, S. 14). Gleichzeitig bietet die Kultur die informellen Leitplanken für das Handeln der jeweiligen Mitarbeiter, falls keine oder nur knappe formale Vorgaben existieren. Daher ist Kultur eine kritische Größe der informellen Struktur eines Unternehmens und beeinflusst die Innovationsfähigkeit (Kießling et al. 2012, S. 1068; Hempel et al. 2012, S. 480; Rademacher und Klein 2009, S. 56). Innerhalb der Kultur lassen sich zwei Archetypen unterscheiden: zum einen eine Kultur, die auf Veränderung reagiert (organisches System), und zum anderen eine Kultur, die nach Ordnung und Stabilität

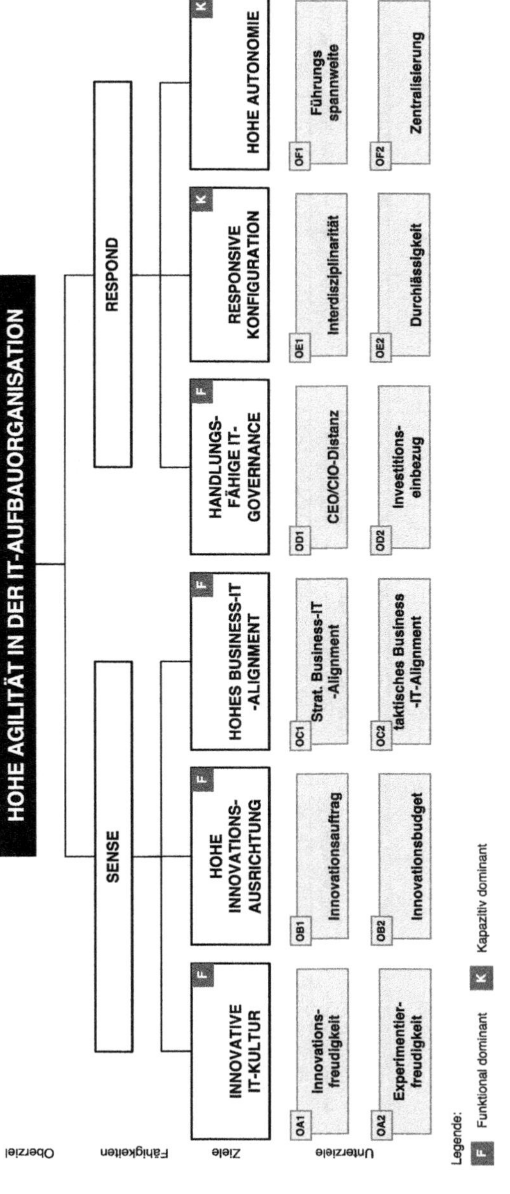

Abb. 3.3 Initialer Zielhierarchieentwurf für die IT Aufbauorganisation. (Quelle: Eigene Darstellung)

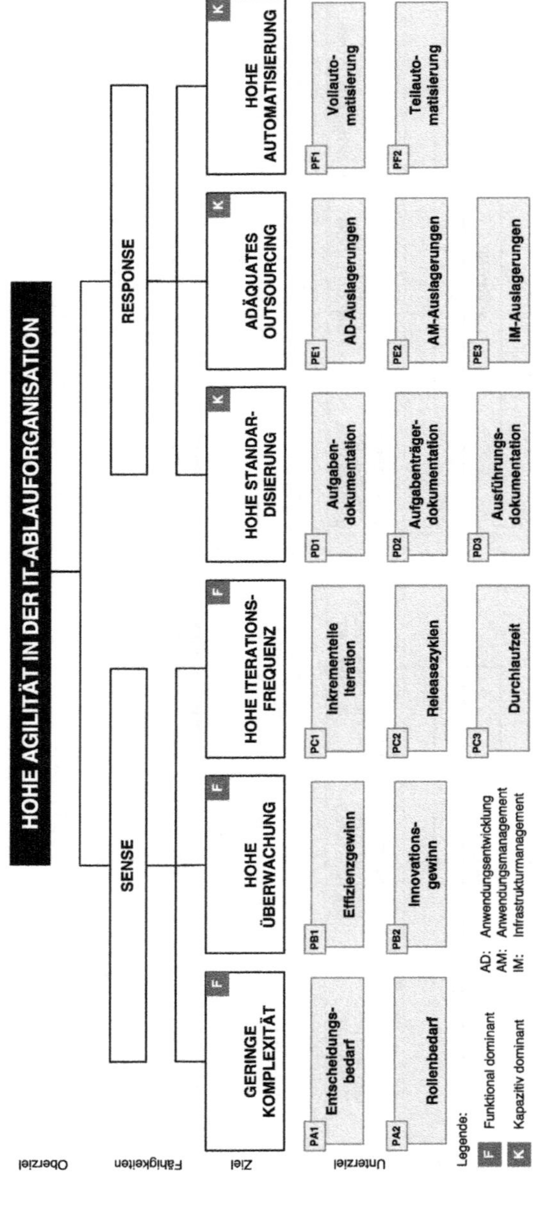

Abb. 3.4 Initialer Zielhierarchieentwurf für die IT Ablauforganisation. (Quelle: Eigene Darstellung)

verlangt (paternalistisches System) (Cooper und Sommer 2016, S. 515). Bei organischen Systemen steht persönliches Engagement, Leistung und die kontinuierliche Anpassung der einzelnen Aufgaben zur Erreichung der gemeinsamen Gruppenaufgabe im Vordergrund (Spencer und Sofer 1964, S. 29). Es wird laterale und vertikale Kommunikation mit einer Betonung auf Beratung anstatt nach Richtung genutzt. Daher ist dieses organische System wirksam für den Umgang mit Veränderungen im Innovationsbereich (Spencer und Sofer 1964, S. 29). MOOS ET AL. haben sich mit der Messung von organisatorischer Innovationsfähigkeit auseinandergesetzt und schlagen dazu zwei Messmodelle vor (Moos et al. 2010, S. 2 f.). Hierbei wird unteranderem die Möglichkeit gesehen, das Innovationsverhalten im Sinne der INNOVATIONSFREUDE über die aktive Suche nach neuen Ideen zu erfassen (Moos et al. 2010, S. 3). Das betrifft die Suche nach neuen Ideen auf der Managementebene, aber auch die kulturelle Voraussetzung, dass Mitarbeiter keine Konsequenzen fürchten müssen, wenn neue Ideen nicht funktionieren (Moos et al. 2010, S. 5).

Wachsame und proaktive Unternehmen suchen ständig nach bisher unbemerkten Aspekten, um durch Experimente zu lernen (Sambamurthy et al. 2003, S. 242). Dabei ist ein Organisationsklima, das die Mitarbeiter ermutigt, Risiken einzugehen, zu experimentieren und Herausforderungen anzunehmen als förderlich für die proaktive Entwicklung von Innovationen anzusehen (Chen et al. 2015, S. 14; Chen et al. 2014, S. 342; Anderson et al. 2014, S. 1314 f.). Fehlende Experimente innerhalb der IT-Funktion, sind negativ zu werten (Kalgovas et al. 2014, S. 7; Nissen und Mladin 2009, S. 49). EXPERIMENTIERFREUDE ist am wertvollsten, wenn die allgemeine Unsicherheit groß ist und ein hoher Bedarf an Gewissheit und schnellem Scheitern besteht (Cooper und Sommer 2016, S. 12). Eine kreative und innovative Organisationskultur ermöglicht eine schnellere Anpassung an veränderte Rahmenbedingungen (Bock et al. 2012, S. 280; Termer 2016, S. 83).

Hohe Innovationsausrichtung

Die Aufgabe und die Rolle der IT-Funktion im Unternehmenskontext sind hervorzuheben für die organisatorische IT-Agilität. Das Spektrum des Aufgabenbereichs reicht von der Rolle eines reaktiven Dienstleisters bis zum proaktiven Innovator mit Innovationsauftrag, der gezielt nach neuen Technologien sucht und im Unternehmen umsetzt (Guillemette und Paré 2012, S. 533; Kalgovas et al. 2014, S. 6). TALLON ET AL. unterscheiden zwischen drei primären Handlungsschwerpunkten der IT-Funktion (Tallon et al. 2016, S. 587), wobei die Kundennähe und die Produkt- und Serviceführerschaft eher einem nutzenorientierten und differenzierendem INNOVATIONSAUFTRAG zuzuordnen sind (Jansen et al. 2006, S. 1671; Tallon 2007, S. 256):

1. Die operative Exzellenz strebt nach geringen Kosten und schafft eine hohe Stabilität
2. Die Kundennähe schafft eine hohe Reaktionsfähigkeit und einen hohen Kundenservice
3. Produkt- bzw. Serviceführer zeichnet eine kreative Produktentwicklung und deren schnelle Bereitstellung am Markt aus.

Für die aktive Entwicklung und Demonstration von IT-Innovationen ist neben der engen Abstimmung mit den Fachbereichen (Whelan et al. 2015, S. 269; Leonhardt et al. 2017, S. 971; Nissen und Rennenkampff 2015, S. 15), eine Bereitstellung eines IT-Innovationsbudgets vorteilhaft (Termer 2016, S. 30 und S. 206). Hinsichtlich der Anteilshöhe des IT- INNOVATIONSBUDGETS am gesamten IT-Budget werden 5–10 % (Rennenkampff 2015, S. 115) genannt. Eine Höhe oberhalb von 20 % wird als unrealistisch angesehen, weil ein etabliertes Unternehmen es sich nicht leisten kann, eine derartige Budgetierung von Aktivitäten vorzunehmen, deren Ergebnis unklar oder zumindest zweifelhaft ist (Kalgovas et al. 2014, S. 6). Empfehlenswert ist, dass sich das IT-Innovationsbudget im Verfügungsbereich der IT-Funktion befindet, um eine technologiegetriebene Exploration bspw. mithilfe eines systematischen Innovationsmanagement durchzuführen (Nissen und Rennenkampff 2015, S. 15). Hinsichtlich der Verankerung des allgemeinen IT-Budgets geben SIA ET AL. mögliche Einblicke in die allgemeine Strukturierung von Budgets und deren Verteilung zwischen Fachbereichen und IT-Funktion (Sia et al. 2010, S. 60 ff.; Sia et al. 2011, S. 8).

Hohes Business-IT-Alignment (BITA)

Die Beziehung zwischen Fachbereichen und IT-Funktion hat einen Einfluss auf die Innovationsfähigkeit des Unternehmens. Unternehmen, deren IT-Strategien und Tätigkeiten mit den Strategien und Tätigkeiten der Fachbereiche abgestimmt sind, nutzen Informationstechnologien effektiver (Whelan et. 2015, S. 262; Tallon 2007, S. 255). Unter Abstimmung wird der Grad verstanden, zu dem die Bedarfe, Ziele und Strukturen einer Organisationseinheit konsistent mit den Bedarfen, Zielen und Strukturen einer anderen Organisationseinheit sind (Roberts und Grover 2012, S. 244). In mehreren Forschungsarbeiten wird der positive Einfluss einer engen Abstimmung zwischen Fachbereich und IT-Funktion auf das Geschäftsergebnis belegt (Roberts und Grover 2012; Saldanha und Krishnan 2011; Termer 2016; Tallon et al. 2016; Rademacher und Klein 2009, S. 56). Die Abstimmung schließt die strategische, taktische und operative Ebene ein. Die drei Ebenen referenzieren in der Praxis auf die Ebenen des Top-Managements, des mittleren Managements und die operative Arbeitsebene. Die STRATEGISCHE ABSTIMMUNGSEBENE umfasst die Konsistenz der IT-Strategie und detaillierter Maßnahmenpläne mit der Unternehmensstrategie (Chen et al. 2014, S. 334; Kearns und Sabherwal 2007, S. 160; Nissen und Rennenkampff 2015, S. 15). Die TAKTISCHE ABSTIMMUNG referenziert auf die Zusammenarbeitsebene der mittleren Führungskräfte der Fachbereiche und der IT-Funktion. Dabei ist die Frage relevant, wie hoch der Grad der Abstimmung ist. Durch die Partizipation von Führungskräften der Fachbereiche an IT-Besprechungen und umgekehrt wird ein Wissenstransfer ermöglicht, der ein besseres Verständnis und gemeinschaftliche Entscheidungen bewirken kann (Chen et al. 2014, S. 338; Kearns und Sabherwal 2007, S. 134). Auf operativer Ebene ist eine Abstimmung umso mehr erforderlich, weil dort die gewünschten Arbeitsergebnisse erzielt werden (Termer 2016, S. 88). Relevant ist auch der Grad der sozialen Zugänglichkeit im Sinne geringer Barrieren zwischen Fachbereichen und IT-Funktion (Jansen et al. 2006, S. 1670). Diese Kommunikation kann entweder von den Mitarbeitern selbst auf den Weg gebracht werden, falls geringe formelle oder informelle Barrieren bestehen. Falls hohe Barrieren bestehen, eignet sich der Einsatz von „Network Brokern“ (Whelan et al. 2015, S. 267) bzw. von „Business Consultants“ (Kießling et al. 2012, S. 1067), die als ausgebildete Schnittstellen zwischen Fachbereich und IT-Funktion fungieren.

Handlungsfähige IT-Governance

Die IT-Governance beschreibt, wie die Entscheidungsprozesse bspw. über Investitionen und Verantwortlichkeiten in der IT-Funktion definiert sind (Guillemette und Paré 2012, S. 534). Daher sind die Einbindung in Investitionsentscheidungen, die Verantwortlichkeiten und Berichtslinien der IT-Funktion wesentlich für die Bereitstellung von organisatorischer IT-Agilität und daraus resultierenden IT-Innovationen (Nissen und Mladin 2009, S. 48; Wiedemann und Weeger 2016, S. 5). Bei der Verteilung der Verantwortlichkeiten und Berichtslinien (Wiedemann und Weeger 2016, S. 5) ist die CIO-Position in der Unternehmenshierarchie von Bedeutung. Wenn der CIO nicht direkt in die Geschäftsführung integriert ist, beispielsweise über eine Berichtslinie zum CEO, sondern nur durch eine mittelbare Funktion vertreten ist, z. B. durch eine Berichtslinie an den CFO, kann die IT-Funktion auf eine Kostenfunktion für die effiziente

Bereitstellung von IT-Dienstleistungen reduziert sein und hindert sie daran, explorative und nutzende Aktivitäten in Einklang zu bringen in einer Weise, die die Strategie der Gesamtorganisation unterstützt. (Kalgovas et al. 2014, S. 7; Whelan et al. 2015, S. 264). Diese Gestaltungsoption kann daher als nicht förderlich für die Entwicklung von IT-Innovationen angesehen werden. Mehrere Autoren bestätigen in ihren Studien, dass eine direkte CEO/CIO- BERICHTSLINIE und das CIO-Führungsverhalten einen förderlichen Einfluss auf das Hervorbringen von IT-gestützten Geschäftsinnovationen hat (Chen et al. 2015, S. 18; Kalgovas et al. 2014, S. 7; Saldanha und Krishnan 2011, S. 12). Die Einbindung der IT-Funktion in die IT- INVESTITIONSENTSCHEIDUNGEN ist ebenfalls eine relevante Eigenschaft. GUILLEMETTE UND PARÉ unterscheiden fünf unterschiedliche Profile inklusive der unterschiedlichen Ausprägungen der IT-Governance von IT-Organisationen (Guillemette und Paré 2012). Die Profile „Partner" und „Technologieführer" sind aufgrund ihres Fokus auf Proaktivität und Innovationen im Kontext der IT-Agilität hervorzuheben (Guillemette und Paré 2012). Bei beiden Archetypen sind die fachlichen Bereiche und die IT-Funktionen sowohl für IT-Projekte als auch für den Geschäftserfolg verantwortlich (Guillemette und Paré 2012). IT-Investitionsentscheidungen werden von beiden Seiten gemeinsam getroffen (Guillemette und Paré 2012, S. 533; Weill und Ross 2005, S. 28 f.; Wiedemann und Weeger 2016, S. 5).

Responsive Konfiguration

Die Zusammenarbeit auf Teamebene zwischen den Teammitgliedern aus Fach- und IT-Abteilung ist eine wesentliche Eigenschaft für eine erfolgreiche funktionale Anpassungsfähigkeit (Brauk 2013, S. 9; Cesare 2010, S. 128). Dabei sind die Frequenz der Kommunikation als auch die Kommunikationsart – bestenfalls mündlich und von Angesicht zu Angesicht – wesentliche Erfolgsprinzipien (Cooper und Sommer 2016, S. 516; Ramesh et al. 2012, S. 329). Die Geschwindigkeit der Reaktionsfähigkeit und die Qualität der Ergebnisse wird maßgeblich dadurch verbessert, dass in INTERDISZIPLINÄREN Teams mehrere Vertreter funktionaler Organisationseinheiten (z. B. Forschung und Entwicklung, Marketing und IT) zusammenarbeiten und Probleme aus mehreren Blickwinkeln beurteilt und gelöst werden (Cooper und Sommer 2016, S. 523; Roberts und Grover 2012, S. 252). Neben der funktionsübergreifenden Komposition der Teams ist es förderlich, wenn ein geringer Bedarf an teamexternen Freigaben besteht. Gleichzeitig wird der Aufwand einer Entscheidungsvorbereitung für die nächsthöhere Ebene reduziert. Solche Teams eignen sich insbesondere bei Innovationsprojekten, bei denen das Ziel unscharf abgegrenzt ist und die Entscheidungsauswirkungen und Wirkungszusammenhänge noch unklar sind

(Lumpkin et al. 2009, S. 62; Patanakul et al. 2012, S. 745). Hinsichtlich der Anpassungsmöglichkeit innerhalb der IT-Funktion hat auch die organisatorische DURCHLÄSSIGKEIT von Mitarbeitern zwischen Organisationseinheiten wie Teams oder Abteilungen in der IT-Funktion einen förderlichen Einfluss auf die organisatorische IT-Agilität. Auslöser können veränderte Prioritäten von Projekten, Budgets oder heterogene Auslastungssituationen sein. Dadurch entsteht ein Bedarf, um Mitarbeiter bspw. in andere Entwicklungseinheit zu transferieren. Die Durchlässigkeit der Ressourcen wird als problematisch bei hierarchisch formalisierten Organisationen angesehen (Nurdiani et al. 2015, S. 7). Bei einer proaktiven Durchlässigkeit wird versucht, die Arbeitskräfte zu qualifizieren, um einen effektiven Einsatz zu ermöglichen (Afflerbach et al. 2014, S. 232). Der Wert liegt im Aufbau von multiplen Fähigkeiten der Mitarbeiter, um eine flexible Personalplanung zu ermöglichen. Daher kann die Durchlässigkeit auch als eine Überschneidungsebene zwischen IT-Personal und IT-Organisation angesehen werden (Pooncha und Bhattacharya 2012, S. 5331).

Hohe Autonomie

Die Entscheidungsgeschwindigkeit ist eine wesentliche Größe, die zu einer höheren Reaktionsfähigkeit und Handlungsgeschwindigkeit führt. Grundsätzlich kann zwischen zentralen und dezentralen Entscheidungen unterschieden werden. Zentrale Entscheidungen bedürfen einer Autorität, auf die sich die Entscheidungsgewalt im Unternehmen konzentriert. Bei einer zentralen Entscheidungsstruktur werden die Kommunikationskanäle eingeschränkt, sodass sowohl die Qualität als auch Quantität von Informationen und Wissen für die Problemlösung reduziert werden (Jansen et al. 2006, S. 1663). Gleichzeitig führt die Zentralisierung zu langen vertikalen Entscheidungswegen, die die Reaktionsfähigkeit einschränken (Termer 2016, S. 86). Bei hoher Entscheidungsdezentralisierung werden die Entscheidungen auf den unteren organisatorischen Ebenen getroffen (Hempel et al. 2012, S. 481; Richter und Esswein 2014, S. 1080). Die höhere Entscheidungsautonomie der Mitarbeiter erhöht die Wahrscheinlichkeit, dass neue und innovative Lösungen gesucht werden und gleichzeitig die Befähigung der Mitarbeiter erhöht wird (Hempel et al. 2012, S. 493). Insbesondere bei technischen Herausforderungen mit komplexen Technologien sollten dezentrale Entscheidungsprozesse genutzt werden (Xu und Ramesh 2007, S. 298). Eine weniger zentrale Entscheidungsfindung wird daher als förderlich für die Bereitstellung der organisatorischen IT-Agilität angesehen (Bock et al. 2012, S. 280). Daher ist bei diesem Aspekt die ZENTRALISIERUNG der IT-Funktion von Relevanz. Bei der Einbettung der IT-Funktion in die Gesamtorganisation lassen sich zwei prinzipielle Strukturen mit jeweiligen Vor- und Nachteilen unterscheiden – zentrale und dezentrale Organisationsformen sowie als Mischform in föderaler Form (vgl. Abschnitt 2.3.3). Weiterhin bildet die Flachheit der Organisation eine relevante Eigenschaft. Eine Indikation über die Flachheit der Organisation bildet die FÜHRUNGSSPANNE, d. h., je größer die Anzahl der zugeordneten Mitarbeiter je Führungskraft ist, desto flacher ist die Hierarchie (Bloom et al. 2014, S. 2863). Je größer diese Spanne ist, desto eher muss auf eine dezentrale Entscheidungsfähigkeit zurückgegriffen werden, wodurch eine dezentrale Entscheidungskompetenz gefördert wird. Zusätzlich werden die Mitarbeiter befähigt, selbstständiger zu agieren, ohne die nächste Führungsebene zu konsultieren, was eine höhere Reaktionsgeschwindigkeit bewirkt (Bloom et al. 2014, S. 2877; Nurdiani et al. 2015, S. 3; Pooncha und Bhattacharya 2012, S. 5331). Organisationen, die über eine flachere Hierarchie verfügen, sind daher anpassungsfähiger gegenüber Veränderungen, weil die Entscheidungen schneller getroffen werden können (Termer 2016, S. 86 f.).

3.1.4.2 Zieldiskussion in der IT-Ablauforganisation

Die identifizierten sechs Ziele, die innerhalb der dritten Hierarchieebene der Zielhierarchie (siehe Abb. 3.4) dargestellt sind, werden hinsichtlich ihres gestaltungsrelevanten Einflusses auf die organisatorische IT-Agilität in den sechs Teilabschnitten diskutiert. Diese bilden die Grundlage für die Konzeptualisierung der Ziele in Abschnitt 3.1.5. Die ergänzenden Erkenntnisse der kontinuierlichen Literaturrecherche sind in Abschnitt 5.1.1 den Kennzahlensteckbriefen vorangestellt.

Geringe Komplexität

Prozesse verbinden die organisatorischen, technischen und personellen Ressourcen eines Unternehmens. Dabei wächst die Komplexität in Abhängigkeit von der Menge und Verschiedenartigkeit der Elemente im Sinne von Organisationseinheiten, technischen Ressourcen und deren Wechselwirkungen untereinander an. In der Literatur findet sich dazu das NK-Modell (Kauffman 1993). Es umfasst die Anzahl der bekannten Komponenten (N) und deren Wechselwirkungsanzahl (K) zueinander (James et al. 2013, S. 1151). Es zeigt sich, dass ein komplexer Prozess einen größeren Aufwand für das Verständnis verursacht; gemeint sind damit Veränderungen, wie z. B. Optimierungen (McElheran 2015, S. 1200). Ab einem gewissen Grad der Komplexität können die Veränderungskosten für eine Anpassung den erwarteten Nutzen für eine Veränderung überschreiten (McElheran 2015, S. 1212). Gleichzeitig erfordert eine höhere Komplexität einen höheren Grad an formalisierten Strukturen und quantitativen Mechanismen, um den Fluss des Informationszugangs zu steuern, was wiederum zu höheren Aufwänden und Verzögerungen führt (James et al. 2013, S. 1133). Prozesse mit einer hohen Komplexität lassen sich kaum analysieren und verfügen über einen hohen Grad an Variabilität (Mani et al. 2010, S. 42). Sowohl eine erhöhte Komplexität als auch die unterschiedlichen Wechselwirkungen zwischen den Prozessen untereinander erhöhen den Aufwand, der für eine Prozessausführung und Koordination notwendig ist (Mani et al. 2010, S. 41). Prozesskomplexität führt nicht nur zu einem höheren personellen Aufwand, der für die Ausführung erforderlich ist, sondern erhöht gleichzeitig auch die Prozessdurchlaufzeiten (Afflerbach et al. 2014, S. 233; Diao und Keller 2006, S. 61). Für die Prozesskomplexität im Rahmen der ITSM-Prozessmodelle ist der ENTSCHEIDUNGSBEDARF im Prozess und die beteiligte ROLLENANZAHL am Prozess hinweg relevant (Diao und Keller 2006, S. 63).

Hohe Überwachung

Unter dem Überwachungsgrad wird das Monitoring der Prozesse verstanden, um den Grad der Zielerreichung der jeweiligen Prozesse zu überprüfen. Falls ein Prozess nicht die gewünschte Zielstellung erreicht, ergibt sich ein Veränderungsbedarf. Die notwendige Vorbedingung hierfür bildet die Definition und die Messbarmachung der vorhandenen Prozesse (siehe Ziel der hohen Standardisierung in Abschnitt 3.1.4.2). Durch den Vergleich von Soll- und Istwerten bei den Kennzahlen (z. B. Zuverlässigkeit oder Geschwindigkeit) werden Anhaltspunkte für Verbesserungsbedarfe identifiziert (Termer 2016, S. 96). Die Menge aller Maßnahmen zur Veränderung von Prozessen wird als kontinuierliche Prozessverbesserung bezeichnet (Termer 2016, S. 96). Im Zuge der IT-Prozesse bieten Referenzmodelle wie z. B. ITIL® eine Vielzahl von Hinweisen für die Definition der Prozesse und deren aktive Messung über die Verwendung von Key Performance Indicators (KPI), die eine qualitativ hochwertige Dienstleistungsbereitstellung im IT-Servicemanagement (ITSM) sicherstellen (Bekkhus 2016, S. 3). Mitarbeiter tendieren dazu, sich entsprechend der Zielstellung, gegen die sie gemessen werden, zu verhalten. Falls Innovation nicht gemessen wird, kann geschlussfolgert werden, dass Innovation nicht als Ziel verfolgt wird (Bekkhus 2016, S. 6). BEKKHUS analysiert dazu die KPI von ITIL® und kommt zu dem Ergebnis, dass von ITIL® zu 85,6 % Stabilitätsziele, zu 7,2 % Korrekturziele, zu 3,6 % Verbesserungsziele und nur zu 3,6 % Innovationsziele (bspw. der proaktiven Bereitstellung neuer Services) verfolgt werden. Diese Zielverteilung im ITIL®-Rahmenwerk, das häufig als Grundlage für die Gestaltung der IT-Funktion verwendet wird, besitzt daher einen geringen unterstützenden Einfluss auf die Innovationsbereitschaft und -fähigkeit einer IT-Funktion. Daher ist bei der konkreten Zielauswahl zu berücksichtigen, dass neben EFFIZIENZZIELEN auch INNOVATIONSZIELE verfolgt werden. Eine erhöhte Transparenz durch überwachte Prozesse trägt dazu bei, dass die Fähigkeit zur Konfiguration und iterativen Verbesserung der Prozesse verbessert wird (Münstermann et al. 2009, S. 11; Seethamraju und Sundar 2013, S. 147).

Hohe Iterationsfrequenz

Unter der Iterationsfrequenz wird die Frequenz verstanden, mit der funktionale Veränderungen entwickelt und produktiv gesetzt werden, sodass diese den Endnutzern für einen Test zur Verfügung stehen. Es ist möglich, schneller auf veränderte Kundenanforderungen zu reagieren, schnell verwendbare Ergebnisse zu erzeugen, den Lernprozess zu verbessern und den Nutzer aktiv einzubinden (Cooper und Sommer 2016, S. 513; Poonacha und Bhattacharya 2012, S. 5331; Richter und Esswein 2014, S. 1080). Diese Faktoren führen dazu, dass sich die Kundenzufriedenheit und Qualität der Ergebnisse verbessern (Maruping et al. 2009, S. 393). Grundsätzlich lässt sich zwischen der Applikationsentwicklung und dem Applikationsbetrieb unterscheiden. Hinsichtlich der Applikationsentwicklung haben sich in der Vergangenheit mehrere ITERATIVE und INKREMENTELLE Projektmanagement- und ENTWICKLUNGSMETHODEN durchgesetzt, wie z. B. SCRUM oder EXTREME PROGRAMMING (xP) (Maruping et al. 2009, S. 380), die kurze Iterationszyklen umfassen (Cooper und Sommer 2016, S. 514; Greening 2013, S. 4835). Bis zur Projektfertigstellung werden dazu zahlreiche Prozessschritte iterativ und inkrementell durchlaufen. Am jeweiligen Sprintende wird eine ausführbare Applikation erzeugt (Brauk 2013, S. 9). Nicht nur die Entwicklung, sondern auch die kontinuierliche Verbesserung der bestehenden Prozesse sollte iterativ und inkrementell durchgeführt werden (Brauk 2013, S. 9; Cooper und Sommer 2016, S. 514). Dabei ist es hervorzuheben, dass die Sprints des Entwicklungsprozesses mit den Releaseprozessen des Produktivsystem abgestimmt sein sollten (Brauk 2013, S. 11; Greening 2013, S. 4840; Nissen und Rennenkampff 2015, S. 15). CESARE analysiert im Rahmen einer Untersuchung von 62 Softwareunternehmen die Verteilung der Releasezyklen. Die Verteilung gliedert sich wie folgt (Cesare 2010, S. 128): Jährlicher Zyklus (17 %), Dreimonatige Zyklen (31 %), Monatliche Zyklen (24 %), Zweiwöchige Zyklen (24 %), Einwöchige Zyklen (5 %). Durch die kürzeren RELEASEZYKLEN werden kleinere Entwicklungspakete eingespielt, sodass Fehler geringe Auswirkungen haben und schneller gefunden werden (auch bspw. durch den Nutzer) (Claps et al. 2015, S. 28 f.). Gleichzeitig können diese kurzen Releasezyklen unter der Zuhilfenahme von automatisierten Tests der neuen Komponenten erreicht werden. Zusätzlich können Strategien verwendet werden, wie z. B. Features, die für den Nutzer zur gegebenen Zeit freigeschaltet werden, sobald sie vollständig integriert sind (Claps et al. 2015, S. 29). Das reibungslose Zusammenwirken zwischen Entwicklung und Betrieb verringert Risiken im Deploymentprozess (Claps et al. 2015, S. 21). Dabei ist eine kurze DURCHLAUFZEIT (bzw. deren Senkung) vom Start der Entwicklung, bis es einen messbaren Wert liefert (d. h., zahlende Kunden nehmen ein Upgrade an) ein implizites Ziel der agilen Methoden (Greening 2013, S. 4835; Termer 2016, S. 200). Parallel ist durch ihren Zeitbezug die Durchlaufzeit als eine wesentliche Eigenschaft von organisatorischer IT-Agilität hervorzuheben, weil hierin eine Voraussetzung für eine kontinuierliche Innovationsfähigkeit abgebildet ist (Cooper und Sommer 2016, S. 513; Sia et al. 2011, S. 8).

Hohe Standardisierung

Standardisierung ist in Bereichen etabliert, in denen auf äußere Einflüsse in einer bekannten Art und Weise reagiert werden soll (Jansen et al. 2006, S. 1663). Hinsichtlich der Erhöhung der funktionalen Veränderungsfähigkeit sind bewusste Formalisierungslücken als positiv anzusehen, insbesondere für Prozessabläufe, die einer erhöhten Veränderungsfrequenz unterliegen (Albuquerque und Christ 2015, S. 191). Für eine funktionale Veränderungsfähigkeit stehen einem Prozess drei funktionale Dimensionen zur Verfügung; Aufgaben (Was), Aufgabenträger (Wer), und Ausführung (Wie) (Albuquerque und Christ 2015, S. 197). Der Aufgabenträger (Wer) kann im Vergleich zur Aufgabe (Was) leichter und leichter verändert werden. Die formale Zuweisung von Prozessverantwortung zu einem AUFGABENTRÄGER verringert den Spielraum für Streitigkeiten über die Rechenschaftspflicht der Akteure im Falle eines technischen Versagens (Albuquerque und Christ 2015, S. 197 f.) Zudem kann das Fehlen von Mechanismen zur Neudefinition von Verantwortlichkeiten die Umstrukturierung von Organisationseinheiten/Abteilungen der Organisation erschweren (Albuquerque und Christ 2015, S. 200). Für die AUFGABENDEFINITION sind hochwertige Prozessmodelle eine Voraussetzung für das Prozessmanagement und bilden die Grundlage für die Kommunikation (Overhage et al. 2010, S. 217). Häufig wird in der Literatur hierzu die Business Process Model Notation (BPMN) genannt (Cognini et al. 2016, S. 355). Mit der Abbildung der Prozesse, die die tatsächlichen Ist-Prozesse oder die hypothetischen Soll-Prozesse umfassen, wird die Grundlage für die Weiterentwicklung der Prozesse geschaffen (Termer 2016, S. 94). Abhängigkeiten können aufgedeckt, Zuständigkeiten festgelegt und Verbesserungen vorgenommen werden. Besonders aufwändig gestaltet sich die Veränderung der Wie-Dimension, d. h. die Veränderung von Handlungen, Arbeitsanweisungen oder Prozessdokumenten (Albuquerque und

Christ 2015, S. 198). Eindeutige Definitionen und Regeln für die Darstellung und Modellierung der Prozesse stellen eine einheitliche Dokumentation und damit die Transparenz über die Prozesse sicher (Overhage et al. 2010, S. 218; Rohloff 2007, S. 29). Die AUFGABENAUSFÜHRUNG sollte in Bereichen dokumentiert sein, in denen auf äußere Einflüsse in einer bekannten Art und Weise schnell reagiert werden soll (Jansen et al. 2006, S. 1663). Demzufolge ist die formale Vorgabe in Form einer detaillierten Vorgehensfestlegung für repetitive Abläufe sinnvoll (Richter und Esswein 2014, S. 1077). Ein weiterer positiver Effekt der Standardisierung bildet die einheitliche Verwendung von Methoden, Techniken und sprachlicher Nomenklatur für den funktionalen Anpassungsprozess, bspw. im Kontext eines agilen Entwicklungsprozesses (Kwak et al. 2016, S. 5315). Dadurch wird die Geschwindigkeit und die Genauigkeit der Kommunikation erhöht, die in einer erhöhten Reaktionsfähigkeit des Entwicklungsteams resultiert. Daher kann die Prozessdokumentation der drei Dimensionen mittelbar die IT-Agilität erhöhen, wobei die tatsächliche Ausgestaltung der Prozessdokumentation jedoch der entscheidende Faktor ist. Diese und weitere oben genannte Eigenschaften der Aufgabenstandardisierung werden unter der Annahme behandelt, dass Sie ebenso auf Teile der ITSM-Prozesse übertragbar sind. Gleichzeitig sind Standardisierung und Dokumentation der Prozesse eine notwendige Bedingung für die erfolgreiche Nutzung von externen Dienstleistungen und Realisierung von Automatisierungspotenzialen in den Prozessen, um u. a. die kapazitive Veränderungsfähigkeit zu verbessern (Mani et al. 2010, S. 40; Wüllenweber et al. 2008, S. 213 ff.).

Adäquates Outsourcing

Die Motivation für die IT-gestützte Auslagerung von Prozessen bzw. Prozessschritten liegt in der Fokussierung auf die unternehmensspezifischen Kernkompetenzen (Bock et al. 2012, S. 292; Lacity et al. 2009, S. 134; Mani et al. 2010, S. 40; Qu et al. 2010, S. 105). Darüber hinaus finden sich aber auch Motivationsfaktoren, die die organisatorische IT-Agilität begünstigen, wie einen globalen Zugang zu Wissen und Expertise (Winkleret al. 2008, S. 243), den Aufbau von neuen technologischen Kompetenzen mittels IT-Outsourcing (ITO) oder um die kapazitive Skalierbarkeit in der IT zu erreichen, wobei externe Dienstleister auch als Veränderungskatalysator genutzt werden (Lacity et al. 2009, S. 134). MANI ET AL. definieren hierzu folgende Entscheidungskriterien, die für die Auslagerung bestimmter Tätigkeiten herangezogen werden können (Mani et al. 2010, S. 40), wie hohe Analysierbarkeit, definierte Input- und Outputfaktoren, geringe Veränderungsfrequenz und geringe Wechselwirkung mit anderen organisatorischen Prozessen. Prozesse, die über eine solche Ausprägung verfügen, bedürfen eines geringeren Informationsaustauschs und können daher mit weniger Aufwand koordiniert werden (Mani et al. 2010, S. 44). Es können über Service-Level-Agreements konkrete Performanceziele definiert werden (Nissen und Mladin 2009, S. 45). Dabei sollte auch die Ausgestaltung des Outsourcings vor dem Hintergrund der Flexibilität betrachtet werden, um auf veränderte Rahmenbedingungen zu reagieren (Salmela et al. 2015, S. 10 f.; Qu et al. 2010, S. 97). Dazu gehören unter anderem eine zugesicherte Leistungserbringung über eine variierende Nutzeranzahl hinweg für eine kapazitive Veränderungsfähigkeit (Nissen und Mladin 2009, S. 45). Insgesamt wurde ein zu hoher Outsourcing-Grad – gemessen am IT-Budget – mit einer geringen Erfolgsquote (im Vergleich zur Ausgangslage) verbunden. Bei Kundenunternehmen, die mehr als 80 % ihres IT-Budgets ausgelagert hatten, betrug die Erfolgsrate nur 29 %. Im Vergleich hatten Kundenunternehmen, die weniger IT-Budget ausgelagert hatten, eine Erfolgsrate von 85 % (Lacity et al. 2009, S. 136). Gleichzeitig wiesen Kundenunternehmen, die die APPLIKATIONSENTWICKLUNG (AD) und das APPLIKATIONSMANAGEMENT (AM) und den Endnutzer-Support ausgelagert hatten, eine geringere Zufriedenheit auf (Grover et al. 1996, S. 107). Eine höhere Zufriedenheit wurde bei der Auslagerung der System-Operation, im Sinne des INFRASTRUKTURMANAGEMENTS (IM) erzielt (Grover et al. 1996, S. 107). Aus diesem Grunde und in Anlehnung an Abschnitt 2.3.2 wird beim adäquaten Outsourcing der Differenzierung in AD, AM und IM gefolgt.

Hohe Automatisierung

Technologien in Organisationen übernehmen primär zwei Funktionen: Automatisierung und Informationsbereitstellung (Mani et al. 2010, S. 46). Während bei der zuerst genannten Funktion die Menge der verarbeiteten Informationen je Zeiteinheit im Vordergrund steht, geht es bei der zweiten Funktion um die korrekte Weiterleitung der verfügbaren Informationen zu den jeweiligen Nutzern (Mani et al. 2010, S. 46). Vor dem Hintergrund der kapazitiven Veränderungsfähigkeit ist die Automatisierung von Prozessen eine wesentliche Eigenschaft in der IT-Ablauforganisation. Dadurch kann auf Nachfragespitzen adäquater reagiert werden. Bei unerwarteter niedriger Nachfrage sind die Kosten in der Regel niedriger als bei Mitarbeitern, die in der Regel über die Anwesenheitszeit entlohnt werden (Krause 2014, S. 510). So finden sich bspw. Ansätze der Automatisierung z. B. bei Sprachdialogsystemen (Krause 2014, S. 514). Häufig wird die Automatisierung für die Substitution von hoch repetitiver menschlicher Arbeit eingesetzt. Gemeint sind damit bspw. Tätigkeiten bei gut ausgebildeten Arbeitskräften in Banken, z. B. bei Kundenberatern oder bei der Sortierung von Schecks (Bloom et al. 2014, S. 2868) oder im Bereich von cloudbasierten DEVOPS-Technologien (siehe Abschnitt 2.3.2.2). Eine Bedingung für die Automatisierung eines Prozesses bildet die Definition der Eingangs- und Ausgangsgrößen sowie der Verarbeitungslogik (siehe Teilabschnitt Standardisierung). Ein Prozess sollte daher vorher bestenfalls standardisiert und dokumentiert sein. Die aufbauende Automatisierung bildet den nächsten Schritt und bietet hinsichtlich der kapazitiven Veränderungsfähigkeit ein hohes Potenzial. Gleichzeitig kann die funktionale Veränderungsfähigkeit eines automatisierten Prozesses aufgrund der integrierten Verarbeitungslogik eingeschränkt sein (Seethamraju und Sundar 2013, S. 147). Daher bietet sich ein hoher Automatisierungsgrad bspw. bei Transaktionsprozessen an, die über ein hohes Volumen verfügen und geringen Änderungen unterliegen (Seethamraju und Sundar 2013, S. 147) oder beim Test von neuen Applikationskomponenten. Bei diesen Eigenschaften wird initial unterschieden zwischen einer passiven TEILAUTOMATISIERUNG, d. h., dass der Mensch noch anteilig in der Prozessbearbeitung involviert ist, beispielsweise im Prozessmonitoring (vgl. Abschnitt 2.3.2.2) und einer aktiven VOLLAUTOMATISIERUNG, wobei die Automatisierung bereits steuernd in den Prozess eingreift (Termer 2016, S. 146; Krause 2014, S. 510–513).

3.1.5 Konzeptualisierung der Ziele

Die Konzeptualisierung umfasst die Darstellung von Zielen der realen Welt auf eine abstrahierte Art und Weise. Im vorliegenden Kapitel werden dazu die Ziele für die IT-Organisation entwickelt. Für die Entwicklung der Zielhierarchie wurden die Oberziele „Agilität in der IT-Aufbauorganisation" und „Agilität in der IT-Ablauforganisation" formuliert. Hierzu wurden relevante Eigenschaften gemäß den Anforderungen von HEINRICH UND STELZER in eine hierarchische Zielbeziehung gesetzt (Heinrich und Stelzer 2011, S. 350 f.). Die unterste Hierarchieebenen in Abb. 3.3 und Abb. 3.4 bilden die Grundlage für die Operationalisierung der Kennzahlen. Es wird kein Strukturgleichungsmodell aufgebaut, dies würde einen Forschungsansatz der Behavioral-Science bedingen. Damit das entwickelte Kennzahlensystem anhand von beobachtbaren Eigenschaften verwendet werden kann, ist es erforderlich, die zu messenden Konstrukte prägnant zu formulieren und jeweils das organisatorische Bezugsobjekt (Entität) zu definieren (MacKenzie et al. 2011, S. 299). Diese Entitäten teilen sich auf die IT-Aufbau- und Ablauforganisation auf. Die definierten Zielkonstrukte für die

IT-Aufbauorganisation sind in Tab. 3.2 und für die IT-Ablauforganisation in Tab. 3.3 dargestellt. Hierzu wurden aus der Literatur eine Vielzahl von Eigenschaften in Abschnitt 3.1.4.1 und 3.1.4.2 berücksichtigt. Bei der Erstellung wurde auf möglichst überschneidungsfreie Konstrukte bei gleichzeitig hoher Abdeckung geachtet, insbesondere vor dem Hintergrund der nachfolgenden Kennzahlenentwicklung. IT-Agilität hat viele Konstrukte und ist mehrdimensional (Conboy 2009, S. 330). Der grundlegende Literaturreview macht deutlich, dass für eine vollständige Abbildung der organisatorischen IT-Agilität mehrere untergeordnete Zielkonstrukte erforderlich sein werden. Damit ist die organisatorische IT-Agilität vergleichbar zu den Arbeiten im Handlungsfeld der IT-Anwendungslandschaften, des IT-Personals und den übergeordneten Determinanten nachvollziehbar als multidimensional einzuordnen (Rennenkampff 2015; Rau 2021; Termer 2016).

Tab. 3.2 Zielkonstrukte für die IT-Aufbauorganisation. (Quelle: Eigene Darstellung)

ID	Zielkonstrukt	Beschreibung des Zielkonstrukts
OA1	Innovationsfreudigkeit	Hohe Freude und Begeisterung an neuen Technologien in der IT-Funktion
OA2	Experimentierfreudigkeit	Durchführung von Experimenten mit innovativen IT-Technologien, um den Geschäftsbeitrag der IT-Funktion zu verändern
OB1	Innovationsauftrag	Präsenz von Innovationszielen in der IT-Funktion, um einen erweiterten IT-Beitrag zu den Geschäftszielen zu leisten
OB2	Innovationsbudget	Verfügbares Budget in der IT-Funktion, um IT-getriebene Innovationen anzustoßen
OC1	Strategisches Business-IT-Alignment	Hohe Konsistenz auf strategischer Ebene zwischen den Zielen der IT-Funktion und den Geschäftsfunktionen
OC2	Taktisches Business-IT-Alignment	Hohe Konsistenz auf taktischer Ebene zwischen den Zielen der IT-Funktion und den Geschäftsfunktionen
OD1	CEO/CIO-Distanz	Formelle Einbindung des CIO in die oberste Managementebene, um ein strategisches Business/IT-Alignment herzustellen

(Fortsetzung)

Tab. 3.2 (Fortsetzung)

ID	Zielkonstrukt	Beschreibung des Zielkonstrukts
OD2	Investitionseinbezug	Hohe Einbindung der IT-Funktion und ihrer Vertreter in IT-Investitionsentscheidungen zur zielgerichteten Gestaltung der IT-Systemlandschaft
OE1	Interdisziplinarität	Hohe Diversität der Disziplinen, die in einem Team zusammenarbeiten, um die erforderlichen Kompetenzen für eine effektive Problemlösung bereitzustellen
OE2	Durchlässigkeit	Hohe Durchlässigkeit von Mitarbeitern zwischen Teams und Organisationseinheiten, um auf veränderte Anforderungen reagieren zu können
OF1	Führungsspannweite	Hohe Führungsspannweite in der IT-Aufbauorganisation, um die Autonomie der Mitarbeiter zu erhöhen
OF2	Zentralisierung	Hoher dezentraler Grad von IT-Kompetenzen in der IT-Funktion im Hinblick auf das Gesamtunternehmen

Tab. 3.3 Zielkonstrukte für die IT-Ablauforganisation. (Quelle: Eigene Darstellung)

ID	Zielkonstrukt	Beschreibung des Zielkonstrukts
PA1	Entscheidungsbedarf	Geringe Anzahl der erforderlichen Entscheidungen, um einen Prozess durchzuführen
PA2	Rollenbedarf	Geringe Anzahl der erforderlichen Rollen, um einen Prozess zu bearbeiten
PB1	Effizienzgewinn	Geringer Anteil von Effizienzzielen einzelner Prozesse in der IT-Funktion
PB2	Innovationsgewinn	Hoher Anteil von Innovationszielen einzelner Prozesse in der IT-Funktion
PC1	Inkrementelle Iteration	Hoher Einsatz agiler Methoden, die von den Teams zur Entwicklung iterativer und inkrementeller Ergebnisse eingesetzt werden

(Fortsetzung)

Tab. 3.3 (Fortsetzung)

ID	Zielkonstrukt	Beschreibung des Zielkonstrukts
PC2	Releasezyklen	Kurze Zeitspanne, um eine einzelne Idee zu einem Feature im Produktionssystem zu machen und schnell reagieren zu können
PC3	Durchlaufzeit	Kurze Dauer, um eine Feature von der Ideenphase in das Produktionssystem zu überführen, um schnell reagieren zu können
PD1	Aufgabendokumentation	Hoher IT-Aufgabenanteil, bei denen eine grundlegende Definitionsdokumentation vorliegt
PD2	Aufgabenträgerdokumentation	IT-Aufgaben, bei denen die Teams die Aufgabenverantwortlichen für die Bearbeitung sind, um die Reaktionsfähigkeit durch die Befähigung der Teams zu erhöhen
PD3	Ausführungs dokumentation	Selektive Prozessdokumentation zur Unterstützung von Aufgaben, Aktivitäten und Prozessen in der IT-Funktion
PE1	AD-Auslagerung	Anteil an Entwicklungsaufgaben, -aktivitäten und -prozessen, die durch externe IT-Dienstleister unterstützt werden
PE2	AM-Auslagerung	Anteil an Betriebsaufgaben, -aktivitäten und -prozessen, die durch externe IT-Dienstleister unterstützt werden
PE3	IM-Auslagerung	Anteil an Infrastrukturaufgaben, -aktivitäten und -prozessen, die durch externe IT-Dienstleister unterstützt werden
PF1	Vollautomatisierung	Hoher Einsatz von Softwarelösungen zur ausführenden Automatisierung von IT-Prozessen entlang des IT-Wertschöpfungsprozesses
PF2	Teilautomatisierung	Hoher Einsatz von Softwarelösungen zur passiven Automatisierung von IT-Prozessen entlang des IT-Wertschöpfungsprozesses

Die Beschreibung der Zielkonstrukte unterstützt die Entwicklung der Kennzahlen, sodass diese Zielkonstrukte die Unterziele von organisatorischer IT-Agilität widerspiegeln, und bildet den ersten Schritt der Kennzahlenentwicklung (Kütz 2011).

3.2 Design des initialen Kennzahlensystems

Im folgenden Abschnitt werden die Zielhierarchien in ein Kennzahlensystem mit Elementarkennzahlen operationalisiert. Das Kennzahlensystem bildet das quantitative Pendant zu qualitativen Zielhierarchien. Für die Entwicklung der Elementarkennzahlen können vorhandene Kennzahlenbibliotheken genutzt oder eine Neuentwicklung vorgenommen werden (Kütz 2011, S. 46 und 52). In der vorliegenden Arbeit wird dem Ansatz der Neuentwicklung gefolgt. In Anlehnung an RENNENKAMPFF orientiert sich der zweistufige Prozess der Kennzahlenentwicklung zudem an KÜTZ in Verbindung mit BASILI ET AL. (Basili et al. 1994, S. 528 f.; Kütz 2011, S. 44 und 73; Rennenkampff 2015, S. 183).

3.2.1 Zielstellung, Nutzergruppe und Aufgabenbereich

IT-Agilität kann eine Quelle für Wettbewerbsvorteile sein. Entsprechend wurden für die übergeordneten Ziele „Hohe Agilität in der IT-Aufbauorganisation“ und „Hohe Agilität in der IT-Ablauforganisation“ Zielhierarchien entwickelt. Der Aufgabenbereich lässt sich mithilfe des Steuerungsobjekts und der Steuerungsaufgabe konkretisieren. Das Bezugsobjekt für die Steuerung bildet die IT-Aufbau- und IT-Ablauforganisation und umfasst sowohl mehrere Abteilungen als auch eine einzelne Abteilung der IT-Funktion. Der potenzielle Nutzerkreis des Kennzahlensystems besteht aus dem strategischen IT-Management und dem oberen Führungskreis der IT-Funktion, wie dem CIO, IT-Organisations- sowie IT-Prozessexperten. Die Steuerungsaufgabe besteht darin, die Soll-IT-Agilität (vgl. Abschnitt 5.3.4) in Abstimmung mit weiteren relevanten Zielstellungen zu definieren und gegen den Zielerreichungsgrad zu steuern.

3.2.2 Entwicklung der Kennzahlen

Im Zentrum der vorliegenden Arbeit liegt die Messung von organisatorischer IT-Agilität. Unter Messen wird allgemein eine Zuordnung von Zahlen zu Objekten und Variablen verstanden (Bortz und Döring 2006, S. 66). Hierbei können latente Variablen von manifesten Variablen unterschieden werden. Latente Variablen, wie die Zielkonstrukte können gegenüber manifesten Variablen nicht direkt beobachtet und damit auch nicht gemessen werden (Backhaus et al. 2021, S. 6; Latcheva und Davidov 2019, S. 898). Es wird davon ausgegangen, dass diese

Konstrukte mit den beobachtbaren Variablen zusammenhängen. Zur Messung latenter Konstrukte wie bspw. Motivation, Vertrauen oder wie im vorliegenden Fall organisatorische IT-Agilität sind geeignete Operationalisierungen (d. h. die Überführung von latenten in beobachtbare Variablen) erforderlich, bei denen auf manifeste Variablen zurückgegriffen wird (Backhaus et al. 2021, S. 6; Overby et al. 2006, S. 128; Stein 2019, S. 128). Dies geschieht über Merkmale die als Anzeichen für etwas dienen (Stein 2019, S. 128). Indikatoren (Anzeiger für Sachverhalte) sind direkt beobachtbar oder messbar und weisen auf Sachverhalte hin, die nicht direkt beobachtbar sind. Indikatoren sind durch Korrespondenzregeln mit der latenten Variable oder Konstrukten, die sie anzeigen sollen, verbunden (Burzan 2019, S. 1417). Um die Zielkonstrukte in Kennzahlen zu überführen, wird die Goal-Question-Metric-Methodik (GQM) nach Basili et al. verwendet (Basili et al. 1994). Im ersten Schritt werden die Zielkonstrukte aufbauend auf den identifizierten Eigenschaften definiert (Basili et al. 1994) wie in Abschnitt 3.1.5. Im zweiten Schritt wird die konzeptionelle Ebene (Ziel) und die quantitative Ebene (Metrik) mit der Fragenebene (Frage) verknüpft, sodass eine Charakterisierung der Messobjekte und die Operationalisierung unterstützt wird (Basili et al. 1994). Die Fragenebene, verknüpft die konzeptionelle Ebene (Ziel) und die quantitative Ebene (Metrik) und hilft das Messobjekt zu charakterisieren und einen Bezug zu den Messgrößen herzustellen (Rennenkampff 2015, S. 183 f.). Angelehnt an den GQM-Ansatz, wird für jedes Zielkonstrukt in dieser Arbeit auch die Frage in den Kennzahlensteckbrief (vgl. Tab. 3.4) aufgenommen (Rennenkampff 2015, S. 184). Der dritte Schritt liegt in der Auswahl und Beschreibung von Daten, die in der Lage sind, in einer quantitativen Art und Weise die Zielerreichung zu bestimmen (Basili et al. 1994, S. 528 f.; Kütz 2011). Grundsätzlich können Messdaten objektiver oder subjektiver Natur sein (Basili et al. 1994, S. 529). Zwei wesentliche Datenquellen können daher in Betracht gezogen werden: organisatorische Artefakte und Personen. Die organisatorischen Artefakte differenzieren sich weiter in Dokumente und Systeme und sind in Abb. 3.5 dargestellt. Dabei sind diese Artefakte natürliche Daten, als dass sie nicht zu Forschungszwecken und ohne die Beteiligung oder Intervention der Forschenden entstanden sind (Salheiser 2019, S. 1119).

Abb. 3.5 Klassifikation von antizipierten Datenquellen in der Praxis. (Quelle: Eigene Darstellung in Anlehnung an (Benbasat et al. 1987, S. 374; Yin 2014, S. 106)

Zusätzlich ist anzumerken, dass Personen ebenfalls den Zugriff auf die organisatorischen Artefakte haben und indirekt über das erforderliche Wissen verfügen können. Weiterhin können Dokumente Ausgangsgrößen aus Systemen bilden. Auf Basis dieser antizipierten Datenquellen in der betrieblichen Praxis wird die Verknüpfung auf Basis von beispielhaften Kennzahlen diskutiert. Die Erhebung eignet sich bspw. für das erste Ziel der innovativen IT-Kultur. Kultur ist jedoch eine subjektive Eigenschaft. Daher ist eine hohe Objektivierung mithilfe einer hohen Stichprobenmenge für die Innovationsfreudigkeit erforderlich. Hierbei sollen zwei Messgrößen aufgeführt werden, die mithilfe eines Fragebogens und subjektiven Einschätzungen zur Kultur erhoben werden. Grundlage hierfür kann eine standardisierte Umfrage bilden.

Die dokumentenbasierte Erhebung soll eine Anwendung für die Mehrheit der Kennzahlen finden. Hierunter fallen die Artefakte, die die IT-Aufbau- und die IT-Ablauforganisation dokumentieren. Hervorzuheben ist bspw. das Organigramm des Unternehmens für die zu erfassende Einbettung in das Gesamtunternehmen und das Organigramm der IT-Funktion für die zu erfassende organisatorische Elementarkennzahl der Führungsspannweite. Ferner bildet die Dokumentation der Prozesse die Grundlage für die zu erfassenden Kennzahlen des Standardisierungsgrads und des Überwachungsgrads. Ebenfalls kommen IT-Systeme zur Unterstützung der IT-Prozesse in den Bereich der artefaktbasierten Messdaten infrage. Hierunter fallen bspw. IT-Systeme für die standardisierte Erfassung und Bearbeitung von Tickets im IT-Servicemanagement oder Projektmanagementlösungen für die Softwareentwicklung. Weitere systembasierte Artefakte bilden Automatisierungslösungen für das kontinuierliche Monitoring der Infrastruktur- bzw. der Applikationslandschaft oder für das automatisierte Testen und Deployment im Release-Management. Gleichzeitig bilden die Software-Releases der selbstentwickelten Software ein Indiz für die Release-Frequenz. Die dritte Kategorie der Artefakte umfasst bspw. die Daten in den administrativen Unterstützungssystemen wie bspw. im ERP-System oder in den Controlling-Systemen. Hierin sollten sich monetäre Größen finden wie Budgetgrößen für die IT-Funktion oder die eingekauften Dienstleistungen, die über externe Zulieferer bezogen werden. Für die spätere Reliabilität (vgl. Abschnitt 1.2.) des Artefakts, ist eine Triangulation aus Dokumenten, Systemen und Befragung empfehlenswert (Flick 2019, S. 480). Die organisatorischen Artefakte müssen nicht die gelebte Realität widerspiegeln, weil die tatsächlichen Abläufe lediglich den agierenden Personen im Unternehmen bekannt sind und wenig bis gar nicht dokumentiert respektive veraltet dokumentiert sind. Beim Entwicklungsprozess werden parallel die Anforderungen an Kennzahlen und Kennzahlensysteme (siehe Abschnitt Abschnitt 2.4.) berücksichtigt und anschließend in Steckbriefen strukturiert (Bach et al. 2017, S. 249; Kütz 2011, S. 48). In Tab. 3.4 findet sich die Steckbriefstruktur für die Elementarkennzahlen. Dieses initiale Kennzahlensystem bietet die Basis für eine verfeinerte ex ante Evaluation (siehe Kapitel Kapitel 4). Das initiale Kennzahlensystem mit seinen Elementarkennzahlen findet sich in Abschnitt 3.2.3. In Abschnitt 5.1 ist das vorläufig finale Kennzahlensystem mit seinen Kennzahlensteckbriefen aufgeführt.

Tab. 3.4 Struktur der Kennzahlensteckbriefe. (Quelle: Eigene Darstellung in Anlehnung an (Rennenkampff 2015, S. 185))

<table>
<tr><td colspan="2">Kennzahl</td><td>Unterstütztes Ziel</td></tr>
<tr><td colspan="2">Bezeichnung der Kennzahlen</td><td>Bezeichnung des übergeordneten Ziels</td></tr>
<tr><td>Frage</td><td>Referenzen</td><td>Kalkulation</td></tr>
<tr><td>Frage, die die Operationalisierung der Zielkonstrukte unterstützt</td><td>Die wesentlichen Literaturquellen, die die Grundlage für die Kennzahl bilden</td><td>Formale Berechnungsvorschrift für die Elementarkennzahl</td></tr>
<tr><td colspan="2">Kurzbeschreibung</td><td>Normierung</td></tr>
<tr><td colspan="2">Inhaltliche Beschreibung der Kennzahl</td><td>Normierung der Kennzahlen auf einem Wertebereich von eins bis fünf. Eine Eins stellt den Minimalwert und eine Fünf den Maximalwert dar</td></tr>
<tr><td colspan="3">Eingangsvariablen</td></tr>
<tr><td colspan="3">Beschreibung und Benennung der untergeordneten Basisvariablen für die Entwicklung der Elementarkennzahl</td></tr>
<tr><td colspan="3">Datenherkunft und -erhebung</td></tr>
<tr><td colspan="3">Beschreibung der potenziellen betrieblichen Datenquellen (Artefakte), die die Grundlage für die Erhebung der Basisvariablen bilden</td></tr>
</table>

3.2.3 Initiales Kennzahlensystem zur Messung der organisatorischen IT-Agilität

In Bezug auf die Entwicklung des initialen Kennzahlensystems wird die oberste Spitzenkennzahl „Agilität in der IT-Organisation“ auf Basis der Zielhierarchien (vgl. Abschnitt 3.1.4 sowie 3.1.4.2) definiert. Diese bildet die Basis für den organisatorischen IT-Agilitätsindex (vgl. Abschnitt 5.1.2). Zusätzlich werden auf der Hierarchieebene der Handlungsfelder die beiden Kennzahlen „Agilität in der IT-Aufbauorganisation“ bzw. „Agilität in der IT-Ablauforganisation“ unterschieden (2. Hierarchieebene). Organisatorische IT-Agilität setzt sich aus den Fähigkeiten SENSE und RESPOND zusammen (siehe Abschnitt 2.1.2) und bildet in beiden Kennzahlensystemen jeweils die dritte Ebene (3. Hierarchieebene) ab. Aufbauend auf der Literatur wurden in der darunter liegenden Ebene (4. Hierarchieebene) sechs Hauptkennzahlen einschließlich der dazugehörigen Wirkungsrichtung, die ausgehend aus den Eigenschaften in der Literatur beschrieben werden, abgeleitet. Parallel wird hierbei die dominant unterstützte Art der Veränderungsfähigkeit; kapazitiv bzw. funktional initial ausgeprägt (siehe Abb. 3.6).

Auf der letzten Hierarchieebene wurden je nach Umfang zwei bis drei weitere Elementarkennzahlen operationalisiert. In den folgenden Tab. 3.5 und Tab. 3.6 sind die initialen Elementarkennzahlen hinsichtlich ihrer Kalkulation und Eingangsvariablen beschrieben. Da die Delphi-Studie ebenfalls genutzt werden soll, um geeignete Normierungsintervalle mit den Experten abzuwägen und zu diskutieren, findet sich zusätzlich die Tendenz in eckigen Klammern der Elementarkennzahl unterhalb der Kalkulationsformel. Hierbei wurde zwischen einer steigenden Tendenz, d. h. der IT-Agilitätswert steigt mit dem Kennzahlenwert an und einer fallenden Tendenz, d. h. IT-Agilitätswert fällt mit steigendem Kennzahlenwert ab, unterschieden.

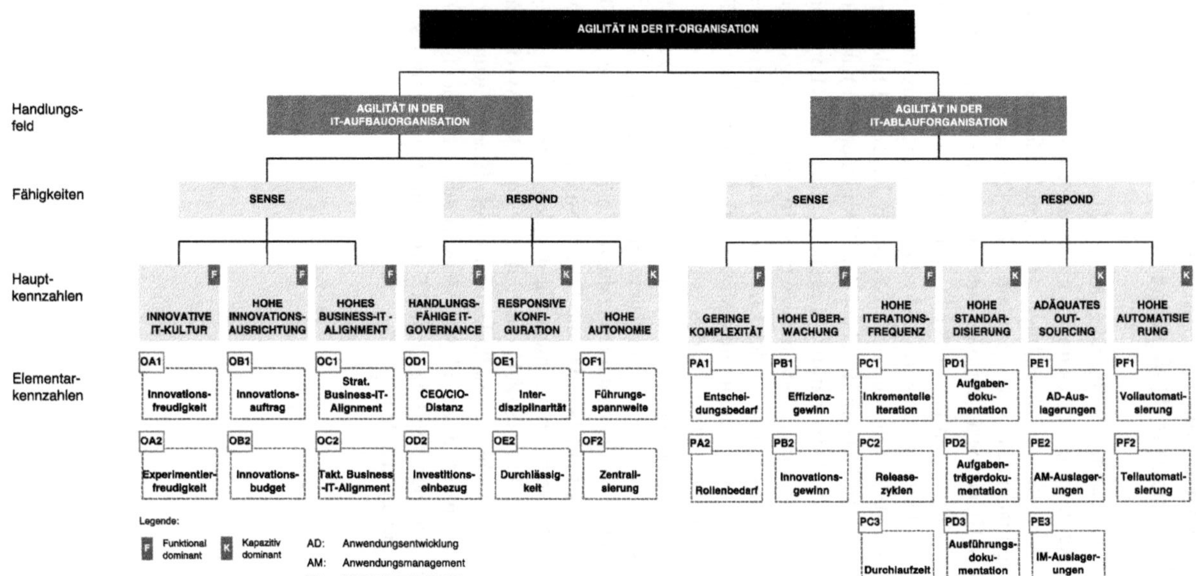

Abb. 3.6 Initialer Kennzahlensystementwurf. (Quelle: Eigene Darstellung)

Tab. 3.5 Kurzform des initialen Kennzahlensystems (aufbauorganisatorischer Teil). (Quelle: Eigene Darstellung)

ID	Bezeichnung	Kalkulation und [Tendenz]	Eingangsvariablen
OA1	Innovations-freudigkeit	$OS_{ITK1} = \frac{MA(IK_I)}{MA}$ [fallend]	MA(IK_I): Anzahl der Mitarbeiter in der IT-Funktion, die folgende Aussage bestätigen: *„Mitarbeiter werden bestraft für neue Ideen, die nicht funktionieren"* MA: Anzahl der Mitarbeiter in der IT-Funktion
OA2	Experimentier-freudigkeit	$OS_{ITK2} = \frac{MA(IK_{ER})}{MA}$ [steigend]	MA(IK_{ER}): Anzahl der Mitarbeiter in der IT-Funktion, die folgende Aussage bestätigen: *„In unserer IT-Funktion herrscht eine Kultur der Risikobereitschaft und Experimentierfreudigkeit"* MA: Anzahl der Mitarbeiter in der IT-Funktion
OB1	Innovations-auftrag	$OS_{Inno1} = \frac{MA(KN) + MA(PS)}{MA}$ [steigend]	MA(KN): Anzahl der Mitarbeiter, die dem Aufgabenschwerpunkt: „Kundennähe" (Marktplatzmanagement, Kundenservice, Flexibilität, ...) zugeordnet sind MA(PS): Anzahl der Mitarbeiter, die dem Aufgabenschwerpunkt: „Produkt- und Serviceführerschaft" (Produktentwicklung, Kreativität, ...) zugeordnet sind MA: Anzahl der Mitarbeiter in der IT-Funktion
OB2	Innovations-budget	$OS_{Inno2} = \frac{B_{inno}}{B}$ [steigend]	B_{inno}: Summe des gesamten IT-Budgets, dass nicht zweckgebunden ist und für Innovationen genutzt wird B: Summe des gesamten IT-Budgets
OC1	Strategisches Business/IT Alignment	$OS_{BITA1} = \frac{BITA_s}{XBITA_s}$ [steigend]	$BITA_s$: Anzahl der strategischen Ist-Planungsrunden zwischen Führungskräften der IT-Funktion und der fachlichen Bereiche pro Jahr, um die IT-Strategie mit der Unternehmensstrategie abzustimmen $XBITA_s$: Anzahl der strategischen Soll-Planungsrunden pro Jahr
OC2	Taktisches Business/IT Alignment	$OS_{BITA2} = \frac{BITA_t}{XBITA_t}$ [steigend]	$BITA_t$: Anzahl der taktischen Ist-Regeltermine pro Jahr, an denen Führungskräfte der IT-Funktion und der fachlichen Bereiche teilnehmen $XBITA_t$: Anzahl der taktischen Soll-Regeltermine pro Jahr
OD1	CEO/CIO - Distanz	$OR_{GOV1} = CxO$ [fallend]	CxO: Anzahl der Berichtslinien zwischen CEO und CIO
OD2	Investitions-einbezug	$OR_{GOV2} = \frac{INV_{IT}}{INV}$ [steigend]	INV_{IT}: Anzahl aller IT-Investitionsentscheidungen in die IT-Funktion eingebunden werden muss INV: Anzahl aller IT-Investitionsentscheidungen
OE1	Inter-disziplinarität	$OR_{ORG1} = \frac{MA(FT)}{Teams}$ [steigend]	MA(FT): Anzahl aller Mitarbeiter, die in funktionsübergreifenden Teams organisiert sind Teams: Anzahl aller Teams in der IT- Funktion
OE2	Durch-lässigkeit	$OR_{ORG2} = \frac{MA(W)}{MA}$ [steigend]	MA(W): Anzahl der Mitarbeiter, die zwischen Organisationeinheiten (Team, Linie, Projekt, ...) innerhalb eines Jahres gewechselt sind MA: Anzahl aller Mitarbeiter in der IT-Funktion
OF1	Führungs-spannweite	$OR_{AUT1} = \frac{MA(FK)}{X_{MAFK}}$ [steigend]	MA(FK): Anzahl der Mitarbeiter, die einer Führungskraft durchschnittlich zugeordnet sind X_{MAFK}: Soll-Anzahl der Mitarbeiter, die einer Führungskraft zugeordnet ist
OF2	Zentralisierung	$OR_{AUT2} = \frac{MA(zen)}{MA}$ [steigend]	MA(zen): Anzahl der Mitarbeiter in der zentralen IT-Funktion MA: Anzahl aller Mitarbeiter in der IT-Funktion

Tab. 3.6 Kurzform des initialen Kennzahlensystems (ablauforganisatorischer Teil). (Quelle: Eigene Darstellung)

ID	Bezeichnung	Kalkulation und [Tendenz]	Eingangsvariablen	
PA1	Entscheidungs-bedarf	$PS_{PK1} = \frac{Pro_{PK}(Ent)}{Pro}$ [fallend]	$Pro_{PK}(Ent)$: Pro:	Anzahl der Entscheidungen, die durchschnittlich innerhalb eines Prozesses getroffen werden müssen Anzahl aller Prozesse in der IT-Funktion
PA2	Rollen-bedarf	$PS_{PK2} = \frac{Pro_{PK}(R)}{Pro}$ [fallend]	$Pro_{PK}(R)$: Pro:	Anzahl der unterschiedlichen Rollen, die durchschnittlich innerhalb eines Prozesses beteiligt sind Anzahl aller Prozesse in der IT-Funktion
PB1	Effizienz-gewinn	$PS_{MON1} = \frac{Pro\ (M_{EFF})}{Pro(M)}$ [fallend]	$Pro(M_{EFF})$: Pro(M):	Anzahl der Prozesse in der IT-Funktion, die überwacht werden hinsichtlich von Effizienzzielen Anzahl der Prozesse in der IT-Funktion, die überwacht werden
PB2	Innovations-gewinn	$PS_{MON2} = \frac{Pro\ (M_{INN})}{Pro(M)}$ [steigend]	$Pro(M_{INN})$: Pro(M):	Anzahl der Prozesse in der IT-Funktion, die überwacht werden hinsichtlich von Innovationszielen Anzahl der Prozesse in der IT-Funktion, die überwacht werden
PC1	Inkrementelle Iteration	$PS_{IF1} = \frac{Pro\ (AD_{II})}{Pro(AD)}$ [steigend]	$Pro(AD_{II})$: Pro(AD):	Anzahl der Softwareentwicklungsprozesse, die vollständig inkrementell und iterativ ablaufen Anzahl aller Softwareentwicklungsprozesse
PC2	Release-Zyklen	$PS_{IF2} = \frac{RLZ}{X_{RLZ}}$ [steigend]	RLZ: X_{RLZ}:	Anzahl der Ist-Releasezyklen, zu denen neue Features in das Produktivsystem eingefügt werden pro Jahr Anzahl der optimalen Soll-Releasezyklen, zu denen neue Features in das Produktivsystem eingefügt werden pro Jahr
PC3	Durchlaufzeit	$PS_{IF3} = \frac{DLZ}{X_{DLZ}}$ [fallend]	DLZ: X_{DLZ}:	Anzahl der durchschnittlichen Ist-Durchlaufzeit in Arbeitstagen von der Bedarfsanfrage für einen Softwarechange bis zur Nutzung im Produktivsystem Anzahl der optimalen Soll-Durchlaufzeit in Arbeitstagen, von der Bedarfsanfrage für einen Softwarechange bis zur Nutzung im Produktivsystem
PD1	Aufgaben-dokumentation	$PR_{STA1} = \frac{Pro(Dok1)}{Pro}$ [steigend]	Pro(Dok1): Pro:	Anzahl der Prozesse in der IT-Funktion, bei denen die Aufgabe definiert ist Anzahl der Prozesse in der IT-Funktion
PD2	Aufgaben-träger-dokumentation	$PR_{STA2} = \frac{Pro(Dok2)}{Pro}$ [steigend]	Pro(Dok2): Pro:	Anzahl der Prozesse in der IT-Funktion, bei denen die Aufgabenträger definiert sind. Anzahl der Prozesse in der IT-Funktion
PD3	Aufgaben-ausführungs-dokumentation	$PR_{STA3} = \frac{Pro(Dok3)}{Pro}$ [fallend]	Pro(Dok3): Pro:	Anzahl der Prozesse in der IT-Funktion, bei denen die formale Ausführung explizit definiert ist Anzahl der Prozesse in der IT-Funktion
PE1	AD-Auslagerung	$PR_{OUT1} = \frac{MAout(AD)}{MA(AD)}$ [fallend]	MAout(AD): MA (AD):	Anzahl aller externen Mitarbeiter in der IT- Funktion, die Anwendungsentwicklungsprozessen zugeordnet sind Anzahl aller Mitarbeiter in der IT-Funktion, die Anwendungsentwicklungsprozessen zugeordnet sind
PE2	AM-Auslagerung	$PR_{OUT2} = \frac{MAout(AM)}{MA(AM)}$ [fallend]	MAout(AM): MA (AM):	Anzahl aller externen Mitarbeiter in der IT- Funktion, die Anwendungsbetriebsprozessen zugeordnet sind Anzahl aller Mitarbeiter in der IT-Funktion, die Anwendungsbetriebsprozessen zugeordnet sind
PE3	IM-Auslagerung	$PR_{OUT3} = \frac{MAout(IM)}{MA(IM)}$ [steigend]	MAout(IM): MA (IM):	Anzahl aller externen Mitarbeiter in der IT- Funktion, die Infrastrukturmanagementprozessen zugeordnet sind Anzahl der Mitarbeiter in der IT-Funktion, die Infrastrukturmanagementprozessen zugeordnet sind
PF1	Voll-automatisierung	$PR_{AUT1} = \frac{Pro(AUT_v)}{Pro(AUT)}$ [steigend]	$Pro(AUT_v)$: Pro(AUT):	Anzahl der Prozesse, die automatisiert sind Anzahl der Prozesse in der IT-Funktion, die über eine hohen Repetitionsanteil und definierte Ein- und Ausgabewerte verfügen
PF2	Teil automatisierung	$PR_{AUT2} = \frac{Pro(AUT_t)}{Pro(AUT)}$ [steigend]	$Pro(AUT_t)$: Pro(AUT):	Anzahl der Prozesse, die teilautomatisiert sind Anzahl der Prozesse in der IT-Funktion, die über eine hohen Repetitionsanteil und definierte Ein- und Ausgabewerte verfügen

4 Evaluation und Weiterentwicklung des Artefakts

Das zentrale vierte Kapitel widmet sich der Evaluation und Weiterentwicklung des initialen und verfeinerten Artefakts als Schritt entlang des iterativen Forschungsprozesses der DSRM. In diesem Kapitel wird dazu die gewählte Methodik entwickelt und das Artefakt evaluiert. Die Evaluation zeigt, wie gut das Artefakt die Problemlösung unterstützt. Die Evaluation umfasst eine ex ante und eine ex post Evaluation (Sonnenberg und Brocke 2012). Zunächst wird das initiale Kennzahlensystem in einer mixed-mode Delphi-Studie mit zwei Runden und einem heterogenen Expertenpanel ex ante, d. h. vor der Instanziierung, evaluiert (Peffers et al. 2007, S. 70, Sonnenberg und Brocke 2012, S. 80). Die ex post Evaluation nach den drei Fallstudien schließt den Evaluationsschritt der DSRM ab. Die Demonstration ist hier definiert als die Verwendung des Artefakts zur Messung der organisatorischen IT-Agilität mithilfe von mehreren instrumentellen Fallstudien (Peffers et al. 2007, S. 55; Sonnenberg und Brocke 2012). Das Artefakt wird mithilfe einer mixed-mode Delphi-Studie und drei instrumentellen Fallstudien mit Experten und Unternehmen aus der Praxis evaluiert, wodurch Erkenntnisse in das Design zurückfließen, um das Artefakt weiterzuentwickeln. Im Rahmen der Auswertung werden die empirischen Rückmeldungen für die Verfeinerung des Artefakts nach den beiden Delphi-Runden genutzt und die 27 Elementarkennzahlen zu 21 Elementarkennzahlen weiterentwickelt. Aufbauend auf der instrumentellen ex post Demonstration des Kennzahlensystems wird die

---

Ergänzende Information Die elektronische Version dieses Kapitels enthält Zusatzmaterial, auf das über folgenden Link zugegriffen werden kann https://doi.org/10.1007/978-3-658-44606-2_4.

R.-A. Koch, *Management von IT-Agilität in der IT-Funktion*, Forschung zur Digitalisierung der Wirtschaft | Advanced Studies in Business Digitization, https://doi.org/10.1007/978-3-658-44606-2_4

Sensitivität der Kennzahlen gezeigt und eine Verdichtung von 21 auf 18 Elementarkennzahlen auf Basis der Demonstrationserkenntnisse durchgeführt. Das schrittweise Vorgehen unter Zuhilfenahme von multiplen Rückkoppelungen im Designprozess führt dazu, dass das Artefakt eine höhere Qualität im Sinne der Lösungsfähigkeit für das definierte Problem erlangt (Hevner et al. 2004, S. 78).

4.1 Evaluationsansatz und Methodenauswahl

Die Arbeit nutzt die DSRM (Peffers et al. 2007, S. 54, vgl. Abschnitt 1.4) als integrativen Rahmen für die fortfolgenden Schritte der Demonstration und Evaluation. Die sechs Schritte sollten iterativ durchgeführt werden, wodurch die Evaluierung erst nach dem Demonstrationsschritt stattfindet; dadurch wird jedoch die Gelegenheit verpasst, das Design in einem frühen Stadium des Forschungsprozesses zu beeinflussen (Brocke et al. 2020, S. 8 f.). Insbesondere wird dabei die Möglichkeit verpasst, eine gleichzeitige und feinkörnigere Evaluation von Zwischenschritten bereits im Entwicklungsprozess durchzuführen (Brocke et al. 2020, S. 8 f.). Sonnenberg und Brocke konzeptionieren daher eine gleichzeitige Evaluation aufbauend auf unterschiedlichen Aspekten in der Entwicklung, wodurch eine gleichzeitige und formative Evaluation geschaffen wird (Sonnenberg und Brocke 2012; Sonnenberg et al. 2020). Ein frühes Feedback schwächt dadurch Risiken im Entwicklungsschritt ab (Sonnenberg und Brocke 2012; Sonnenberg et al. 2020). Diese gleichzeitige Evaluation des Lösungsentwurfs im Entwicklungsschritt ist in Abb. 4.1 dargestellt.

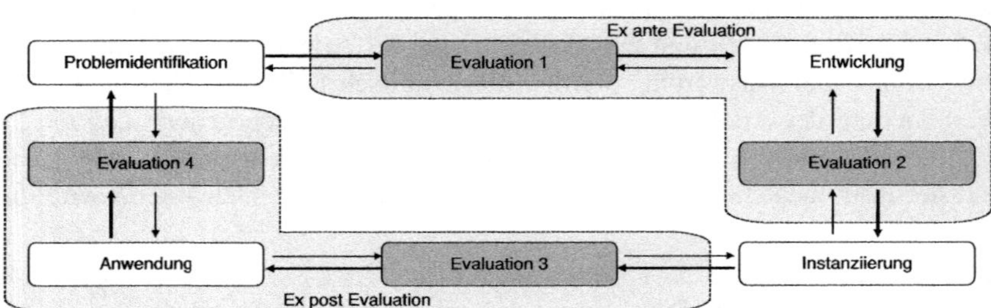

Abb. 4.1 Evaluationen im Design Science Research (DSR). (Quelle: In Anlehnung an (Sonnenberg und Brocke 2012))

Hierbei können unterschiedliche Evaluationen unterschieden werden (Brocke et al. 2020, S. 9):

- Evaluation 1: Bewertung der Problemerkennung
- Evaluation 2: Bewertung des Lösungsentwurfs
- Evaluation 3: Bewertung der Lösungsimplementierung
- Evaluation 4: Bewertung der Lösung in der Anwendung

Je nachdem, wann eine Evaluation stattfindet, werden zwischen ex ante und ex post Evaluation unterschieden. Ex ante Evaluationen werden vor der Instanziierung von Artefakten durchgeführt, während ex post Evaluationen nach der Instanziierung eines Artefakts stattfinden (Brocke et al. 2020, S. 9). Der DSR-Prozess in Abb. 4.1 zeigt, dass es Rückkopplungsschleifen (schwach ausgeprägte Pfeile) zwischen jeder Evaluierungsaktivität und der vorangegangenen Designaktivität gibt. Insgesamt bilden diese Rückkopplungsschleifen einen Feedbackzyklus, der in entgegengesetzter Richtung zum DSR-Zyklus verläuft (Brocke et al. 2020, S. 9). Weiterführend findet sich bei SONNENBERG UND BROCKE eine Taxonomie für die Strukturierung von Evaluationsstrategien von Design Science Research (Sonnenberg und Brocke 2012, S. 7). Diese Taxonomie wird in adaptierter Form als Klassifikationsschema für die anstehenden Evaluationen genutzt (Johannesson und Perjons 2014, S. 142). Die einzelnen Dimensionen und Ausprägungen werden dazu im Folgenden kurz erklärt und verdeutlichen die anstehende Evaluationsstrategie (Tab. 4.1).

Tab. 4.1 Taxonomie für Evaluationsstrategien. (Quelle: Eigene Darstellung in Anlehnung an (Sonnenberg und Brocke 2012; Johannesson und Perjons 2014))

Dimension	Charakteristische Ausprägung der Evaluationsstrategien				
Zeit	Ex Ante		Ex Post		
	Evaluation 1	Evaluation 2	Evaluation 3	Evaluation 4	
Artefakttyp	Konstrukt	Model	Methode	Instanz	
Design Fokus	Design-Prozess		Design-Produkt		
Evaluationsmethode	Künstlich		Natürlich		
	Mathematischer Beweis	Argumentation	Fallstudie	Beobachtung	
	Computersimulation	Feldexperiment	Fokusgruppe	Befragung	
	Laborexperiment	Kriterienbasierte Analyse	Experteninterviews	Aktionsforschung	
Berücksichtigte Realität	Reale Aufgabe	Realer Nutzer	Reales System		
Evaluationsziel	Summative		Formative		

Die erste Dimension umfasst den Zeitpunkt der Evaluation und die Einordnung in den Evaluationszyklus in Abb. 4.1 (Sonnenberg und Brocke 2012). Der Artefakttyp unterscheidet nach Konstrukt (Begriffe, Notationen, Definitionen und Konzepte, die zur Formulierung von Problemen und deren möglichen Lösungen benötigt werden), Modell (Darstellung möglicher Lösungen für praktische Probleme, so dass ein Modell zur Unterstützung bei der Konstruktion anderer Artefakte verwendet werden kann), Methoden (bringen Wissen zum Ausdruck, indem sie Richtlinien und Prozesse für die Lösung von Problemen und das Erreichen von Zielen definieren) und Instanzen (funktionierende Systeme, die in der Praxis eingesetzt werden können) (Johannesson und Perjons 2014, S. 29). Die dritte Dimension beschäftigt sich mit dem Evaluationsobjekt, d. h. dem Designprozess (Abfolge zur Entwicklung des Artefakts) und dem Designprodukt (Artefakt) (Sonnenberg und Brocke 2012). Die vierte Dimension umfasst, ob eine künstliche Evaluation (z. B. in einem Labor) oder eine natürliche Evaluation vorliegt (Artefakt wird in der realen Welt evaluiert, d. h. in der Praxis, für die es bestimmt ist) (Johannesson und Perjons 2014, S. 138). Dabei kann die natürliche Evaluation in der fünften Dimension wie folgt beschrieben werden. Reale Nutzer arbeiten mit realen Systemen, um reale Aufgaben zu lösen (Johannesson und Perjons 2014, S. 13). Die letzte Dimension differenziert, ob es sich um ein formatives Evaluationsziel (während es noch im Entwicklungsstadium ist, um Informationen darüber zu erhalten, wie es bei den nachfolgenden Entwurfsaktivitäten verbessert werden kann) oder um ein summatives Evaluationsziel handelt (wenn das Artefakt endgültig entworfen und entwickelt wurde) (Bortz und Döring 2006, S. 109 f.; Johannesson und Perjons 2014, S. 138). Die dargestellte Taxonomie bildet damit die Grundlage für die Klassifikation der geplanten beiden Evaluationen in den Abschnitten 4.2 sowie 4.3.

Ex ante Evaluation

Bei der ex ante Evaluation sollen im Rahmen des Designprozesses Experten aus der Praxis einbezogen werden, um zu überprüfen, ob das entwickelte Modell (siehe Tab. 3.5 und Tab. 3.6.) als Grundlage für die nachfolgende Instanzierung des Kennzahlensystems (im Sinne des Designprodukts) den zentralen Anforderungen für eine praktische Problemlösung entspricht. Hierbei ist jedoch hervorzuheben, dass das Artefakt selbst nicht angewendet wird, sondern evaluiert wird für eine tatsächliche Anwendung. Dabei sollte der spätere Nutzerkreis in die Evaluation eingebunden werden. In anderen Arbeiten wurden Delphi-Studien (Termer 2016) mit Umfragen und leitfadengestützte Experteninterviews (Albuquerque und Christ 2015; Kalgovas et al. 2014; Rennenkampff 2015) für die Experteneinbindung kombiniert. Dazu wird das initiale Kennzahlensystem und dessen Elementarkennzahlen inkl. der Eingangsdaten modellhaft visualisiert. Bei der Evaluation sollen qualitative Kommentare und quantitative Einschätzungen mit dem Ziel einer Weiterentwicklung erhoben werden. Dadurch handelt es sich um ein formatives Evaluationsziel. Die relevanten Ausprägungen dieser Evaluationsstrategie sind in Tab. 4.2 dunkel sowie kräftig unterlegt.

Tab. 4.2 Klassifikation: Geplante ex ante Evaluation. (Quelle: Eigene Darstellung in Anlehnung an (Sonnenberg und Brocke 2012; Johannesson und Perjons 2014))

Dimension	Charakteristische Ausprägung der Evaluationsstrategien
Zeit	**Ex Ante**: Evaluation 1, **Evaluation 2**; Ex Post: Evaluation 3, Evaluation 4
Artefakttyp	Konstrukt, **Model**, Methode, Instanz
Design Fokus	Design-Prozess, **Design-Produkt**
Evaluationsmethode	Künstlich: Mathematischer Beweis, Argumentation, Computersimulation, Feldexperiment, Laborexperiment, Kriterienbasierte Analyse; **Natürlich**: Fallstudie, Beobachtung, Fokusgruppe, **Befragung**, **Experteninterviews**, Aktionsforschung
Berücksichtigte Realität	Reale Aufgabe, **Realer Nutzer**, Reales System
Evaluationsziel	Summative, **Formative**

Ex post Evaluation

Für die zweite Evaluation wird eine ex post Evaluation angestrebt. Das heißt, dass das Kennzahlensystem in einer Datenbank instanziiert ist. Dabei umfasst die Evaluation weiterhin das Kennzahlensystem als Design-Produkt. Es wird eine natürliche Evaluation geplant mithilfe von instrumentellen Fallstudien in realen IT-Funktionen. Dabei soll das Kennzahlensystem mit realen Nutzern in realen IT-Funktionen genutzt werden, um die organisatorische IT-Agilität zu messen. In naheliegenden Arbeiten finden sich ebenfalls Fallstudien (Claps et al. 2014; Guillemette und Paré 2012; Kien et al. 2013; Kießling et al. 2012; Nurdiani et al. 2015; Rennenkampff 2015). Da es sich um die letzte geplante Evaluation handelt, könnte das Evaluationsziel summativ eingeordnet werden, allerdings soll das gewonnene Feedback in das Artefakt wieder zurückfließen, wodurch hier ein formatives Evaluationsziel verfolgt wird. Die relevanten Ausprägungen dieser Evaluationsstrategie sind in Tab. 4.3 dunkel sowie kräftig unterlegt.

Tab. 4.3 Klassifikation: Geplante ex-post Evaluation. (Quelle: In Anlehnung an (Sonnenberg und Brocke 2012, Johannesson und Perjons 2014))

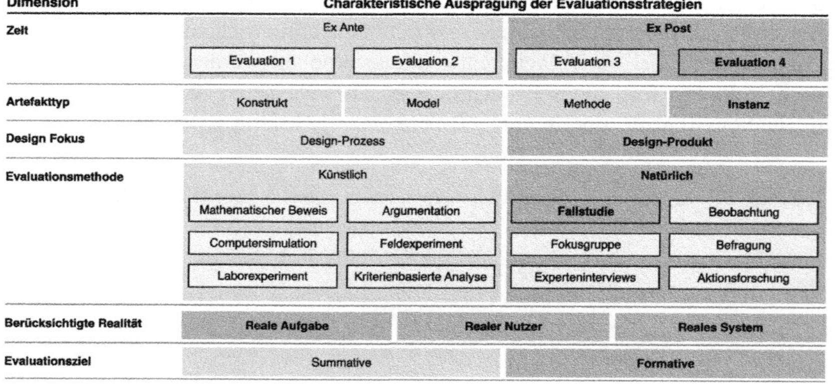

Dimension	Charakteristische Ausprägung der Evaluationsstrategien			
Zeit	Ex Ante		**Ex Post**	
	Evaluation 1	Evaluation 2	Evaluation 3	**Evaluation 4**
Artefakttyp	Konstrukt	Model	Methode	**Instanz**
Design Fokus	Design-Prozess		**Design-Produkt**	
Evaluationsmethode	Künstlich		**Natürlich**	
	Mathematischer Beweis	Argumentation	**Fallstudie**	Beobachtung
	Computersimulation	Feldexperiment	Fokusgruppe	Befragung
	Laborexperiment	Kriterienbasierte Analyse	Experteninterviews	Aktionsforschung
Berücksichtigte Realität	**Reale Aufgabe**	**Realer Nutzer**	**Reales System**	
Evaluationsziel	Summative		**Formative**	

Insgesamt lässt sich festhalten, dass eine natürliche Evaluation verfolgt wird. Diese verfolgt das Ziel, während der Evaluation weiteres Wissen zu generieren, um das Problem der fehlenden Messbarkeit von organisatorischer IT-Agilität in der IT-Funktion praxistauglich zu lösen. Natürliche Evaluation bieten die höchste Absicherung der Lösungsfähigkeit, sind jedoch im Vergleich zu künstlichen Evaluationen zeitlich aufwändiger (Johannesson und Perjons 2014, S. 140).

4.2 Ex ante Evaluation mittels mixed-mode Delphi-Studie

Das Kennzahlensystem wird im Rahmen einer mixed-mode Delphi-Studie mit zwei Runden weiterentwickelt und bildet einen zentralen Aspekt im Designprozess. In den folgenden Abschnitten werden die methodische Konzeption der beiden Delphi-Runden, die Durchführung, die Ergebnisdiskussion und die folgenden Designiterationen dargestellt.

4.2.1 Einführung und Definition

Für die grundsätzliche Beantwortung der Frage, wie organisatorische Eigenschaften der IT-Agilität in der IT-Funktion gemessen werden können, wurde auf Basis eines Literaturreviews ein initiales Kennzahlensystem entwickelt, das hinsichtlich der praktischen Vollständigkeit und der Anwendbarkeit mit Vertretern der betrieblichen Praxis evaluiert werden soll. Das Differenzierungsmerkmal der Delphi-Studie zu anderen Umfragemethoden bildet die Strukturierung des Gruppenkommunikationsprozesses mithilfe der folgenden Merkmale (Häder 2014, S. 25):

- Befragung von Experten
- Anonymität der Einzelantworten
- Ermittlung einer Gruppenantwort
- Verwendung eines formalisierten Fragebogens
- Information der Teilnehmer über diese Gruppenantwort (Feedback)
- Wiederholung der Befragung nach skizziertem Vorgehen.

Jeder Experte wird mindestens zweimal befragt, sodass die Möglichkeit besteht, aufbauend auf dem konsolidierten Gruppenfeedback der anderen Experten die Antworten zu überdenken und zu präzisieren. Zudem ist die Anonymität der Teilnehmer bzw. ihrer Antworten dadurch gewährleistet, dass die Antworten direkt an die Studienkoordinatoren weitergeleitet werden. Der Gruppenbearbeitungsprozess wird von Teilnehmern durchgeführt, die zeitlich und räumlich voneinander getrennt sind. Merkmale wie der soziale Status in der Hierarchie und außerordentliche Persönlichkeitsmerkmale wie bspw. eine ausgeprägte Extraversion üben keinen Einfluss auf die individuellen Antworten teilnehmender Experten aus. Im Vergleich zu direkten Konfrontationen werden Verzerrungen durch vorgefasste Meinungsäußerungen, eine abwehrende Haltung gegenüber neuen Ideen, die Tendenzen, die vertretene Position verteidigen zu müssen oder die Meinungen anderer im Prozess unbewusst zu beeinflussen, bei dieser Methodik ausgeklammert. Die kontrollierte Interaktion durch einen Moderator reduziert eine direkte Konfrontation und die verzerrenden Einflüsse. Die Ergebnisse orientieren sich dadurch am Antwortinhalt und nicht am Urheber (Dalkey und Helmer 1963, S. 459; Landeta 2006, S. 468 f.; Skulmoski et al. 2007, S. 2 f.; Rowe et al. 1991, S. 237).

Bei der Formulierung der Fragen wird darauf geachtet, dass die Antworten quantitativ verarbeitet werden können und eine Interpretation der Daten möglich ist. Optional ist es möglich, anhand einer qualitativen Begründung der einzelnen Experten eine Theorie abzuleiten (Dalkey und Helmer 1963, S. 467). Diese Option wird nicht von allen Delphi-Studien wahrgenommen, nichtsdestotrotz schaffen die qualitativen Aussagen ein Verständnis für die Ursache-Wirkungs-Zusammenhänge (Okoli und Pawlowski 2004, S. 27). Die Ermittlung von Expertenmeinungen zu einem Sachverhalt ist ein klassischer Anwendungsfall einer Delphi-Studie (Häder 2014, S. 37). Hierzu werden Meinungen zu einem gegebenen Problem erhoben, wobei qualitative und quantitative Methoden eingesetzt werden. Die Zuverlässigkeit der Ergebnisse steigt mit der Größe und Unterschiedlichkeit der Befragungsgruppe, weil durch den Einbezug von vielen unterschiedlichen Blickwinkeln ein integratives Bild eines konkreten Sachverhalts gezeichnet werden kann.

Die vielfältigen Einsatzmöglichkeiten der Delphi-Studie erfordern eine kritische Würdigung der Methodik, insbesondere unter Beachtung der Limitierungen und Schwachstellen, sodass eine methodisch korrekte Untersuchung durchgeführt werden kann und Gegenmaßnahmen zur Erhöhung des methodischen Rigors im Design frühzeitig berücksichtigt werden können.

Die Verwendung einer Delphi-Studie eignet sich insbesondere in den Fällen, bei denen ein hoher Unsicherheitsfaktor vorliegt. Daher ist häufig die Allgemeinheit oder eine Teilmenge der Allgemeinheit nicht ausreichend informiert, um spezielle Fragen adäquat zu beantworten (Okoli und Pawlowski 2004, S. 20 f.). Zudem zeigt sich, dass bei Fragen mit einem notwendigen Expertenurteil der Durchschnitt der individuellen Antworten schlechtere Ergebnisse erzeugt als ein verknüpfter Gruppenentscheidungsprozess (Okoli und Pawlowski 2004, S. 19). Die Studienkoordinatoren nehmen dabei eine neutrale Stellung ein und wirken potenziellen Entscheidungsverzerrungen bei der Entwicklung der Studie entgegen, indem insbesondere die Auswahlkriterien der Studienteilnehmer hohen Anforderungen genügen müssen (Hung et al. 2008, S. 192; Skinner et al. 2015, S. 34). Eine Expertenauswahl setzt eine systematische Entwicklung der einschlägigen Kriterien voraus. Gleichzeitig beruhen die Ergebnisse auf der Wahrnehmung und Fähigkeit zur schriftlichen Kommunikation der jeweiligen Experten. Weiterhin verlangt die Methode einen hohen zeitlichen Einsatz für mehrere Befragungsrunden (Skinner et al. 2015, S. 33; Hung et al. 2008, S. 193). Bei Delphi-Studien ist die Nichtantwortrate gering bei einer persönlichen Zusicherung vor Studienbeginn (Okoli und Pawlowski 2004, S. 19). Gleichwohl muss die Motivation während des Studienverlaufs hochgehalten werden, um die Anzahl der Studienabbrecher geringzuhalten.

Aufgrund der Transparenz und Systematik (Ammon 2009, S. 470) ist die Delphi-Studie anderen Formen wie der mündlichen und schriftlichen Expertenbefragung hinsichtlich Qualität und Forschungsökonomie überlegen (Okoli und Pawlowski 2004, S. 20; Termer 2016, S. 185). Ein weiterer Vorteil der Delphi-Methode liegt in der Möglichkeit, einen Konsens zwischen den Experten zu erreichen. Es muss jedoch darauf geachtet werden, dass ein Konsens nicht über einen Gruppendruck erreicht wird und den Anforderungen an einen Konsens genügt und nicht der Gruppenkonformität während des Feedbackprozesses geschuldet ist. Die Methode kann für subjektive Einschätzungen vieler Individuen auf einer kollektiven Basis eingesetzt werden (Skulmoski et al. 2007, S. 2).

Es gibt jedoch auch Risikofaktoren, die die Zuverlässigkeit einer Delphi-Studie beeinflussen können. Dennoch führt diese Methodik unabhängig voneinander tätige Experten zusammen, um kollektives Wissen zu strukturieren. Zudem wurden Delphi-Studien bereits in vergleichbaren Forschungsvorhaben verwendet (Termer 2016; Duncan 1995; Iden und Langeland 2010; Torrecilla-Salinas et al. 2019). Weitere Anwendungsfelder umfassen angrenzende Bereiche wie z. B. die Untersuchung von Merkmalen der Flexibilität in der IT-Infrastruktur (Duncan 1995) oder der Identifikation von Erfolgsfaktoren für ITIL®-Implementierungen (Iden und Langeland 2010, S. 106 ff.). Insgesamt lässt sich festhalten, dass sich Meinungen von methodisch ausgewählten Experten bei Problemstellungen mit hoher Veränderungsgeschwindigkeit eignen, wenn der Wille der Akteure in der Gegenwart zunehmend an Bedeutung gewinnt, im Vergleich zu Aktionen in der Vergangenheit (Landeta 2006, S. 480).

Schwerpunkt der vorliegenden Evaluation besteht in der Aufnahme von Expertenmeinungen hinsichtlich der Anwendbarkeit und Nützlichkeit des dargestellten Artefakts (Sonnenberg und Brocke 2012). Dazu sollen qualitative Anmerkungen und quantitative Bewertungen zum Kennzahlensystem aufgenommen werden. Das Ziel der Studie besteht in der Bewertung und Verfeinerung des Artefakts hinsichtlich der Anwendbarkeit im praktischen Kontext durch das Wissen unterschiedlicher Experten. Die Konzeption der Delphi-Studie orientiert sich an dem idealtypischen Vorgehensmodell von Skulmoski et al. (vgl. Abb. 4.2) (Skulmoski et al. 2007, S. 3). Die genutzten Methoden in den beiden Runden werden in den Abschnitten 4.2.4.1 und 4.2.5.1 konkretisiert.

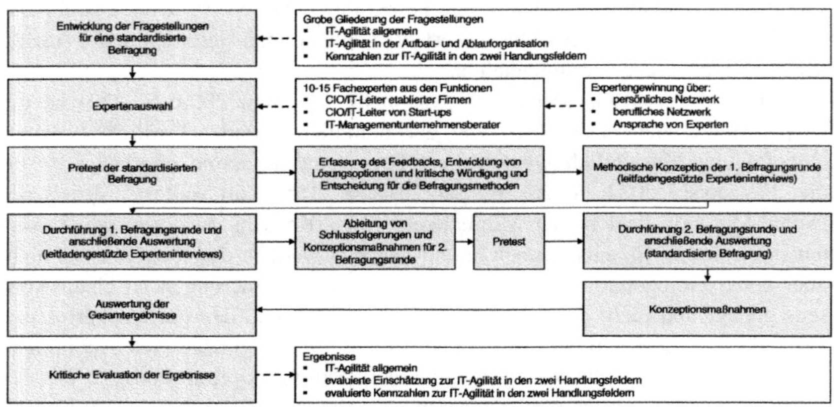

Abb. 4.2 Vorgehen der zweistufigen mixed-mode Delphi-Studie. (Quelle: In Anlehnung an (Skulmoski et al. 2007, S. 3))

Für die Delphi-Studie sind zwei Befragungsrunden geplant und liegt durchaus im Rahmen anderer Studien (Skulmoski et al. 2007, S. 6). Der Literaturreview und die Strukturierung des Untersuchungsgegenstands ersetzen damit häufig die erste Runde, die auch als Nullrunde bezeichnet wird, um in einer Explorationsrunde mit Experten relevante Grundannahmen zu generieren (Häder 2014, S. 121; Skulmoski et al. 2007, S. 4). Die Delphi-Studie ist mit mehreren Methoden verknüpft und daher nicht alleinstehend. In der Literatur finden sich ebenfalls zweistufige Delphi-Studien, d. h., dass die einmalige Wiederholung bereits ausreichend ist für eine Delphi-Studie (Häder 2014, S. 126). Zudem wird kein Konsens zwischen den Experten primär angestrebt, der bspw. ein Abbruchkriterium bilden könnte.

Für die Delphi-Studie wurde ein Pretest mit drei Teilnehmern durchgeführt. Das Feedback aus diesem Pretest für die erste Delphi-Runde zeigte drei Herausforderungen im Studiendesign und ist damit ein Risiko für die Responserate: Erstens wird angemerkt, dass eine hohe Aufmerksamkeit für das Formelverständnis der Kennzahlen erforderlich ist und zweitens hieraus ein erhöhter Zeitaufwand für die Experten resultiert. Drittens ist eine Diskussion der Kennzahlenhintergründe für eine praktische Anwendung im betrieblichen Alltag bei einer standardisierten Befragung nicht möglich, die allerdings erforderlich sein würde. Aufgrund der Bereitstellung der Hintergrundinformationen und dem daraus resultierenden Zeitaufwand, um das Kennzahlensystem mit seinen initialen 27 Elementarkennzahlen hinsichtlich einer Anwendbarkeit und Nützlichkeit mit der betrieblichen Praxis zu evaluieren, musste das Forschungsdesign angepasst werden. Drei Optionen wurden für die Anpassung des Forschungsdesigns in Betracht gezogen.

Die erste Option besteht in der Reduzierung von 27 auf 12 Elementarkennzahlen, um gleichzeitig mehr Kontextinformationen bereitzustellen, sodass eine Einordnung über Motivation und Hintergründe möglich wird. Die Vorteile bestehen in einer geringen zeitlichen Inanspruchnahme der Experten. Ein Risiko ist, dass gegebenenfalls relevante Zusatzfaktoren zu früh unberücksichtigt bleiben, was zu einer methodisch unbegründeten Reduzierung der Kennzahlen führt.

Die zweite Option besteht in der Überführung des Delphi-Fragebogens in das methodische Format der leitfadenunterstützten Experteninterviews. Als Vorteil wird gesehen, dass eine Diskussion der Elementarkennzahlen die Möglichkeit bietet, besondere Einzelaspekte in der Diskussion zu vertiefen und die Kontextinformationen verbal zu erläutern, um die Kommunikation zu beschleunigen und mögliche Unklarheiten zu klären. Ein Nachteil ist der erhöhte Zeitaufwand für die Planung, Durchführung und Analyse der Experteninterviews, insbesondere unter der Verwendung einer Transkription.

Die dritte Option besteht in einer Separation der Handlungsfelder in zwei Panelbefragungen, um den Zeitaufwand für den einzelnen Experten zu reduzieren. Dadurch hätte die Möglichkeit bestanden, weitere Informationen der zugrunde gelegten Literatur aufzuzeigen. Für eine hohe Aussagekraft der Befragung wären allerdings circa 30–40 Experten erforderlich. Gleichzeitig besteht das Risiko, dass Abhängigkeiten zwischen beiden Handlungsfeldern in den Kennzahlen durch eine separierte Evaluation nicht erfasst werden können. Ein Wechsel der Handlungsfelder für die Experten zwischen den Runden ist jedoch nicht möglich. Grund hierfür liegt in den methodischen Merkmalen der Delphi-Studie, bei der die gleichen Experten mit dem gleichen Sachverhalt konfrontiert werden müssen (Häder 2014, S. 25). Ergänzend wäre es wie bei der ersten Option nicht möglich gewesen, die einzelnen Kennzahlen vor dem Hintergrund des betrieblichen Alltags zu diskutieren.

Aufgrund der Erklärungsbedürftigkeit der Kennzahlen wird für die leitfadengestützten Experteninterviews eine höhere Eignung angenommen als für eine standardisierte Befragung. Der Grund hierfür liegt in der beschleunigten verbalen Kommunikation, die dadurch zu einem geringen Zeitaufwand auf Seiten des Experten führt und dadurch die Teilnahmewahrscheinlichkeit für eine erfolgreiche Evaluation erhöht. Gleichzeitig bieten die Experteninterviews die Möglichkeit, entlang eines Dialogs einzelne Sachverhalte detaillierter zu erläutern und auf Unklarheiten und Nachfragen zu reagieren. Dabei ist das Ziel, Gemeinsamkeiten zwischen den Experten herauszuarbeiten und Aussagen über Repräsentativität, gemeinsam geteilte Wissensbestände und Relevanzstrukturen zu treffen (Meuser und Nagel 2002, S. 80). Insgesamt wird das Ziel verfolgt, die initialen Kennzahlen hinsichtlich ihrer praktischen Anwendbarkeit und Nützlichkeit zu plausibilisieren, zu konkretisieren oder zu falsifizieren. Gleichzeitig ist es möglich, alternative Elementarkennzahlen entlang der Diskussion für den Ergebnisgegenstand zu entwickeln. Das Forschungsdesign für die erste Runde der Delphi-Studie orientiert sich daher an leitfadengestützten Experteninterviews trotz des höheren erforderlichen Zeitaufwands und schließlich in der zweiten Runde an einer standardisierten Befragung. Mixed-mode Delphi-Studien finden sich bspw. auch in dieser Form in der Literatur (Häder 2014, S. 174; Dillman et al. 2014, S. 400 ff.) und werden bspw. bei DILLMAN ET AL. als Mixed-Mode-Survey vom Typ 2 erfasst (Dillman et al. 2014, S. 14).

4.2.2 Expertenauswahl

Die Auswahl der Experten hat einen erheblichen Einfluss auf das Ergebnis der Studie. Im Vorfeld wird daher eine begründete Expertenauswahl getroffen, um vorab zu klären, inwieweit das benötigte Wissen beim Experten vorliegt. Die Qualität der gewonnenen Informationen steigt nicht mit der Expertenanzahl, sondern kann sogar zu einem diametralen Effekt führen. Inkompetente oder fachfremde Studienteilnehmer können zu einer Verzerrung und damit zu einer Verschlechterung des Ergebnisses beitragen (Häder 2014, S. 108). Dieses Risiko wird in der vorliegenden Studie im Zuge der Anforderungen an die erforderlichen Expertenhintergründe reduziert, weil Kategorien verwendet werden, die die Experten von der durchschnittlichen Bevölkerung abgrenzen. Im Folgenden geht es um die einzelnen Kategorien einschließlich der Subkategorien (Okoli und Pawlowski 2004, S. 20; Häder 2014, S. 109). Es wird eine strukturierte Analyse und Bewertung vorangestellt, die zunächst bei abstrakten Expertenklassen beginnt und nicht die einzelnen Experten in den Vordergrund stellt (Okoli und Pawlowski 2004, S. 20). Die Experten müssen über einen beruflichen Hintergrund in einer betrieblichen IT-Funktion verfügen. Weiterführend werden drei Expertenklassen gebildet und nachfolgend erläutert:

1. IT-Unternehmensberater für die IT-Funktion.
2. Führungskräfte in der IT-Funktion junger Unternehmen (Start-ups).
3. Führungskräfte in der IT-Funktion etablierter Unternehmen.

Eine Einbeziehung von Experten aus der Wissenschaft ist nicht vorgesehen, weil die Evaluation genutzt werden soll, um eine Anwendbarkeit und Nützlichkeit im betrieblichen Alltag sicherzustellen. In dieser Studie steht die Externalisierung von betrieblichem Wissen unter dem bestmöglichen wissenschaftlichen Rigor im Vordergrund. Es ist davon auszugehen, dass jede Expertenklasse über eine andere Sichtweise auf die organisatorische IT-Agilität verfügt. Bei der ersten Gruppe wird davon ausgegangen, dass externe Unternehmensberater konsultiert werden, wenn organisatorische Veränderungen in der IT-Funktion anstehen und gleichzeitig einen integrativen Blick zwischen Marktgeschehen, Fachlichkeit und IT-Funktion gewährleisten. Bei den anderen beiden Klassen wird antizipiert, dass die Verwendung unterschiedlicher Applikations- und Infrastrukturtechnologien mit anderen organisatorischen Strukturen, Softwareentwicklungs- und Softwarebetriebsprozessen einhergeht. Eine heterogene Zusammensetzung der Experten erhöht die Kreativität und erweitert das Meinungsspektrum, weil erwartet wird, dass die Fragestellungen aus verschiedenen Blickwinkeln betrachtet und gelöst werden können (Okoli und Pawlowski 2004, S. 20). Im nächsten Schritt wird die Zahl der erforderlichen Experten bestimmt. Aufbauend auf der Klassifikation durch die Bildung von unterschiedlichen Expertenklassen sollte eine Mindestanzahl von drei Experten je Klasse vorhanden sein, um das Artefakt aus mehreren Sichtweisen zu analysieren und zu evaluieren. Dazu wird jede Expertenklasse mit fünf multipliziert, sodass der Bruttoumfang bestimmt werden kann (Häder 2014, S. 98). Untersuchungen im Rahmen von Panels zeigen, dass die Ergebnisse von großen ($n = 34$) und geringen ($n = 16$) Stichproben zu 92,9 % übereinstimmten (Häder 2014, S. 101). Diese Ähnlichkeit der Ergebnisse bestätigt die Reliabilität von Delphi-Studien. Die Größe des Panels hat daher einen geringen Einfluss auf die Ergebnisse der Studie. Kleine Panels sind daher sinnvoll, weil der Grenznutzen bei einem größeren Befragungspanel absinkt (Häder 2014, S. 101). Für die vorliegenden Experteninterviews wird in der ersten Runde der Delphi-Studie eine Größe von 15 Experten angestrebt, die mit den Empfehlungen als auch mit den Erfahrungen aus vergleichbaren Delphi-Studien übereinstimmt (Okoli und Pawlowski 2004, S. 18).

Die Motivation für die Expertenteilnahme muss bereits im Vorfeld analysiert werden. Es wird von den Experten verlangt, auf eine praktisch gleiche

Frage mehrmals zu antworten. Dabei liegt zwischen den entsprechenden Fragerunden ein längeres Zeitintervall, sodass die Motivation der einzelnen Experten absinken kann. Es besteht zudem die Gefahr, dass die Experten am Ende der Befragung mit einem Gefühl zurückgelassen werden, keine Gegenleistung erhalten zu haben. Direktoren und Experten in größeren Unternehmen haben Zeitprobleme, an einer Studie teilzunehmen, weil entweder keine berufliche Verbindung zu der alltäglichen Arbeit und keine emotionale Verbindung zur Teilnahme gezogen wird (Landeta 2006, S. 470). Aufbauend auf unterschiedlichen Empfehlungen (Häder 2014, S. 126 f.; Landeta 2006, S. 470–480; Okoli und Pawlowski 2004, S. 20 ff.) wurden die Experten persönlich angesprochen, der Versand von Zwischenergebnissen in Aussicht gestellt und ein persönliches Einverständnis für die Teilnahme an der zweiten Runde eingeholt, um eine Expertenteilnahme zu erhöhen.

4.2.3 Quantitative Evaluation

Die praktische Anwendbarkeit und Nützlichkeit der Elementarkennzahlen werden während der beiden Delphi-Runden beurteilt. Die zugrunde gelegte nominale Skala variiert von 1 – trifft nicht zu bis 7 – trifft zu und wird für jede Elementarkennzahl evaluiert. Die Bewertung stützt sich auf eine siebenstufige Ratingskala, die in anderen Arbeiten ebenfalls Verwendung findet (Chen et al. 2014, S. 342; Tallon et al. 2016, S. 587) und eine ausreichend hohe Streuung der Antwortmöglichkeiten zulässt (Brake 2009, S. 400). Es wird davon ausgegangen, dass die Abstände zwischen den Bewertungsausprägungen identisch wahrgenommen werden, kein natürlicher Nullpunkt existiert und keine Aussage darüber möglich ist, ob bspw. eine Bewertung einer sechs doppelt so hoch ist wie eine drei (Statista 2019). Bei der Ausgestaltung der Ausprägungen der Ratingskalen wird darauf geachtet, dass die Bezeichnungen möglichst gleiche Intervallabstände zwischen der siebenstufigen Skala in Verbindung mit numerischen Werten nahelegen. Bei der Visualisierung der Antwortskalen wird darauf geachtet, dass die Abstände zwischen den Elementen identisch wahrgenommen werden. Die äquivalente Distanz suggeriert auf diese Weise die entsprechende Expertenwahrnehmung (Rohrmann 1978, S. 222). In den Sozialwissenschaften können dadurch Ratingskalen als intervallskaliert betrachtet werden (Bortz und Döring 2006, S. 176; Greving 2009, S. 68 f.; Termer 2016, S. 125). Streng genommen können die genutzten Ratingskalen auch als ordinale Messniveaus eingestuft werden (Franzen 2019, S. 849; Brake 2009, S. 400). Aufbauend auf der Annahme, dass die Ausprägungsabstände als identisch wahrgenommen werden (Raab et al. 2009, S. 70), werden Auswertungsmethoden für Intervall- und ergänzend dazu Ordinalskalen berücksichtigt, um eine Absicherung der Schlussfolgerungen aus den Analyseverfahren zu gewährleisten (Franzen 2019, S. 849). Rating-Bewertungsverfahren bieten im Gegensatz zu Ranking-Bewertungsverfahren den Vorteil, dass keine simultane Berücksichtigung aller Bewertungsobjekte notwendig ist und bei einer Verwendung von ungeraden Antwortmöglichkeiten eine gegebenenfalls vorhandene Ambivalenz adressiert werden kann. Über die Verwendung einer Ausweichkategorie (wie z. B. „weiß ich nicht") ist zudem eine Unterscheidung zwischen Ambivalenz und Indifferenz möglich. Die Verwendung einer solchen Antwortkategorie kann jedoch dazu führen, dass unvollständige Datensätze entstehen, die aussortiert werden müssen (Termer 2016, S. 125). In dieser Studie wird auf die Verwendung einer solchen Antwortmöglichkeit verzichtet. Es ist davon auszugehen, dass die selektierten Experten über ein ausreichendes Fachwissen verfügen, sodass sie in der Lage sind, die entsprechende Einschätzung durchzuführen. Zudem findet sich die Möglichkeit für Hinweise und Kommentare, die in die Studie einfließen (Häder 2014, S. 141). Dadurch wird es möglich, die intersubjektiven Gemeinsamkeiten für die Eignung der Elementarkennzahlen zu eruieren und eine Weiterentwicklung vorzunehmen. Zunächst wird die Delphi-Studie vor dem Hintergrund von vier wesentlichen Kriterien in den beiden Dimensionen beleuchtet und ausgewertet. Darüber hinaus ist eine Aussage zu den folgenden vier Kriterien möglich (Brake 2009, S. 402; Gracht 2012, S. 1525 ff.):

- Antworttendenz: Verteilungsschwerpunkt der Bewertungen der Experten in einer Runde
- Konsens: Streuungsmaß der Antworten der Experten innerhalb einer Runde
- Zustimmung: Abweichungsmaß der einzelnen Kennzahlen
- Stabilität: Veränderung der Bewertung zwischen den Delphi-Runden.

Als Kenngröße für die zentrale Antworttendenz wird auf die typische Größe des arithmetischen Mittelwerts zurückgegriffen (Gracht 2012, S. 1530):

$$\overline{x} = \frac{1}{n}\sum_{i=1}^{n} x_i$$

Dieser teilt die Summe der Einzelantworten (x) über die Experten (i = 1, ..., n) für eine Elementarkennzahl. Vorteile dieser Kenngröße liegen in der einfachen Berechnung des Ergebnisses und der schnellen Interpretierbarkeit der zentralen Antworttendenz auch für das Feedback an die Experten. Allerdings können einzelne Ausreißer die Kenngröße stärker beeinträchtigen als diese bspw. bei der Kenngröße des Medians der Fall ist. Die Berechnung des Medians bietet sich aufgrund der siebenstufigen Antwortskala weniger an (Gracht 2012, S. 1530). Anknüpfend an die Methodendiskussion stehen zum Konsens und zur Stabilität in Delphi-Studien von GRACHT eine Vielzahl von Kenngrößen zur Verfügung. Für die Bestimmung des Konsenses wird auf die Kenngröße des Certain Level of Agreement (CLoA) zurückgegriffen (Gracht 2012, S. 1529):

$$CLoA = \frac{1}{n}\sum_{i}^{n} x_i,\; wobei\; x = \begin{bmatrix} 1\, falls\, x > 4 \\ 0\, falls\, x \leq 4 \end{bmatrix}$$

Hierbei wird die Anzahl der Antworten (x), die mit einer fünf, sechs oder sieben bewertet sind, summiert und durch die Gesamtanzahl aller Antworten in der jeweiligen Bewertungsdimension geteilt. Ein Vorteil ist, dass diese Kenngröße für ordinal- als auch intervallskalierte Antwortskalen genutzt werden kann. Der Nachteil dieser Kenngröße besteht darin, dass gering ausgeprägte Werte die gleich groß bzw. kleiner als der mittlere Skalenwert sind nicht differenziert analysiert werden können. Der CLoA dient als ergänzende Kontrollvariable für die Zustimmung neben der zentralen Antworttendenz. Der daraus berechnete Prozentwert kann als Kenngröße für die Identifikation des Konsenses genutzt werden. In der Literatur finden sich Empfehlungen. Ein Konsens liegt bei einer fünfstufigen Skala vor, wenn mehr als 80 % den oberen beiden Werten der Skala zugeordnet werden (Gracht 2012, S. 1529). Aufbauend auf diesem Kriterium wird für die vorliegende Studie ebenfalls ein Wert von 80 % für die oberen drei Werte als starkes Konsenskriterium angelegt. Für die Stabilität und die Zustimmung wird der Variationskoeffizient genutzt:

$$VarK(x) = \left(\frac{\sqrt{Var(X)}}{E(X)}\right)$$

Neben der zu ermittelnden Streuung für die Zustimmung einzelner Elementarkennzahlen kann diese Kenngröße verwendet werden, um die Stabilität zwischen den Delphi-Runden abzubilden. Hierbei wird der Variationskoeffizient zur Messung der Stabilität verwendet, der Veränderungen zwischen zwei aufeinanderfolgenden Runden prüft (Gracht 2012, S. 1531). Als Stabilitätskriterium wird eine Veränderung von ≤ 15 % zwischen zwei Runden angesehen (Gracht 2012, S. 1528). Bei einer Veränderung > 15 % ist eine Stabilität der Ergebnisse zwischen den Delphi-Runden nicht gegeben. Vor dem Hintergrund der iterativen Verbesserung unterstützen die quantitativen Kenngrößen und die qualitative Inhaltsanalyse die selektive Verfeinerung der Kennzahlen (Gracht 2012, S. 1529 f.). Ergänzend zu den Auswertungen werden Visualisierungen wie bspw. Balkendiagramme mit Antwortverteilungen und grafische Differenzanalysen für die beiden Runden verwendet (siehe Abb. 4.5 in Abschnitt 4.2.6).

4.2.4 Erste Delphi-Runde: Leitfadengestützte Experteninterviews

4.2.4.1 Methodische Konzeption

Beim Experteninterview handelt es sich um eine Sonderform des teilstandardisierten Interviews, das mit Rückgriff eines angefertigten Gesprächsleitfadens strukturiert wird (Bogner und Menz 2002, S. 17). Im Unterschied zu anderen Formen des offenen Interviews bildet in einem Experteninterview nicht die Gesamtperson mit ihren Einstellungen und Orientierungen den Gegenstand der Analyse, sondern vielmehr der Kontext des organisatorischen und institutionellen Zusammenhangs, in dem der Interviewte agiert (Meuser und Nagel 2002, S. 72 f.). Experten sind Angehörige einer Funktionselite, die über besonderes Wissen verfügen (Gläser und Laudel 2009, S. 11). Gleichzeitig merken MEUSER UND NAGEL an, dass der Expertenstatus ein relationaler Status ist, der auch vom jeweiligen Forschungsinteresse des Wissenschaftlers abhängig ist (Meuser und Nagel 2002, S. 74). GLÄSER UND LAUDEL definieren Experten und Experteninterviews wie folgt:

> „Experte beschreibt die spezifische Rolle des Interviewpartners als Quelle von Spezialwissen über die zu erforschenden sozialen Sachverhalte. Experteninterviews sind eine Methode, dieses Wissen zu erschließen“ (Gläser und Laudel 2009, S. 11).

Hinsichtlich der Vorteile lassen sich die qualitativen Daten hervorheben, die auf den wenig prognostizierbaren Antworten der jeweiligen Experten beruhen. Speziell die qualitativen Informationen bieten eine deutlich reichhaltigere Erklärungsbasis als quantitative Daten (Gläser und Laudel 2009, S. 25). Zudem besteht die Möglichkeit, den Gesprächsverlauf entlang des Leitfadens flexibel anzupassen, sodass punktuell eine tiefergehende Diskussion für die Wissensexploration möglich ist (Gläser und Laudel 2009, S. 58). Als Nachteil wird die systematische Basis von methodischen Experteninterviews aufgrund der flexiblen Ausführungsmöglichkeiten bemängelt. Insbesondere der Grad der Offenheit trotz der Strukturierung durch den Leitfaden werden kritisiert. Dabei bewegen sich Experteninterviews zwischen qualitativer und quantitativer Provenienz, wobei weder die Gütekriterien der einen noch der anderen Methodendisziplin zur vollsten Zufriedenheit erfüllt werden können (Trinczek 2002, S. 209 f.). Daher sind Experteninterviews zwar in der Forschungspraxis sehr verbreitet, jedoch ist deren methodische Entwicklung noch nicht im gleichen Maße vorangeschritten (Bogner und Menz 2002, S. 33 f.; Meuser und Nagel 2002, S. 71 f.). Im Vergleich zu empirischen Studien mit umfangreichen Stichproben unterliegen gewonnene Aussagen aus Experteninterviews einer eingeschränkten theoretischen Generalisierbarkeit (Gläser und Laudel 2009, S. 263). Nichtsdestotrotz wird in der folgenden methodischen Konzeption (Expertenauswahl (vgl. Abschnitt 4.2.2), Leitfadenerstellung und Dokumentation) ein hoher Wert auf die Nachvollziehbarkeit gelegt, um diesen methodischen Nachteil abzumildern.

Dennoch ist die Befragung von betrieblichen Managern und Mitarbeitern mit leitfadengestützten Experteninterviews insbesondere für die Externalisierung von Betriebswissen in der Forschung gängige Praxis (Gläser und Laudel 2009, S. 13). Daher werden Experten aus der Praxis in den Evaluationsprozess miteinbezogen, weil nur solche Experten über das benötigte Wissen verfügen, um eine praktische Anwendbarkeit beurteilen zu können. Das Ziel ist, das gewonnene empirische Wissen zu externalisieren und nicht eine theoretische Erklärung und Generalisierung der empirischen Tatsachen herbeizuführen (Meuser und Nagel 2002, S. 82). Für die Experteninterviews wird ein Gesprächsleitfaden genutzt. Der Leitfaden dient der inhaltlichen Vorstrukturierung, um sicherzustellen, dass die benötigten Informationen effizient und strukturiert erhoben und anschließend ausgewertet werden können (Bogner und Menz 2002, S. 37 f.; Meuser und Nagel 2002, S. 82). Für die Vorbereitung des Leitfadens wird sich der Facettentheorie bedient (Borg 1996, S. 238). Bei dieser wird die Fragestellung in mehrere Teilaspekte unterteilt und für die empirischen Experteninterviews mittels eines Leitfadens aufbereitet. In Anlehnung an das Beispiel von Häder (2014, S. 92–96) findet sich im Folgenden die Übertragung der Facettentheorie auf die Zielstellung der praktischen Evaluation des Artefakts.

„Ein Experte beurteilt die Zielhierarchien und -kennzahlen für die Messung der organisatorischen IT-Agilität in der IT-Organisation zur Vollständigkeit, Plausibilität,

Nützlichkeit und zur Anwendbarkeit in der Praxis und gibt ein Feedback zu deren Verbesserung."

Innerhalb des Leitfadens werden dazu drei Fragenkomplexe unterschieden, wobei der Konkretisierungsgrad mit fortlaufendem Gespräch erhöht wird:

- Persönliche Vorstellung, praktische Anknüpfungspunkte und Sichtweise auf die IT-Agilität
- Diskussion der beiden Zielhierarchien zur organisatorischen IT-Agilität
- Bewertung und Diskussion der Elementarkennzahlen.

Die Ausformulierung und Anordnung der Fragen im Leitfaden orientiert sich an den Empfehlungen von GLÄSER UND LAUDEL (2009, S. 142–153). Der erste Bereich dient dazu, den Gesprächseinstieg zu erleichtern und die Konversation mit mehreren Aufwärmfragen aufzulockern (Gläser und Laudel 2009, S. 147). Insbesondere die persönliche Sichtweise zur organisatorischen IT-Agilität ist in der Regel ohne größere Abwägungen zu beantworten. Beim zweiten Fragenkomplex werden die beiden Zielhierarchien hinsichtlich ihrer Gliederung vorgestellt. Innerhalb der anschließenden Fragen wird geklärt, inwieweit die Gliederung der Zielhierarchie plausibel, d. h. im Sinne der Trennschärfe der einzelnen Elemente und vollständig hinsichtlich der betrachteten Eigenschaften sind. Im zentralen letzten Abschnitt werden die einzelnen Kennzahlen hinsichtlich ihrer Ursache-Wirkung-Zusammenhänge dargestellt und erläutert. Zudem wird die Anwendbarkeit in der IT-Funktion und die Nützlichkeit von den Experten eingeschätzt und die qualitativen Begründungen für die unterschiedlichen Bewertungen aufgenommen. Der verwendete Gesprächsleitfaden ist im Anhang D im elektronischen Zusatzmaterial beigefügt.

4.2.4.2 Durchführung der ersten Runde

Die Experten wurden mithilfe der Software Skype interviewt. Diese Anwendung bietet Dienste zur IP-Telefonie und gemeinsamen Visualisierungsmöglichkeit an, bei der ein Desktopbildschirm mit anderen Nutzern geteilt werden kann. Diese Dienste haben insgesamt den Vorteil, dass die Interviews räumlich versetzt durchgeführt werden können. Gleichwohl ist anzumerken, dass wichtige Elemente wie Körpersprache, Mimik und Gestik ohne Videoübertragung nicht transportiert werden können und nur eine eingeschränkte Basis für eventuelle Nachfrage darstellen können. Der Fokus liegt in diesem Fall auf dem besprochenen Inhalt. Zudem bietet die Visualisierung einer Präsentation die Möglichkeit, den Gesprächsverlauf anhand der dazugehörigen Fragestellung für die jeweiligen Visualisierungselemente zu strukturieren. Falls es nicht möglich war, das erstellte Dokument aufgrund von technischen Schwierigkeiten zu zeigen, wurde die vorbereitete Präsentation an die Teilnehmer per E-Mail versandt. Mithilfe der Seitenzahl wurde anschließend die Diskussion zu den modellierten Kennzahlen strukturiert. Vor der Durchführung der Interviews wurde die Anonymisierung zugesichert. Zudem wurde vor Interviewbeginn die Zustimmung für eine Audioaufzeichnung eingeholt. Die Tonaufzeichnung des Interviews gewährleistet, dass keine Informationen verloren gehen und die Aufmerksamkeit auf den Gesprächsverlauf gerichtet ist (Gläser und Laudel 2009, S. 171). Damit ist die Tonaufzeichnung und die anschließende Transkription hinsichtlich der Datensicherung bspw. dem Gedächtnisprotokoll überlegen (Kaiser 2014, S. 94). Gleichzeitig bot sich die Gelegenheit, Fragestellungen und Nachfragen zu konkretisieren. Insbesondere die Erfassung der Kennzahlen ist ein erfolgskritischer Faktor. Zu diesem Zweck wurde den Experten für die Evaluation der Kennzahlen der notwendige Zeitrahmen zur Informationserfassung und -verarbeitung eingeräumt. Während des Interviews wurde den Experten die jeweilige Kennzahl ohne eine Unterbrechung oder eine weiterführende Erklärung über die Hintergründe gezeigt. Mit der Einordnung der Kennzahl durch den Experten wird die Bewertung ausgehend vom Experten entsprechend den beiden Kriterien – praktische Anwendbarkeit und Nützlichkeit – durchgeführt (Sonnenberg und Brocke 2012). Bei Verständnis- oder Definitionsfragen der Kennzahlen wurden die Hintergründe erläutert. Die Besonderheiten während der Befragung von Managern wurden durch die diskursiv-argumentative Interviewführung berücksichtigt, bei der etwaige Gegenpositionen und Argumentationen identifiziert werden (Trinczek 2002, S. 218 f.). Der anfänglich strategisch anmutende Umgang mit Informationen lockerte sich wie erwartet mit zunehmender Dauer des Interviews (Trinczek 2002, S. 214 f.).

Zum Schluss erhielten die Experten einen Ausblick auf die nächste Runde zur Verfeinerung des Artefakts und die Bereitschaft für eine weiterführende standardisierte Befragung wurde eingeholt. Die Übersicht der befragten Experten, deren beruflicher Hintergrund, Gruppenzugehörigkeit (vgl. Abschnitt 4.2.2) und die jeweiligen Interviewdauer findet sich in Tab 4.4. Zudem sind die Studienteilnehmer mit ihrem akademischen Grad einer Kategorie zugeordnet worden. Der erste akademische Grad ist äquivalent zu einem Bachelorabschluss, der zweite Grad äquivalent zu einem Diplom- bzw. Masterabschluss und die Teilnehmer des dritten Grades haben eine Promotion abgeschlossen.

Tab. 4.4 Übersicht der interviewten Experten der ersten Delphi-Runde. (Quelle: Eigene Darstellung)

ID	Branche	Berufserfahrung [in Jahren]	Dauer [in Minuten]	Gruppe	Akademischer Grad
1	Handel	19	105	1	2
2	Automobilbau	5	105	2	2
3	Finanzdienstleistungen	4	105	1	2
4	Finanzdienstleistungen	19	105	1	2
5	Logistikdienstleistungen	11	170	2	2
6	Handel	12	110	3	2
7	Finanzdienstleistungen	17	90	1	2
8	Tourismus	12	90	2	1
9	Handel	3	115	2	2
10	Telekommunikation	8	90	1	3
11	Energie	3	120	2	3
12	Handel	12	115	3	2
13	Biotechnologie	20	95	3	2
14	Handel	14	75	3	3
15	Automobilbau	5	60	1	2
16	Werbung	14	120	2	1

Während der ersten Runde wurde mit 16 Experten aus den drei Berufsfeldern IT-Management Beratung (1), IT-Management in Start-ups (2) und IT-Management in etablierten Unternehmen (3) die organisatorische IT-Agilität und die Kennzahlen besprochen. Die Gesamtdauer für alle Interviews betrug circa 26 Stunden, die anschließend transkribiert, paraphrasiert und nach den Themengebieten analog zum Gesprächsleitfaden ausgewertet wurden. Insgesamt umfasste die Berufserfahrung des Expertenpanel knapp 180 Jahre. Gleichzeitig liegt eine ausgewogene Heterogenität aus unterschiedlichen Teilbereichen und Hierarchiestufen innerhalb der IT-Funktion vor.

Für die qualitative Inhaltsanalyse der Experteninterviews ist es notwendig, die Tonaufzeichnungen zu transkribieren. In der Literatur finden sich vier wesentliche Transkriptionsarten, die sich im Hinblick auf Detaillierungsgrad und Zielstellungen unterscheiden (Mayring 2016, S. 91–99): die wörtliche Transkription, die kommentierte Transkription, das zusammenfassende Protokoll, das selektive Protokoll. Insbesondere bei Experteninterviews eignet sich die wörtliche Transkription aufgrund der Vollständigkeit der Gesprächsdokumentation. Bei der wörtlichen Transkription können ferner drei Techniken unterschieden werden:

1. Die Verwendung des internationalen phonetischen Alphabets für Dialekt- und Sprachfärbungen
2. Die literarische Umschrift gibt den Dialekt im gebräuchlichen Alphabet wieder
3. Das Gesprochene wird in normales Schriftdeutsch übertragen.

Die dritte Technik sollte verwendet werden, wenn die inhaltlich-thematische Ebene im Vordergrund steht und der Befragte als Zeuge, Experte oder Informant auftritt (Mayring 2016, S. 91). Die dritte Technik wird angewendet, weil in Experteninterviews die inhaltliche Ebene im Vordergrund steht und sich dieses Vorgehen mit dem Vorschlag von MEUSER UND NAGEL deckt (Meuser und Nagel 2002, S. 77). Aufwendige Notationssysteme, wie sie bei narrativen Interviews oder konversationsanalytischen Auswertungen unvermeidlich sind, bieten keinen weiteren Erkenntnisgewinn für die vorliegenden Analysen. Pausen, Stimmlagen und sonstige nonverbale und parasprachliche Elemente sind nicht Gegenstand der Interpretation. Daher ergibt sich aus der verfolgten Zielsetzung kein inhaltlicher Beweggrund, von einer Transkription ins Schriftdeutsche abzuweichen. Die genutzten Transkriptionsregeln orientieren sich an den Vorgaben von KUCKARTZ und LIEBOLD UND TRINCZEK (Kuckartz et al. 2008, S. 27 f.; Liebold und Trinczek 2009, S. 41 ff.). Die Transkripte wurden durch den Forscher paraphrasiert. Die Vorstrukturierung der Interviews mithilfe eines Interviewleitfadens unterstützte die Paraphrasierung. Die Hauptkategorien sind analog zu den einzelnen Interviewabschnitten definiert worden. Aufbauend auf diesem Schritt lassen sich die Transkriptzeilen der einzelnen Interviews je Haupt- und Elementarkennzahl ordnen und interviewübergreifend für die qualitative Inhaltsanalyse des ersten Artefakts verdichten. Die Kategorien erlauben es, die Gemeinsamkeiten und relevanten Einzelmeinungen in Anlehnung an die Praxis auszuarbeiten (Liebold und Trinczek 2009, S. 42 f.; Meuser und Nagel 2002, S. 83 ff.) Auf eine Bewertung der Zielhierarchien wurde im Nachhinein verzichtet, weil die Menge der Informationen und die Frage, ob weitere Dimensionen fehlen würden, zu Beginn der Interviews nicht von den Experten quantifiziert werden konnte. Zum Abschluss der ersten Delphi-Runde wird eine Präsentation angefertigt. Hierin werden die wesentlichen qualitativen Aussagen aufgeführt. Weiterhin wird ein Histogramm über die Antwortverteilung aller Experten in den beiden Bewertungsdimensionen Anwendbarkeit und Nützlichkeit und der arithmetische Mittelwert je Elementarkennzahl nach den Empfehlungen von HÄDER angefertigt (Häder 2014, S. 155–159). Weiterhin wird die Implikationskategorie je Elementarkennzahl angewandt (vgl. Abschnitt 4.2.4.4). Mit der Anfertigung des Feedbacks ist die erste Runde der Delphi-Studie abgeschlossen.

4.2.4.3 Evaluation der Ergebnisse

Aufbauend auf den drei quantitativen Kenngrößen (vgl. Abschnitt 4.2.3) arithmetischer Mittelwert, Certain Level of Agreement (CLoA) und Variationskoeffizient wird die quantitative Evaluation für die erste Runde (vgl. Tab. 4.5) dargestellt. Aufbauend auf dem gesetzten Kriterium von 80 % Zustimmung im CLoA sind die Elementarkennzahlen im Bereich der Anwendbarkeit und Nützlichkeit kräftig markiert. Bei der Quantifizierung mit den Experten wurden die beiden Dimensionen Anwendbarkeit im Sinne einer machbaren Erhebung der Kennzahl unter wirtschaftlichen Bedingungen und der Nützlichkeit der Kennzahl für die Steuerung der organisatorischen IT-Agilität, sobald diese erhoben ist, bewertet. Tab. 4.5 zeigt den arithmetischen Mittelwert je Kennzahl und Dimension für die jeweiligen Experten. Die zugrunde gelegte nominale Skala variierte von 1 – trifft nicht zu bis 7 – trifft zu. Als Mittelwert über alle Experten und Elementarkennzahlen wird für die Anwendbarkeit ein Wert von 5,74 und ein Wert von 5,27 für die Bewertungsdimension der Nützlichkeit erreicht, die für eine erste Runde bereits positiv zu werten sind. Aufgrund der geringen Expertenanzahl ($n = 16$) kann die quantitative Analyse nicht für eine repräsentative statistische Analyse herangezogen werden, sondern dient lediglich einer Indikation und unterstützt die qualitative Inhaltsanalyse für die Identifikation des Verbesserungspotenzials in Bezug auf die jeweilige Kennzahl. Das initiale Kennzahlensystem, dem die Bewertung zugrunde liegt, ist in Abschnitt 3.2.3 aufgeführt.

Tab. 4.5 Evaluationsergebnis der Elementarkennzahlen der ersten Delphi-Runde. (Quelle: Eigene Berechnung und Darstellung)

Analyse der ersten Delphi-Runde		**Anwendbarkeit**			**Nützlichkeit**		
ID	Bezeichnung	Mittelwert von 1 bis 7	CLoA in %	Variationskoeffizient in %	Mittelwert von 1 bis 7	CLoA in %	Variationskoeffizient in %
OA1	Grad der Innovationsfreudigkeit	5,5	**81**	29	5,0	69	32
OA2	Grad der Experimentierfreudigkeit	5,5	**81**	33	5,4	75	31
OB1	Grad des Innovationsauftrags	5,6	**81**	32	4,9	75	35
OB2	Grad des Innovationsbudgets	5,9	**81**	28	5,7	**88**	27
OC1	Grad des strategischen BITA	4,8	63	56	3,7	31	54
OC2	Grad des taktischen BITA	5,6	75	41	4,5	56	45
OD1	Grad der CEO/CIO-Distanz	6,8	**100**	6	5,8	**81**	22
OD2	Grad des Investitionseinbezugs	5,0	75	35	5,1	69	38
OE1	Grad der Interdisziplinarität	6,1	**94**	24	5,6	75	32
OE2	Grad der Durchlässigkeit	5,2	**81**	34	4,8	69	40
OF1	Grad der Führungsspannweite	6,4	**94**	23	4,4	63	48
OF2	Grad der Zentralisierung	6,4	**100**	13	5,1	63	33
PA1	Grad des Entscheidungsbedarfs	4,8	63	36	4,8	56	38
PA2	Grad des Rollenbedarfs	5,6	**88**	28	5,3	75	30
PB1	Grad des Effizienzgewinns	4,8	69	38	4,8	69	30

(Fortsetzung)

Tab. 4.5 (Fortsetzung)

Analyse der ersten Delphi-Runde		**Anwendbarkeit**			**Nützlichkeit**		
ID	Bezeichnung	Mittelwert von 1 bis 7	CLoA in %	Variationskoeffizient in %	Mittelwert von 1 bis 7	CLoA in %	Variationskoeffizient in %
PB2	Grad des Innovationsgewinns	4,8	69	41	4,8	69	38
PC1	Grad der inkrementellen Iteration	5,6	**81**	20	6,4	**94**	12
PC2	Grad der Release-Zyklen	6,4	**100**	11	6,3	**94**	13
PC3	Grad der Durchlaufzeit	6,2	**100**	13	6,2	**94**	21
PD1	Grad der Aufgabendokumentation	5,8	**88**	22	5,4	69	34
PD2	Grad der Aufgabenträgerdokumentation	6,1	**88**	19	5,6	75	26
PD3	Grad der Ausführungsdokumentation	5,3	75	27	5,0	69	41
PE1	Grad der AD-Auslagerung	6,0	**88**	26	5,4	63	31
PE2	Grad der AM-Auslagerung	6,1	**88**	18	5,8	75	21
PE3	Grad der IM Auslagerung	5,8	**88**	19	3,8	38	42
PF1	Grad der Vollautomatisierung	6,0	**81**	20	6,1	**81**	24
PF2	Grad der Teilautomatisierung	5,9	**81**	20	5,8	**81**	25

Insgesamt erfüllen sieben Elementarkennzahlen das CLoA-Konsenskriterium ($\geq$ 80 %) für die Nützlichkeit und 20 Kennzahlen in der Anwendbarkeit. Parallel zeigen einzelne Kennzahlen einen hohen Varianzkoeffizienten auf (vgl. Elementarkennzahlen zum strategischen und taktischen Business-IT-Alignment).

4.2.4.4 Erste Designiteration auf das Kennzahlensystem

Der folgenden Abschnitt erläutert, wie das Kennzahlensystem und die Mehrheit der Kennzahlen nach der ersten Delphi-Runde angepasst wurde, auf Basis des Feedbacks. Die grafische Zusammenfassung der ersten Designiteration auf das Kennzahlensystem zeigt Abb. 4.3. Hierzu werden fünf Implikationskategorien neben der Fortführung entwickelt, die den übergeordneten Rahmen für die Anpassung des Kennzahlensystems bilden:

- Anpassung: Die Kennzahl bleibt in ihren Wesenszügen erhalten. Änderungen umfassen Formulierungen und inhaltliche Messpunkte der jeweiligen Kennzahlen (vgl. OB2 zu OB2).
- Abstraktion: Der Konkretisierungsgrad der Kennzahl wird als nicht nützlich bewertet, sodass eine Zusammenfassung mit artverwandten Kennzahlen durchgeführt wird (vgl. PE1-PE2-PE3 zu PD1).
- Differenzierung: Der Abstraktionsgrad der Kennzahl wird anhand der qualitativen Diskussion differenziert, sodass Eigenschaften getrennt voneinander betrachtet und gemessen werden können (vgl. OF1 zu OD1 und OE1).
- Neukonzeption: Die Konzeption der Kennzahl wird grundlegend angepasst, um den Sachverhalt konkreter zu erfassen und zu messen. Die Neukonzeption umfasst die Erhebungsgrundlage und die Berechnung der Kennzahl (vgl. OB1 zu OB1).
- Verwerfung: Die dargestellte Kennzahl wird innerhalb der quantitativen Evaluation und der qualitativen Diskussion als nicht förderlich bewertet und nicht weiterverwendet (vgl. PA1 und PA2).

Darüber hinaus wird im Kennzahlensystem die SENSE- und RESPOND-Hierarchieebene entfernt, die suggerieren könnte, dass die darunterliegenden Kennzahlen ausschließlich einer Fähigkeit zuzuordnen sind. Daher wird die dominant verfolgte SENSE- und RESPOND- Fähigkeit auf der Ebene der Elementarkennzahlen entfernt. Durch die Darstellung der Designiteration werden – ausgehend vom konsolidierten qualitativen Feedback – die Elementarkennzahlen gemäß den Kategorien angepasst bzw. fortgeführt und folgend erläutert.

Grad der Innovationsfreudigkeit (OA1)
Für eine pragmatische Verbesserung der Anwendbarkeit nannten die Experten (quartalsweise) Regeltermine wie das Programm Inkrement Planning, zu denen sich alle Mitarbeiter der IT-Funktion treffen. Diese Treffen bilden die Basis, um neben der inhaltlichen Arbeitsorganisation auch die kulturellen Merkmale zu erfassen ohne größeren intraorganisatorischen Abstimmungsaufwand. Eine Negierung im Sinne einer Fragestellung würde weniger die Fehlerkultur adressieren. Daher wird die Aussage angepasst: „In unserer IT-Funktion werden Fehler im Rahmen von Innovationen toleriert“ von trifft nicht zu (1) bis trifft zu (7).

Grad der Experimentierfreudigkeit (OA2)
In den Interviews wurde eine qualitative Einschätzung von Experimenten in den drei Kategorien Erfolgswahrscheinlichkeit, erwarteter Wertbeitrag und notwendiger Ressourceneinsatz vorgeschlagen. Unter Berücksichtigung des erwarteten Wertbeitrags der jeweiligen Experimente müssen ebenso Experimente durchgeführt werden, die über eine hohe Unsicherheit bei zeitgleich hohem Erwartungswert verfügen. Aufbauend auf den Diskussionen zum Innovationsanteil (siehe die Kennzahlenanalyse zu OB1 sowie PB1 und PB2) wird der Wert einer risikoadäquaten Verteilung auf einen Anteil von 20 % für eine Plausibilisierung in der zweiten Runde normalisiert.

Grad des Innovationsauftrags (OB1)
Als elementarer Bestandteil der IT-Agilität und intersubjektive Gemeinsamkeit wurde die Fokussierung auf den Endnutzer gesehen, was die Bereitstellung von IT-Services für interne Nutzer als auch externe Endnutzer umfasst. Es werden zwei organisatorische Schnittstellen durch die Experten für eine optimale Normierung genannt, um eine ungesteuerte Kommunikation zwischen Servicenutzer und Serviceentwickler zu vermeiden.

Grad des Innovationsbudgets (OB2)
Ausgehend von der Annahme eines Optimums wird der Anteil des IT-Innovationsbudgets am Gesamtanteil des IT-Budgets auf ca. 10 % für eine optimale Normierung genannt, mit Verweis auf den abnehmenden Grenznutzen. Zusätzlich wird der Aspekt der Nachweispflicht in der Kennzahl ergänzt.

Grad des strategischen Business-IT-Alignments (OC1)
Als besserer Indikator für den strategischen Abstimmungsgrad zwischen Geschäftsbereichen und IT-Funktion wird die Kennzahl OD1 angesehen, weil

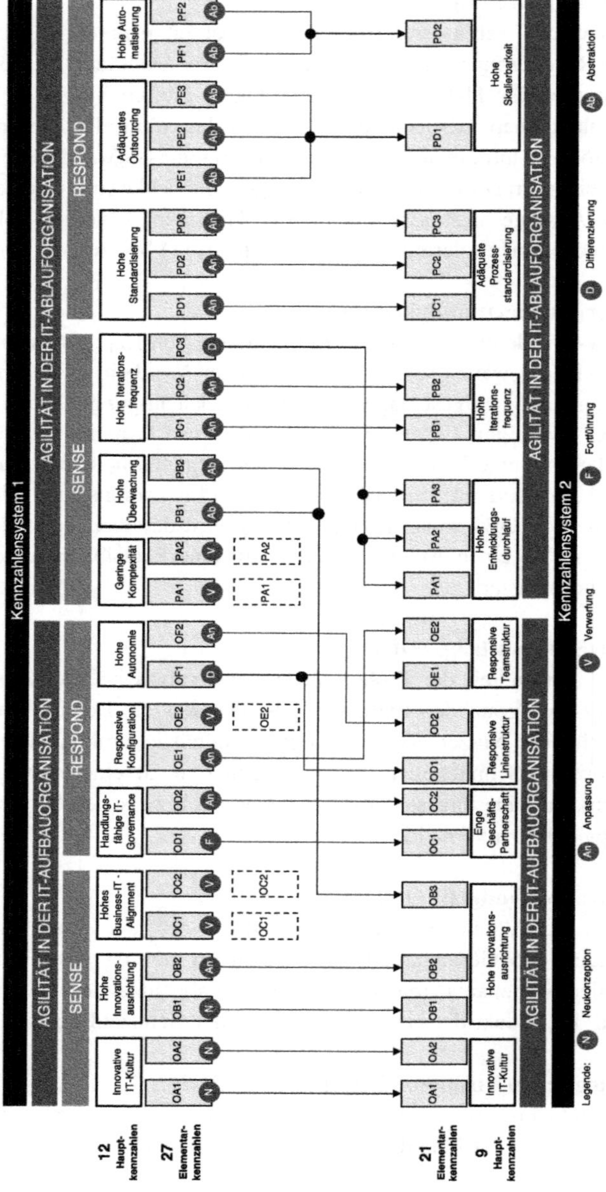

Abb. 4.3 Erste Designiteration auf das Kennzahlensystem nach der ersten Delphi-Runde. (Quelle: Eigene Darstellung)

dadurch ein hierarchisches Gleichgewicht zwischen Geschäftsbereichen und IT-Funktion ermöglicht wird. Weiterhin kann der CIO als kontinuierliches Mitglied in der Geschäftsführung einen erhöhten Beitrag zur strategischen Ausrichtung des Gesamtunternehmens leisten.

Grad des taktischen Business-IT-Alignments (OC2)
Ein Regeltermin als Instrument wird abgelehnt, um das taktische Business-IT-Alignment zu erhöhen, da von einer Meetinganzahl nicht auf einen tatsächlichen Abstimmungsgrad geschlossen werden kann. Die Kennzahl wird daher verworfen. Die Abstimmungsfrequenz sollte größer sein, je operativer die Arbeit ausgerichtet ist und je mehr die Lösung den Endkunden betrifft. Daher wird der Aspekt der funktionsübergreifenden und operativen Abstimmung der Teams weiterverfolgt in der Elementarkennzahl OE2 zur Interdisziplinarität.

Grad der CEO-/ CIO-Distanz (OD1)
Durch die zurückgemeldete simple Anwendbarkeit und die hohe Nützlichkeit der Kennzahl wird die Kennzahl in der bisherigen Form fortgeführt.

Grad des Investitionseinbezugs (OD2)
Für die nächste Kennzahl wird die Formulierung konkretisiert. Dabei geht es um die Frage, inwieweit die IT-Funktion in die vergangenen irreversiblen IT-Investitionsentscheidungen eingebunden war und zukünftig wird. Dabei werden einzelne Kriterien in der Beschreibung ergänzt, die eine Irreversibilität konkretisieren:

- Langfristigkeit, geplante Nutzung der Lösung über mindestens drei Jahre
- Investitionsstopp, nicht unterhalb von sechs Monaten
- Integrationsbedarf in die bestehende Applikationslandschaft.

Grad der Interdisziplinarität (OE1)
Die drei angesprochenen Punkte, Kundenzentrierung, Interdisziplinarität und die Arbeitsorganisation in Teams werden in der Kennzahl differenziert. Der Aspekt der Multidisziplinarität geht darüber hinaus, indem weitere Disziplinen neben dem Softwareentwickler und Product Owner erfasst werden. Anhand der Anmerkung der Experten wird in der nächsten Runde eine Normierung von drei Rollen bzw. Disziplinen mit unterschiedlichen Fähigkeiten vorausgesetzt.

Grad der Durchlässigkeit (OE2)

Diese Kennzahl fällt deutlicher in das Handlungsfeld des IT-Personals als ursprünglich angenommen, weil eine Stellenrotation von Mitarbeitern eine Option für die Gestaltung von multiplen Fähigkeiten bildet. Aus diesem Grund wird die Elementarkennzahl im untersuchten Handlungsfeld verworfen.

Grad der Führungsspanne (OF1)

Im Zuge der antizipierten Anwendung der Kennzahl wird die Funktion einer Führungskraft innerhalb einer Matrixorganisation besprochen, bei der zwischen disziplinarischer und funktionaler Berichtslinie unterschieden werden kann. Daher wird nicht nur die disziplinarische Struktur, sondern auch die Teamgröße in zwei Kennzahlen differenziert, um den Gegebenheiten moderner Matrixorganisationen gerecht zu werden. Eine flache Hierarchie wird insgesamt von den beteiligten Experten begrüßt und eine Teamgröße von fünf bis neun Mitarbeitern angegeben, wobei ein Optimum von sieben Mitarbeitern genannt wird. Diese Zahl orientiert sich an den Empfehlungen aus dem SCRUM-Vorgehensmodell (Mundra et al. 2013) und ist konsistent mit den Ausführungen zur MILLERSCHEN ZAHL (7 ± 2) (Miller 1956, S. 90). Zusätzlich wird die Anzahl der organisatorischen hierarchischen Stufen zwischen CIO und den Mitarbeitern der untersten Stufe mit der Gesamtanzahl der Mitarbeiter in Bezug gesetzt.

Grad der Zentralisierung (OF2)

Die qualitativen Aussagen zeigen, dass keine extreme Ausprägung (dezentral / zentral) der IT-Funktion förderlich für die organisatorische IT-Agilität ist. Ein ausbalanciertes Optimum wird in der zentralen und dezentralen IT-Abteilung im Sinne einer föderalen IT-Funktion gesehen. Von den Experten wird ein Wert von circa 50 % genannt. Dieser Wert impliziert, dass 50 % aller Mitarbeiter der IT-Funktion in der zentralen IT-Abteilung und 50 % der Mitarbeiter in den verbleibenden dezentralen IT-Abteilungen zu finden sind.

Grad des Entscheidungsbedarfs (PA1)

Aufgrund der erheblichen Dokumentationsvoraussetzungen in der IT-Funktion, des manuellen Erhebungsaufwands, der geringen Vergleichbarkeit mit anderen IT-Funktionen und der resultierenden geringen Nützlichkeit wird diese Elementarkennzahl verworfen. Der übergreifende Konsens hinsichtlich der Autonomie und der Entscheidungsbefugnisse je Organisationseinheit ist in den Kennzahlen OE2 sowie PE2 integriert, sodass ein inhaltlicher Aspekt der Kennzahl erhalten bleibt.

Grad des Rollenbedarfs (PA2)
Von den Teilnehmern wird bezweifelt, dass in den meisten Unternehmen ein entsprechend dekliniertes Prozessmodell existiert, das die Rollen zu Tätigkeiten entlang der IT-Ablauforganisation zur Verfügung stellt. Daher wird der Erfolg dieser Erhebungsmöglichkeit in der Praxis angezweifelt. Gleichzeitig wirft die Existenz eines entsprechend dekliniertem Prozessmodells die Frage auf, inwieweit die Organisationsstruktur überhaupt agil im Sinne der Veränderungsfähigkeit sein kann, weil organisatorische Veränderungen einen erheblichen Anpassungsaufwand in den Prozessmodellen implizieren. Daher wird die Kennzahl verworfen. Der Konsens, dass weniger unterschiedliche Rollen notwendig sind, um eine Leistungserbringung abzusichern, ist in der Elementarkennzahl der multidisziplinären Teams adressiert.

Grad der Überwachung (PB1, PB2)
Ein Prozess wird nicht als adäquate Messgrundlage angesehen, weil sich einzelne Prozesse kaum als Konkretisierung für die jeweiligen übergeordneten Ziele eignen. Eine angemessene Grundlage bildet das bestehende interne Kontrollsystem im Unternehmenscontrolling und die dort verwendeten Kennzahlen für die Unternehmensfunktionen. Die übergreifenden Ziele werden im Rahmen der Jahresplanung für die einzelnen Funktionen verteilt, sodass die IT-Funktion im Sinne der IT-Aufbaustruktur die Basis für die Ziele bilden sollte. Die Experten nennen unabhängig voneinander ein Verhältnis von 70 % zu 30 % bzw. 80 % zu 20 %. Ein Unternehmen und damit auch die IT-Funktion sollte sich im Schwerpunkt Effizienzziele und nachfolgend Innovationsziele setzen und die Aktivitäten entsprechend ausrichten, um die Risikobereitschaft mit der erwarteten Sicherheit in Einklang zu bringen. Das Verhältnis muss jedoch unternehmensspezifisch angepasst werden. Daher werden die beiden Kennzahlen der Überwachung mit einem Optimum von 25 % Innovationszielen gemittelt und den Kennzahlen der IT-Aufbauorganisation zugeordnet.

Grad der inkrementellen Iteration (PC1)
Von den Experten wird vorgeschlagen, anstelle von Prozessen vorzugsweise Projektteams als Grundlage für die Messung zu nutzen, die sich in der Praxis besser abbilden lassen als in einem prozessualen Kontext. Daher werden in der nächsten Runde Projekte als Grundlage für die Kennzahl genutzt.

Grad der Releasezyklen (PC2)
Bei der Darstellung der Kennzahl wird insgesamt bestätigt: Je mehr Releases in das System eingefügt werden, desto höher ist die organisatorische IT-Agilität.

Gleichzeitig wird auch ein festdefiniertes Optimum für die Normierung der Kennzahl im Unternehmen diskutiert. Einerseits ist es notwendig, die Anzahl der durchgeführten Releases zu messen, andererseits gilt es, konstant in der Lage zu sein, Änderungen in das Produktivsystem einzuspielen.

Grad der Durchlaufzeit (PC3)

Bei der Vermessung muss eine Größenrelation hinterlegt werden, um eine Vergleichbarkeit sicherzustellen. In der Praxis würden für die Schätzung sogenannte Storypoints verwendet – wobei der Aufwand mit den Storypoints proportional korreliert. Ein weiterer Hinweis besteht darin, dass eine Änderung nicht zwangsläufig in das Produktivsystem eingefügt werden muss, sondern auch verworfen werden kann. Darum wird die Kennzahl der Durchlaufzeit in zwei Intervalle unterteilt. Der erste Teil bildet die Zeit von der Ideengenerierung bis zur Spezifikation, die in der agilen Softwareentwicklung als Story bekannt ist (Idea-to-Story). Der zweite Bestandteil beschreibt das Zeitintervall zwischen fertiggestellter Spezifikation bis zur Nutzung im produktiven System (Story-to-Production). Als Referenzgröße für eine optimale Dauer sollten sich die beiden Elementarkennzahlen an der Iterationsfrequenz orientieren. Wenn bspw. ein zweiwöchiger Entwicklungszyklus begonnen hätte, sollte der Zeitabstand im Optimum nicht länger sein. Für die Relation des Aufwands wird zudem die Kennzahl Velocity neu konzeptioniert. Hierbei soll überprüft werden, welchen durchschnittlichen Storypoint-Wert die Spezifikationen haben, die in einer Iterationsfrequenz erstellt werden, im Vergleich zum durchschnittlichen Wert der Storypoints, die in einer Iterationsfrequenz im System umgesetzt werden. Ein hoher Idea-to-Story-Wert im Vergleich zu einem Story-to-Production-Wert führt dazu, dass mehr Stories vorhanden sind, als umgesetzt werden. In der Folge steigt der Auftragsvorrat in der IT-Funktion kontinuierlich an und zugleich sinkt die Reaktionsfähigkeit.

Grad der Aufgabendokumentation (PD1)

Hinsichtlich der Kennzahl zur Aufgabendokumentation wird die Kennzahl angepasst, sodass eine Abgrenzung zu den anderen beiden Standardisierungskennzahlen deutlich wird. Von einigen Teilnehmern werden ebenfalls einheitliche Prinzipien, Methoden und Vorgehensweisen für die IT-Funktion in den Vordergrund gestellt.

Grad der Aufgabenträgerdokumentation (PD2)
Für diese Kennzahl wird keine inhaltliche Anpassung durchgeführt, sondern nur eine Verfeinerung der Formulierung vorgenommen, womit der Aufgabenfokus in den Mittelpunkt gestellt wird.

Grad der Aufgabenausführungsdokumentation (PD3)
Die Kennzahl der Ausführungsdokumentation bewegt sich im Zielkonflikt zwischen funktionaler und kapazitiver Veränderungsfähigkeit der Agilität. Eine wertstiftende Dokumentation liegt im Schwerpunkt der IT-Betriebsprozesse vor, um die IT-Stabilität sicherzustellen. Das Optimum der dokumentierten Ausführungssequenzen wird für die nächste Runde bei 20 % der genutzten Aufgaben (u. a. geschäftskritischen Aufgaben) angesetzt, da sonst der Grenznutzen mit steigender Prozessabdeckung absinken kann.

Grad der Auslagerung (PE1, PE2, PE3)
In Anlehnung an die Diskussion über das Outsourcing in der IT-Funktion bei gleichzeitiger Ablehnung der Hypothese, dass die Infrastrukturprozesse eher ausgelagert werden können, können die Kennzahlen abstrahiert werden. Daher wird in der nächsten Runde der Outsourcing-Grad eingeführt, der keine Differenzierung zwischen AM, AD und IM vorsieht. Bei der Definition des Optimums wird für die nächste Runde ein Wert für das Optimum von bis zu 20 % in Anlehnung an die Diskussion zu den Zielen angenommen.

Grad der Automatisierung (PF1, PF2)
Die Unterscheidung zwischen einer Voll- und Teilautomatisierung, bei der der Mensch noch anteilig involviert ist, wird zwar bestätigt. Allerdings wird von den Experten empfohlen, die beiden Elementarkennzahlen in einem generellen Automatisierungsgrad zusammenzufassen.

4.2.5 Zweite Delphi-Runde: Standardisierte Befragung

4.2.5.1 Methodische Konzeption

Anders als in der ersten Runde wird in der zweiten Runde auf eine standardisierte Onlinebefragung zurückgegriffen. Die methodische Grundlagen, die Durchführung als auch die Ergebnisse der Befragung werden in den folgenden Abschnitten dargestellt. Für die zweite Runde der Delphi-Studie gelten die folgenden Ziele:

- Auffrischung der Zielsetzung der Studie und Darstellung der zugrunde gelegten Konzepte, Definitionen und Handlungsfelder
- Ergänzung und Kommentierung der Hauptkategorien der organisatorischen IT-Agilität
- Wiederholte Bewertung der praktischen Anwendbarkeit und der Nützlichkeit der weiterentwickelten Kennzahlen.

Die Entwicklung des Fragebogens baut auf dem Leitfaden der Experteninterviews auf. Als Differenzierungsmerkmal zum verwendeten Fragebogen aus der ersten Runde werden Fragen zur Person und einführende Fragen zur organisatorischen IT-Agilität entfernt. Die Befragung beginnt nach einer kurzen Einleitung mit der Darstellung und möglichen Kommentierung der beiden verfeinerten Zielhierarchien und Elementarkennzahlen. Hinsichtlich der Bewertung werden die zuvor genutzten Kriterien Anwendbarkeit und Nützlichkeit in Verbindung mit einer Bewertung auf einer siebenstufigen Antwortskala und die gleichen Kenngrößen wie in der ersten Runde für die Auswertung genutzt. Dadurch bleibt der Forschungskern (Experten, Fragestellung, Untersuchungsgegenstand und Kenngrößen der Auswertung) der ersten Runde erhalten. Die Evaluierung der Kennzahlen wird lediglich mit einer anderen Befragungsart fortgesetzt (Häder 2014, S. 25).

Durch die Verbreitung des World Wide Web hat sich die Zahl der Onlinebefragungen in den vergangenen Jahren erheblich erhöht. Die Verbreitung von klassischen papierbasierten Befragungen hat hingegen erheblich abgenommen (Dillman et al. 2014, S. 303 f.). Die Attraktivität einer Onlinebefragung liegt in der Möglichkeit, eine Vielzahl an Informationen, ohne Interviewer und einen zeitraubenden Postverkehr, zu transferieren. Im Hinblick auf die Dateneingabe ist es möglich, eine Fehlerkontrolle zu integrieren, sodass beim Ausfüllen keine Fragen übersprungen oder falsch ausgefüllt werden können. Zudem liegen die Informationen bereits in einem verwertbaren Datenformat vor. Die schnellere Verarbeitung verringert die Durchlaufzeit der Studie. Daher ist eine Onlinebefragung einer postalischen schriftlichen Befragung aufgrund des zeitlichen Einsatzes und der niedrigen Transaktionskosten vorzuziehen (Häder 2014, S. 176 f.; Skulmoski et al. 2007, S. 11).

Beim Fragebogendesign ist darauf zu achten, dass die Teilnehmer eine gleichwertige Chance erhalten, den Fragebogen zu bearbeiten. Dieses Kriterium wird durch die Verwendung einer speziellen Software erfüllt, die browser- und betriebssystemunabhängig verwendet werden kann. Zu diesem Zweck wird die Studie mit der Software Enterprise Feedback Suite Survey (EFS-Survey) des Unternehmens QUESTBACK durchgeführt. Die Nachteile einer schriftlichen

Befragung gelten auch für eine Onlinebefragung. Hierunter fallen bspw. die fehlende Kontrollierbarkeit hinsichtlich der ausfüllenden Person und die Möglichkeit, im Zweifelsfall Verständnisfragen stellen zu können (Termer 2016, S. 123). Vor der eigentlichen Studie wird ein Pretest mit drei panelfremden Experten durchgeführt, um eine entsprechende Qualitätssicherung zu gewährleisten. Ein Pretest unterstützt eine Vielzahl von Zielen, wie die Identifikation des Problems, die Konzeption der Studie, Entwicklung der Studie, Verfeinerung des Fragebogens und die Entwicklung und Überprüfung der Datenanalysetechniken (Landeta 2006, S. 469; Skulmoski et al. 2007, S. 3). Daher ist es notwendig, die Delphi-Studie hinsichtlich der folgenden sieben Qualitätskriterien zu überprüfen (siehe Tab. 4.6). Insgesamt wurde im Vorfeld die Funktionsfähigkeit des gesamten Studiendesigns getestet (Häder 2014, S. 144 f.).

Tab. 4.6 Qualitätskriterien für den Pretest der Befragung. (Quelle: In Anlehnung an (Häder 2014, S. 145))

#	Kategorie	Beschreibung
1	Verständlichkeit	Die Fragen müssen verständlich formuliert werden und die verwendete Fachsprache muss – wie vom Studienkoordinator beabsichtigt – von allen Befragten verstanden werden.
2	Abstraktion	Hierunter fällt die Prüfung, ob die Aufgabenstellungen von den ausgewählten Experten zu lösen sind oder ob für die Aufgabenstellung weitere Details erforderlich sind, sodass ein Experte eine entsprechende Beurteilung durchführen kann.
3	Aufmerksamkeit	Während der Befragung ist sicherzustellen, dass Aufmerksamkeit und Interesse ausreichend hoch sind.
4	Wohlbefinden	Während der Befragung ist ein gewisses Wohlbefinden sicherzustellen.
5	Antwortmöglichkeit	Während der Befragung sind die einzelnen Antwortmöglichkeiten mit einer ausreichenden Streuung zu versehen.
6	Technik	Bei diesem Kriterium ist sicherzustellen, dass die enthaltenen Anweisungen nachzuvollziehen sind. Hierunter fallen bspw. eine nutzergerechte Filtermöglichkeit und die Menüführung, sodass eine Beantwortung möglich wird.
7	Zeitdauer	Für die Befragung ist sicherzustellen, dass die Länge des Fragebogens für die Teilnehmer zumutbar ist.
8	Motivation	Hierbei ist sicherzustellen, dass ein aussagekräftiges Anschreiben ausreichend die Motivation erhöht, an der Befragung teilzunehmen.

Durch den Pretest konnten die Kategorien Verständlichkeit, Technik (Einpflegen eines Zurückbuttons) und Aufmerksamkeit für die Kennzahlen erhöht werden. Der Fragebogen wurde über einen Link den gleichen Experten, die bereits an der ersten Runde teilgenommen haben, per E-Mail in Verbindung mit einem persönlichen Motivationsschreiben zur Verfügung gestellt. Für die Erfüllung der wesentlichen Wesensmerkmale der Delphi-Studie erhielten die Experten parallel das konsolidierte Feedback der ersten Runde als Präsentation per E-Mail.

4.2.5.2 Durchführung der zweiten Runde

Für die standardisierte Befragung konnten von den ursprünglich 16 Experten erneut 15 Experten für eine Teilnahme gewonnen werden. Die geringe Panelmortalität wird durch das kontinuierliche – bis zu viermalige – Nachfassen bei den Experten bei gleichzeitiger Verlängerung des Teilnahmezeitraums erreicht. Die verfeinerten 21 Elementarkennzahlen werden in den beiden Bewertungsdimensionen – praktische Anwendbarkeit im Sinne der Erhebung sowie Nützlichkeit jeweils auf einer Ratingskala von 1 – trifft nicht zu bis 7 – trifft zu analog zur ersten Befragung bewertet. Ferner konnten Anmerkungen, Verständnisfragen in den Kommentarfeldern in deutscher und englischer Sprache aufgeführt werden.

Aufbauend auf der Befragung werden die Daten per Download aus der Software extrahiert und entsprechend zusammengefasst. Die quantitativen Ergebnisse sind in Abschnitt 4.2.5.3 dargestellt. Zudem wird für die quantitative Analyse auf eine Kenngröße der deskriptiven Statistik – auf den arithmetischen Mittelwert – für die Rückführung der Ergebnisse an die Experten zurückgegriffen. In der vorliegenden Arbeit ist aufgrund der kleinen Stichprobe von 15 Probanden eine statistische Analyse gering aussagefähig. Ferner ist anzumerken, dass mit der Delphi-Studie keine explizite Konsensbildung beabsichtigt ist, die jedoch im Rahmen der Evaluation als nützlich für den Vergleich der Delphi-Runden erachtet wird. Die Kenngrößen unterstützen die qualitative Einzelauswertung der Elementarkennzahlen und die Weiterentwicklung des Artefakts.

4.2.5.3 Evaluation der Ergebnisse

Das quantitative Ergebnis der standardisierten Befragung zeigt Tab. 4.7. Wie bereits in der ersten Evaluation werden die beiden Dimensionen Anwendbarkeit und Nützlichkeit anhand der drei Kenngrößen Mittelwert, Certain Level of Agreement (CLoA) und des Variationskoeffizienten ausgewertet (vgl. Abschnitt 4.2.3). Elementarkennzahlen, die das vorgegebene Kriterium von 80 % Zustimmung im CLoA erreichen und überschreiten, sind kräftig markiert.

Tab. 4.7 Evaluationsergebnis der Elementarkennzahlen der zweiten Delphi-Runde. (Quelle: Eigene Berechnung und Darstellung)

Analyse der zweiten Delphi-Runde		**Anwendbarkeit**			**Nützlichkeit**		
ID	Bezeichnung	Mittelwert von 1 bis 7	CLoA in %	Variationskoeffizient in%	Mittelwert von 1 bis 7	CLoA in %	Variationskoeffizient in %
OA1	Grad der Fehlertoleranz	6,2	**100**	10	5,7	**87**	17
OA2	Grad der risikoadäquaten Experimentierfreude	5,3	60	25	5,2	60	22
OB1	Grad der organisatorischen Nutzernähe	6,1	**87**	23	6,1	**93**	22
OB2	Grad des Innovationsbudgets	6,1	**87**	17	6,0	**87**	16
OB3	Grad der Innovationsziele	4,7	67	27	4,3	53	29
OC1	Grad der CEO-/CIO-Nähe	6,5	**93**	19	5,8	73	29
OC2	Grad des Investitionseinbezugs	5,9	**93**	16	5,8	**80**	19
OD1	Grad der hierarchischen Flachheit	6,3	**100**	11	5,8	**87**	17
OD2	Grad der Funktionszentralisierung	6,0	**93**	14	5,5	**87**	22
OE1	Grad der Teamgrößen	6,3	**93**	15	5,1	53	33
OE2	Grad der Multidisziplinarität	5,8	**93**	25	5,3	**80**	29
PA1	Grad der Idea-to-Story-Durchlaufzeit	6,1	**87**	18	5,9	**87**	18
PA2	Grad der Story-to-Production-Durchlaufzeit	6,1	**87**	18	5,9	**93**	22
PA3	Grad der Backlogdynamik	6,1	**100**	12	5,9	**87**	16
PB1	Grad der inkrementellen Iteration	6,3	**100**	12	5,9	**87**	21

(Fortsetzung)

Tab. 4.7 (Fortsetzung)

Analyse der zweiten Delphi-Runde		**Anwendbarkeit**			**Nützlichkeit**		
ID	Bezeichnung	Mittelwert von 1 bis 7	CLoA in %	Variationskoeffizient in%	Mittelwert von 1 bis 7	CLoA in %	Variationskoeffizient in %
PB2	Grad der Release-Zyklen	5,9	**87**	17	5,7	**80**	19
PC1	Grad der Aufgabendokumentation	5,4	73	32	5,0	67	33
PC2	Grad der Aufgabenträgerdokumentation	5,4	73	30	4,9	67	38
PC3	Grad der Ausführungsdokumentation	5,3	**80**	28	5,3	**87**	27
PD1	Grad der Auslagerung	5,7	**80**	24	4,9	67	30
PD2	Grad der Automatisierung	6,1	**87**	18	5,9	**80**	20

Neben der quantitativen Analyse werden im Folgenden die qualitativen Aussagen der Experten diskutiert. Die vergleichende Auswertung zwischen beiden Delphi-Runden wird in Abschnitt 4.2.6 dargestellt. Hierbei ist hervorzuheben, dass die qualitative Informationsfülle im Vergleich zu den Experteninterviews geringer ausfällt.

4.2.5.4 Zweite Designiteration auf das Kennzahlensystem

Auf Basis der Auswertung der zweiten Delphi-Runde werden ergänzend zu den Implikationskategorien der ersten Delphi-Runde weitere Kategorien entwickelt, um die Kennzahlen nach der zweiten Runde anzupassen. Das Ausmaß der Designiteration für das Artefakt ist geringer als nach der ersten Runde. Drei Aspekte sind hierfür ausschlaggebend: Erstens wurde das Kennzahlensystem nach der ersten Runde umfassend überarbeitet. Zweitens bildet die qualitative Fülle der Kommentare bedingt durch die standardisierte Befragung eine geringere Grundlage für eine inhaltliche Überarbeitung. Drittens ist das Ergebnis der Evaluation zwischen der ersten und der zweiten Delphi-Runde erheblich verbessert worden (vgl. Abschnitt 4.2.6). In Abb. 4.4 ist das Kennzahlensystem vor und nach der zweiten Designiteration aufgeführt. Die zweite Designiteration nutzt die folgenden ergänzenden zwei Kategorien:

- Normierung: Anpassung der Normierungsintervalle des IT-Agilitätswerts (OA2 zu OA2)
- Formulierung: Präzisierung und Ergänzung der Zusatzinformationen zur Abgrenzung und Erfassung von Eingangsgrößen in der betrieblichen Praxis (PD2 zu PD2).

Anschließend folgen die wesentlichen Anpassungen für die Kennzahlen, die den Normierungsbereich und die Formulierung betreffen. Bei der Kennzahl zur Experimentierfreudigkeit wird der Normierungsbereich der Kennzahl eingefügt und hinsichtlich der Formulierung dahingehend angepasst, dass für den Höchstwert ein Experimentieraufwand von circa 5 % erforderlich ist. Zudem wird bei den Innovationszielen ebenfalls die Normierung angepasst und von 25 % auf 10 % reduziert, weil es sich um ein geteiltes Ziel zwischen Geschäftsfunktionen und IT-Funktion handeln soll. Bei der Kennzahl zu der Teamgröße wird weiterhin die Formulierung entsprechend angepasst, um eine Abgrenzung zwischen permanenter Linienorganisation und temporären Organisationsformen wie Projekten und Programmen zu schaffen. Weitere Verfeinerungen beziehen sich auf die Kennzahlen zur Durchlaufzeit wie die Konkretisierung der Zeitpunkte und die Release-Zyklen. Hierbei ist die tatsächliche Produktivsetzung an den Endnutzer

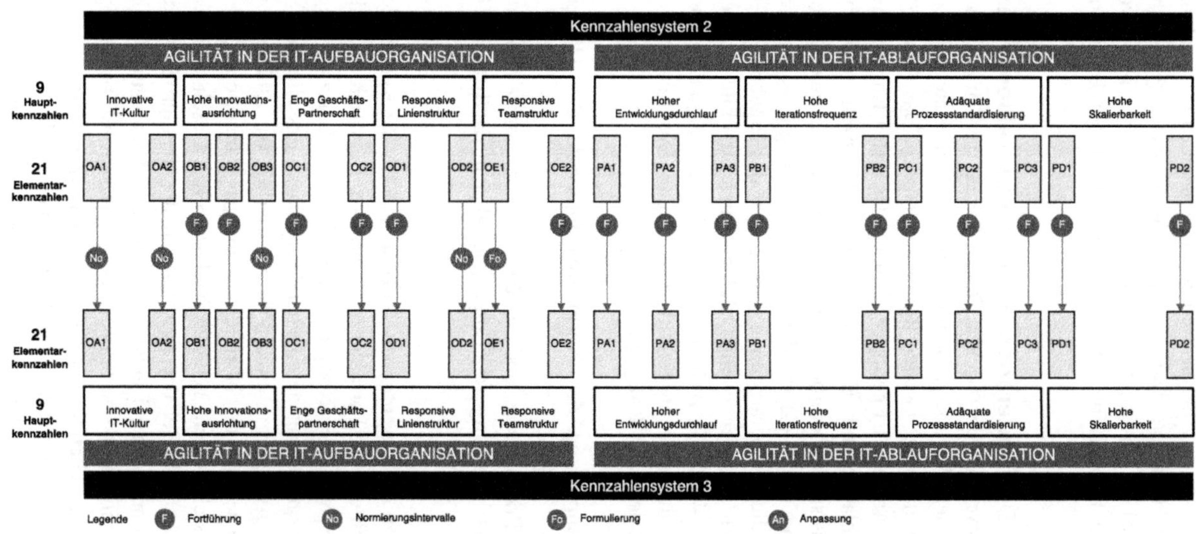

Abb. 4.4 Zweite Designiteration auf das Kennzahlensystem nach der zweiten Delphi-Runde. (Quelle: Eigene Darstellung)

eingeschlossen, um eine Abgrenzung zu einem neuen Release im Testsystem zu schaffen. Die Ergebnisse der zweiten Delphi-Runde werden zusammengefasst und den Experten mithilfe einer Präsentation zur Verfügung gestellt. Neben überindividuellen qualitativen Kommentaren wird der arithmetische Mittelwert der beiden Bewertungsdimensionen je Elementarkennzahl angefertigt. Weiterhin wird dargestellt, welche Implikationskategorie je Elementarkennzahlen angewandt wird. Mit der Auswertung und dem Versand an die Experten wird die Delphi-Studie abgeschlossen.

4.2.6 Zusammenfassende Evaluation der mixed-mode Delphi-Studie

Aufbauend auf der Einzeldiskussion der Elementarkennzahlen wird im Folgenden die Delphi-Studie hinsichtlich der Anwendbarkeit und der Nützlichkeit in beiden Runden auf Basis einer Ergebnistafel in Abb. 4.5 gewürdigt. Diese zeigt die Auswertung der Kenngrößen (arithmetischer Mittelwert, CLoA und den Variationskoeffizienten) und die Veränderung (Stabilität) zwischen den beiden Runden und Bewertungsdimensionen. Zusätzlich sind die Antwortverteilung und die prozentuale Veränderung der Antworten dargestellt.

Die Evaluation nach der zweiten Runde erzielt einen arithmetischen Mittelwert von 5,5 für die Nützlichkeit und 5,9 für die Anwendbarkeit für alle Kennzahlen. Insgesamt zeigt sich, dass die Anpassung der Kennzahlen aufbauend auf dem Feedback der ersten Runde zu einer sichtlichen Verbesserung führt. Gleichzeitig wird die CLoA um 7 % hinsichtlich der Nützlichkeit bzw. um 4 % bei der Anwendbarkeit verbessert, die für die unterstützende Messung des Konsenses genutzt wird. Hierbei wird ein Wert von 87 % für die Anwendbarkeit erreicht, wodurch aufbauend auf dem Konsenskriterium von 80 % ein breiter Konsens erreicht wird. Hinsichtlich der Nützlichkeit wird der Zielwert des Konsenskriteriums von 80 % mit erreichten 78 % für den CLoA in der zweiten Runde knapp verfehlt. Das Stabilitätskriterium von < 15 % wird bei allen drei Kenngrößen erfüllt.

Darüber hinaus zeigt sich auf der unteren linken Hälfte in Abb. 4.5 die Antwortverteilung für alle Experten. Anhand der ergänzenden Abweichungsanalyse in der unteren rechten Hälfte wird ersichtlich, wie sich die Verteilung zwischen erster und zweiter Delphi-Runde verändert hat. Es zeigt sich, wie sich die Anzahl der positiven Antworten (Skalenbereich 5–7) erhöht hat, während sich die Antworten im negativen Bereich (Skalenbereich 1–3) in der zweiten

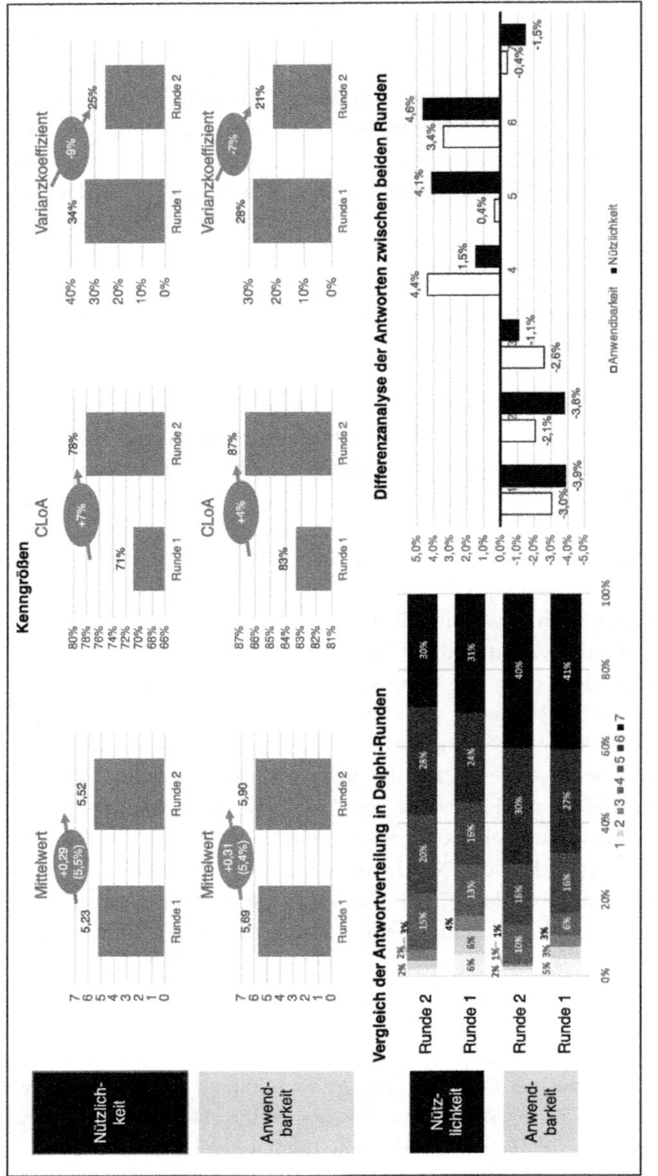

Abb. 4.5 Ergebnistafel der mixed-mode Delphi-Studie. (Quelle:Eigene Berechnung und Darstellung)

Runde reduziert haben. Trotz des positiven Ergebnisses ist speziell die Nützlichkeit zu beleuchten. Die Delphi-Studie wird mit einer heterogenen Expertengruppe durchgeführt, sodass die Nützlichkeit aus Sicht der Experten unterschiedlich beurteilt wird. Die Aufgabenbereiche, Branchen und Arbeitsebenen der Experten variieren ebenfalls. Nichtsdestotrotz hat sich der Variationskoeffizient um 9 % reduziert. Zudem weisen einzelne Elementarkennzahlen ein Verbesserungspotenzial beispielsweise bei der Normierung auf. Bei den Elementarkennzahlen der Innovationsziele und der Experimentierfreude hat die vorherige Designiteration zu einer Verschlechterung bei der Nützlichkeit geführt. Ausgehend von der Analyse der Kenngrößen der beiden Delphi-Runden ist die Kennzahlenverfeinerung als positiv zu bewerten. Selbst bei Verwendung des CLoA ergibt sich die gleiche Schlussfolgerung für die Qualitätsverbesserung der Kennzahlen. Der arithmetische Mittelwert der Anwendbarkeit und der Nützlichkeit hat sich verbessert und der Konsens ist bei gleichzeitiger Stabilität breiter geworden. Aufgrund der geringen Expertenanzahl von 16 bzw. 15 kann die quantitative Analyse nicht für eine repräsentative statistische Analyse herangezogen werden, sondern diente lediglich einer ersten Evaluationsindikation und unterstützt die Identifikation von Verbesserungspotenzialen der Kennzahlen.

Mit den Experten sind vor Studienbeginn lediglich zwei Befragungsrunden vereinbart worden, um die Experten nicht durch einen hohen Mitwirkungsaufwand abzuschrecken und um die Teilnahmewahrscheinlichkeit zu erhöhen. Ebenso blieb mit einer verlängerten Teilnahmedauer, mit kontinuierlichem Nachfassen und gleichzeitig vorheriger Teilnahmebestätigung die Panelmortalität auf eine Person beschränkt. Daher wird davon ausgegangen, dass eine weitere dritte Runde nur unter Inkaufnahme einer höheren Panelmortalität hätte durchgeführt werden können (vgl. Abschnitt 4.2.1). Hieraus ergeben sich dann weitere Probleme für die Interpretation der Ergebnisse, die auf einer regulären Stichprobenmenge von 15 Experten beruht, insbesondere unter einer Verschiebung der Teilnehmeranzahl bei einer geschätzten Panelmortalität von fünf bis acht Experten. Der erwartete Erkenntnisgewinn ist daher als gering einzustufen. Einerseits hatten bereits die Fülle und die Vielfalt der qualitativen Argumentation von der ersten zur zweiten Runde abgenommen. Zudem wird antizipiert, dass im Rahmen einer dritten Runde lediglich marginale Neuerungen erwartet werden, die aus forschungsökonomischer Sicht kaum zu rechtfertigen wären. Gleichzeitig bieten die qualitativen Anmerkungen aus der zweiten Runde ausreichende Hinweise für die Verbesserung der Elementarkennzahlen. Daher ist davon auszugehen, dass die Nachteile einer dritten Runde die zu erwarteten Vorteile überwogen hätten.

Mit der Verwendung von leitfadengestützten Interviews und standardisierter Befragung werden unterschiedliche Verfahren genutzt, die einen Einfluss auf das Ergebnis haben könnten und werden daher erläutert. In beiden Runden sind das grafische Format, die inhaltliche Strukturierung, die Fragestruktur und die Antwortitems identisch, indem Verzerrungen aufgrund unterschiedlicher Darstellungen bestmöglich reduziert werden und lediglich die Befragungsmethode angepasst wurde (Dillman et al. 2014, S. 404–406; Hox et al. 2015, S. 1). DILLMAN ET AL. analysierten mixed-mode Studiendesigns und können nachweisen, dass interaktive Befragungen per Telefon zu signifikant besseren Ergebnissen führen als onlinegestützte Verfahren (Dillman et al. 2014, S. 415). Dieser Unterschied ist auf den Effekt der sozialen Erwünschtheit bei fehlendem Kontakt mit dem Interviewpartner zurückzuführen. Für die zweite Befragung wäre ceteris paribus mit einem schlechteren Ergebnis zu rechnen gewesen (Dillman et al. 2014, S. 414). Der beobachtete gegenteilige Effekt bestätigt zusätzlich den Erfolg der Kennzahlenverbesserung.

4.3 Ex post Evaluation mittels instrumenteller Fallstudien

Das Ziel der instrumentellen Fallstudien besteht darin, dass entwickelte Artefakt zur Messung der organisatorischen IT-Agilität in IT-Funktionen anzuwenden und aufbauend auf dem Demonstrationsfeedback weitere Verfeinerungen analog der DSRM vorzunehmen. Der Schwerpunkt liegt auf methodischen Erkenntnissen zur Praxistauglichkeit und des Verbesserungspotenzials des Kennzahlensystems. Die Fallstudien sind somit instrumentell und bilden ein methodisches Mittel für die Anwendung des Kennzahlensystems. Die Fälle selbst sind von nachgelagertem Interesse und werden weitgehend ausgespart (Stake 2006, S. 8).

4.3.1 Einführung und Definition

Eine Fallstudie untersucht empirisch ein zeitgenössisches Phänomen in einem realen Kontext. Die Eignung dieser Methode bietet sich an, wenn die Grenzen zwischen Phänomen und Kontext unter Umständen nicht eindeutig ersichtlich sind (Yin 2014, S. 16). Eine Fallstudie verfügt über drei Merkmale: Erstens kommt die Methodik mit technisch unterschiedlichen Situationen zurecht, weil mehrere Variablen in Betracht gezogen werden. Zweitens stützt sich das Ergebnis auf mehrere Beweisquellen. Drittens profitiert die Datensammlung von vorangegangenen theoretischen Ausführungen (Yin 2014, S. 17). Obwohl sich die immanente Flexibilität der Fallstudienforschung als eine Stärke erweist,

ist dieses Merkmal zugleich der größte Kritikpunkt (Benbasat 1987, S. 376; Yin 2014, S. 55). Die Verwendung von Fallstudien bietet methodische Risiken, die im Folgenden aufgeführt werden. Fallstudien werden in der empirischen Forschung weniger berücksichtigt, weil qualitative Daten gegenüber quantitativen Daten auf weniger robusten Messpunkten und Erhebungsmethoden beruhen (Yin 2014, S. 218). Qualitative Daten umfassen für gewöhnlich narrative und nicht numerische Informationen. Der Umgang mit solchen Daten bedarf eines Verständnisses der Datengrundlage und der Verfahren für eine Erhebung. Aufbauend auf dem grundlegenden Forschungsdesign können vier Typen von Fallstudien unterschieden werden, wie in Abb. 4.6 gezeigt ist.

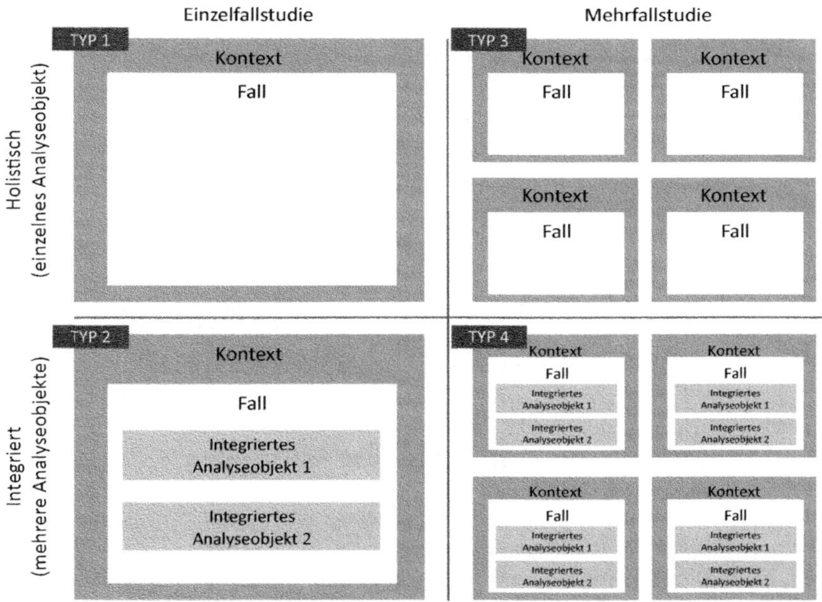

Abb. 4.6 Basistypen zum Design von Fallstudien. (Quelle: In Anlehnung an (Yin 2014, S. 50))

Die erste Dimension für das Fallstudiendesign berücksichtigt die Anzahl der Fallstudien. Dabei geht es um die Frage, ob eine Fallstudie oder mehrere Fallstudien durchgeführt werden sollen. Die zweite Dimension bezieht sich auf die Frage, ob eine oder mehrere Analyseeinheiten (bspw. IT-Abteilungen) je Fall (bspw. Unternehmen) untersucht werden. Ergebnisse, die auf mehreren Fallstudien basieren, werden als robuster angesehen als Ergebnisse aus Einzelfallstudien (Herriott und Firestone 1983, S. 14). Sie unterstützen ferner die analytische Generalisierbarkeit (Yin 2014, S. 42) aufgrund der höheren externen Validität (Johannesson und Perjons 2014, S. 133). Externe Validität liegt vor, wenn die Erkenntnisse aufgrund der Stichprobenbeschaffenheit auf weitere Untersuchungsbereiche (in diesem Falle IT-Funktionen) übertragen werden können (Bortz und Döring 2006, S. 53). Fallstudien wurden in der Vergangenheit bereits bei der Untersuchung von Entscheidungen, spezifischen Events oder Programmen in Organisationen genutzt (Yin 2014, S. 31) und eignen sich für das vorliegende Forschungsobjekt. Mit dem Kennzahlensystem liegt der Fokus auf der IT-Organisation im Sinne der IT-Aufbau- und IT-Ablauforganisation. Weitere Eingrenzungen bilden die Schnittstellen der IT-Funktion mit dem Gesamtunternehmen. Analyseeinheiten in anderen Handlungsfeldern, wie z. B. das IT-Personal oder die IT-Architektur sind nicht Gegenstand der Untersuchung. In dieser Arbeit wird auf Typ 3 der Mehrfallstudie zurückgegriffen. Das Kennzahlensystem soll in mehreren IT-Funktionen angewendet werden. Dieses Vorgehen passt damit zu den organisatorischen Anwendungsfeldern (Yin 2014, S. 34 f.) und wurde bereits in anderen vergleichbaren Studien genutzt (Guillemette und Paré 2012). Im letzten Schritt werden die Ergebnisse der einzelnen Fallstudien analysiert und verglichen. Gleichzeitig wird die Eignung im Sinne der Nützlichkeit und Anwendbarkeit der Kennzahlen überprüft. Mit dieser Rückkoppelung ist es möglich, Erkenntnisse aus den Fallstudien in die Entwicklung zu transferieren und das Artefakt weiter zu verbessern.

4.3.2 Methodische Konzeption der Fallstudien

Die zwei Runden der Delphi-Studie bildeten die Vorbereitung für die instrumentellen Fallstudien, die in Anlehnung an KITCHENHAM ET AL. Empfohlen werden (Kitchenham et al. 1995, S. 55). Die Konzeption der Mehrfallstudien orientiert sich an YIN und BENBASAT. Dazu werden die Kernbestandteile für die Evaluierung nachfolgend erläutert. Diese umfassen die Fragestellung, die Datenerhebung, die Datenanalyse und die Diskussion (Benbasat 1987; Yin 2014, S. 29).

Die grundsätzliche Zielstellung der Fallstudie besteht in der Beantwortung der fünften Forschungsfrage, wie das geschaffene Artefakt effektiv und effizient in der betrieblichen Praxis genutzt werden kann. Die Untersuchung bezieht sich auf die Aufbau- und Ablauforganisation der IT-Funktion und die Schnittstellen zu den Geschäftseinheiten in mindestens zwei Unternehmen. Die geplanten

Fallstudien sollten die Grundlage bilden, welche Informationen im praktischen Unternehmenskontext zu finden sind (Yin 2014, S. 34).

Für die Datenerhebung und Generierung der Kennzahlen stehen mehrere Datenquellen (siehe hierzu Tab. 4.8) zur Verfügung, wie Verhältnismäßigkeiten von Finanzmitteln, Mitarbeitern und dokumentenbasierten Informationen der IT-Funktion. Vor Beginn der Fallstudie können die öffentlich verfügbaren Quellen wie Finanzberichte oder öffentliche Interviews analysiert werden. Daneben sollen nicht-öffentliche Informationen aus internen Dokumenten (Organigramme, organisatorische Handbücher, Prozessmodelle oder ggfs. Finanzberichte) aus der IT-Funktion in Betracht gezogen werden. Ergänzend sollen Interviews mit den Hauptverantwortlichen der IT-Funktion geführt werden, wobei die Fragestellungen zu einzelnen Kennzahlen für jeden Ansprechpartner entsprechend seinem Themenbereich vorselektiert werden. Die letzte potenzielle Quelle für Informationen sind Softwarewerkzeuge, die im Rahmen der Administration der IT-Funktion genutzt werden. Dazu gehören bspw. IT-Servicemanagement- oder Projektmanagementsysteme, mit denen die Softwareentwicklung geplant wird. Dadurch sind bspw. Rückschlüsse auf die verfolgten Zielsetzungen und die Integration zwischen Softwareentwicklung und IT-Betriebsorganisation entlang des Softwarelebenszyklus möglich (vgl. Abschnitt 2.3.2.1) Direkte und indirekte Beobachtungen finden in der Fallstudie keine Anwendung, aufgrund der erforderlichen natürlichen Dokumente und Eingangsgrößen für das Kennzahlensystem (Salheiser 2019, S. 1119). Hierbei ist jedoch anzumerken, dass es auch beim Verständnis von Dokumenten und Interviewaussagen zu subjektiven Einflüssen kommen kann, die nie vollständig auszuschließen sind. Parallel werden dadurch potenzielle Verzerrungen durch die Forscher und Fallstudienbeteiligten minimiert (Yin 2014, S. 102–106).

Tab. 4.8 Konkretisierung von Datenquellen mit Vor- und Nachteilen. (Quelle: In Anlehnung an (Benbasat et al. 1987, S. 374; Yin 2014, S. 106))

Verwendete Datenquelle	Vorteile	Nachteile	Antizipierte Untersuchungsgegenstände
Dokumentation	• Stabil, weil eine mehrfache Überprüfung möglich ist • Unauffällig, nicht als Resultat der Fallstudie entwickelt • Spezifisch, enthält exakte Namen, Referenzen und Details • Umfassend, weil längere Zeitspannen, viele Events und Rahmenbedingungen vorhanden sind	• Abrufbarkeit; schwierig zu finden • Voreingenommene Selektion, falls die Kollektion unvollständig ist • Berichtserstellungsbias – reflektiert (unbekannt) • Voreingenommenheit des Autors gegenüber einem bestimmten Dokument • Zugriff kann verweigert werden	• Organigramm IT-Funktion • IT-Strategie • IT-Budgetplan • Organisationshandbuch • IT-Prozessdiagramme • Projektsteckbriefe • Organigramm • IT-Servicemodell
Archiv	• (siehe Dokumentation) • Präzise und gewöhnlich quantitativ	• (siehe Dokumentation) • Barriere aufgrund der Privatsphäre	
Interviews	• Gezielt, fokussiert auf Themen der Fallstudie • Aufschlussreich stellt auf Erklärungen und persönliche Ansichten (z. B. Wahrnehmung, Einstellung und Bedeutung) ab	• Verzerrung durch unzureichend artikulierte Fragen • Verzerrung der Antworten • Ungenauigkeit beim schlechten Nachfassen • Reflexion, der Interviewte bestätigt die Meinung des Interviewers	• Leiter IT-Funktion • Leiter IT-Betriebsorganisation • Leiter Programm-Management • Leiter IT-Softwareentwicklung • Leiter IT-Infrastrukturmanagement • Experte IT-Controlling • Experte IT-Architektur
systemische Artefakte	• Aufschlussreich für kulturelle Faktoren • Aufschlussreich für den technischen Betrieb	• Selektivität • Verfügbarkeit	• Projektmanagementsystem • IT-Berichtswesen • IT-Servicemanagement-System • Softwareentwicklungsumgebung

Für die Gewinnung der Daten wird eine Triangulation aus Dokumenten, Interviews sowie IT-Systemen geplant (Flick 2019, S. 480). Triangulation bezeichnet den Prozess der Sicherheitsgewinnung, wobei für das Ergebnis mindestens drei (oft auch mehr) gleiche Bestätigungen und Zusicherungen vorliegen sollten (Stake 2006, S. 33). Aufbauend auf den Eingangsgrößen sollen die Kennzahlen generiert werden und Gemeinsamkeiten und Unterschiede zwischen den Einzelunternehmen identifiziert werden. Es wird angestrebt, dass zwei oder mehrere Datenquellen gegen das gleiche Ergebnis konvergieren (Benbasat et al. 1987, S. 374). Die einzelnen Eingangsgrößen und die Kennzahlen werden voneinander abgegrenzt. Gleichzeitig ist es möglich, die Fallstudienergebnisse vor dem Hintergrund der Messbarkeit mit dem Unternehmen zu diskutieren. Bei der Aufnahme der Informationen wird auf eine zeitnahe und lückenlose Dokumentation geachtet (Benbasat et al. 1987, S. 374). In den vorliegenden Fallstudien werden dazu die ergänzenden Interviews mithilfe paralleler Notizen und einem jeweiligen Gedächtnisprotokoll dokumentiert, wobei Einzelangaben über mehrere Befragte plausibilisiert werden. Die Verwendung von mehreren Fallstudien ermöglicht eine Demonstration und Evaluation des Artefakts in der Praxis. Die Fallstudienergebnisse sind jedoch aufgrund der geplanten Stichprobemenge von zwei bis drei Fallstudienunternehmen begrenzt generalisierbar.

Für die Vorbereitung der Fallstudie wird eine Präsentation angefertigt. Diese enthält die Forschungsfrage, die Abgrenzung des Untersuchungsgegenstands, Informationen über die Vorgehensweise, die erforderlichen Basisdokumente, die Zeitinvestition auf Seiten des Unternehmens und die erwarteten Ergebnisse für die IT-Funktion. Zielgruppe der Unterlage bilden im Schwerpunkt das Management der IT-Funktion wie z. B. der CIO. Gleichzeitig wird die Vertraulichkeit und Anonymität zugesagt, um einen Schaden für die Unternehmensreputation auszuschließen, die durch eine Teilnahme und Veröffentlichung potenziell entstehen könnte. Damit orientiert sich die Unterlage an den Vorschlägen von BENBASAT ET AL. (Benbasat et al. 1987, S. 373). Ein Pretest wird ausgespart, weil die Delphi-Studie bereits das Artefakt für die instrumentelle Fallstudie ausreichend vorbereitet hat.

Bei der Auswahl der Unternehmen wird darauf geachtet, dass im Hinblick auf Umsatz, Alter und Branche möglichst unterschiedliche Unternehmen an der Fallstudie teilnehmen. Denkbar ist bspw. ein junges und kleines Unternehmen im Sinne eines Start-ups und ein bereits etabliertes Unternehmen. Mit dieser Auswahl soll vor allem die Anwendbarkeit des Kennzahlensystems für eine Vielzahl von Unternehmen entlang eines möglichen Spektrums sichergestellt werden und gegensätzliche Kennzahlenergebnisse erzielt werden (Benbasat et al. 1987, S. 374). Gleichzeitig können durch die Analyse der erstellten Kennzahlen Ursache-Wirkungs-Zusammenhänge dargestellt werden, um die dazugehörige Argumentation zu verfeinern (Benbasat et al. 1987, S. 374). Zusätzlich sollen Eigenheiten und branchenspezifische Limitationen identifiziert werden. Nach erfolgreicher Auswahl und Zusage werden die an den Fallstudien beteiligten Unternehmen hinsichtlich ihrer Größe in Bezug auf Mitarbeiterzahl, Branche und Organisationsstruktur (privates, öffentliches oder Nichtregierungsorganisation) beschrieben (Benbasat et al. 1987, S. 373). Für die Dokumentation der Fallstudien wird in Anlehnung an RENNENKAMPFF die folgende allgemeine Gliederung verwendet (Rennenkampff 2015, S. 226):

- Unternehmenshintergrund: Beschreibung des Unternehmens und dessen Unternehmenszweck
- Datenerhebung: Beschreibung der verfügbaren Datenquellen und -erhebung
- Kennzahlenergebnisse: Illustration der Kennzahlenergebnisse
- Zusammenfassung: Prägnante inhaltliche Diskussion der Kennzahlenergebnisse.

Damit das Kennzahlensystem methodisch angewendet werden kann, bedarf es eines replizierbaren Vorgehensmodells für die instrumentellen Fallstudien. Dazu wurde das folgende Vorgehen entwickelt. Vor Fallstudienbeginn wurden öffentliche Informationen wie Einträge auf der jeweiligen Unternehmenswebsite oder im Softwareentwicklungsblog gesichtet, um ein allgemeines Verständnis der Branche, des Unternehmens und der Führungsstrukturen zu erhalten. Vorangestellt an die Fallstudie ist ein Ersttermin mit dem jeweiligen Studienansprechpartner und ggfs. weiteren Experten aus dem Unternehmen. Dieser Termin soll dabei helfen, das Kennzahlensystem vorzustellen, das Vorgehen der nächsten Wochen zu besprechen und aufbauend die erforderlichen Dokumente und Ansprechpartner im Unternehmen zu benennen. Nachfolgend starten die instrumentellen Fallstudien, die einem dreiphasigen Ansatz (siehe Abb. 4.7) gleichen.

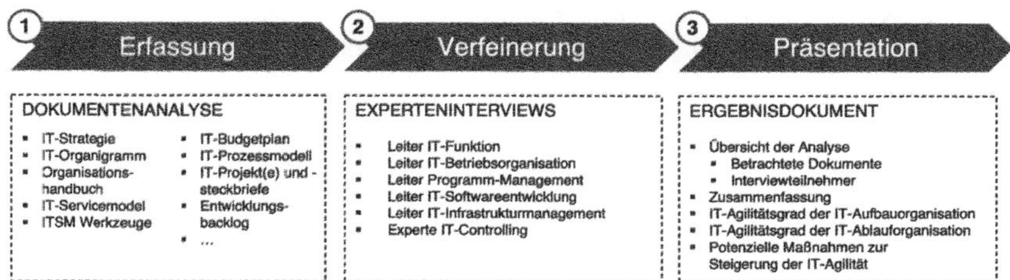

Abb. 4.7 Vorgehen der instrumentellen Fallstudien zur Anwendung des Artefakts. (Quelle:Eigene Darstellung)

In der ersten Phase (Erfassung) werden interne Dokumente des Partnerunternehmens (z. B. IT-Organigramm, Betriebshandbuch, Entwicklungsansatz und Backlog) angefordert und die Eingangsvariablen extrahiert. Die zweite Phase (Verfeinerung) umfasst die Interviewdurchführung mit den wichtigsten Interessenvertretern der IT-Funktion. Die Interviews dienen mehreren Zwecken, erstens der Überprüfung der gesammelten Dokumente (Aktualität, Umfang und Umsetzungsstatus), zweitens der Vervollständigung offener Eingangsdaten und drittens der Konsistenzprüfung zwischen den Aussagen der Gesprächspartner. Die letzte Phase (Präsentation) fasst die Ergebnisse in einer Abschlusspräsentation für eine Diskussion mit dem jeweiligen IT-Management zusammen.

4.3.3 Demonstration 1: Fallstudie in Start-Up der Digitalwirtschaft

4.3.3.1 Hintergrund zum Unternehmen

Die erste Fallstudie wird mit einem deutschen Start-up aus der Digitalwirtschaft durchgeführt, das über circa 100 Mitarbeiter verfügt. Tab. 4.9 enthält wesentliche Informationen zum Unternehmen. In den letzten vier Jahren hat das Unternehmen ein exponentielles Wachstum erzielt und verfügte zum Zeitpunkt der Fallstudie über einen mittleren zweistelligen Millionenumsatz. Das Produkt- und Dienstleistungsspektrum des Unternehmens umfasste mobile Apps für Smartphones. Dadurch bestehen die Unternehmensprodukte aus vollständig digitalen Leistungsbestandteilen. Die Applikationsprodukte werden über die digitalen Marktplätze von Google Playstore sowie den Apple Appstore vertrieben.

Tab. 4.9 Kategorisierung Fallstudienunternehmen 1: Start-Up aus der Digitalwirtschaft. (Quelle: Eigene Darstellung)

Dimension	Ausprägung
Unternehmensalter	< 5 Jahre
Unternehmensgröße	Ca. 100 Mitarbeiter
Branche	Digitalbranche
Produkt- und Leistungsspektrum	Smartphoneapplikationen

Nach einer persönlichen Ansprache zum CTO wird zugestimmt, das Kennzahlensystem in einer Fallstudie für das Unternehmen anzuwenden, hinsichtlich der praktischen Anwendbarkeit zu überprüfen und den organisatorischen IT-Agilitätsindex in der IT-Funktion zu bestimmen. Es können zwei Applikationstypen, „externe" und „interne Softwareprodukte", unterschieden werden. Der erste Applikationstyp besteht aus einer Software, die an externe Nutzer verkauft wird. Der zweite Applikationstyp ist die Software, die an interne Nutzer wie bspw. die Produktteams bzw. die Geschäftsfunktionen zur Unterstützung der Geschäftstätigkeit bereitgestellt wird

Die IT-Funktion ist daher in eine interne und externe Funktion unterteilt, die zwei Zielsetzungen verfolgt. Während die Produkt-IT auf die Generierung von Kundenwert über neue Features und Produktverbesserungen ausgerichtet ist, ist die interne IT-Funktion für eine bestmögliche Serviceunterstützung und weitgehende Stabilität in den Geschäftsprozessen verantwortlich. Deshalb ergeben sich zwei Kundentypen: externe und interne Kunden. In beiden Abteilungen wird Software entwickelt, gewartet und verbessert, wobei sich hierbei der Verwendungszweck der Software unterscheidet. Dadurch ergeben sich innerhalb des Unternehmens zwei Verantwortungsbereiche: der Chief Technical Officer (CTO) ist für die internen IT-Services und der Chief Product Officer (CPO) für das externe Softwareprodukt verantwortlich. Das Differenzierungsmerkmal besteht darin, dass der Applikationsentwicklungs- und -betriebsprozess der Produkt-IT den Kerngeschäftsprozess abbildet und sich vollständig innerhalb der digitalen Wertschöpfung befindet. Gleichwohl wird die gesamte IT-Funktion – bestehend aus Produkt-IT und Technologie-IT – im Untersuchungsumfang berücksichtigt.

4.3.3.2 Datenerhebung und Kennzahlenermittlung

Für die Ermittlung der Daten werden vorbereitend mehrere Quellen wie öffentliche Informationen, News-Artikel, Blogeinträge zur Softwareentwicklung und

Qualitätsprüfung sowie IT-bezogene Stellenbeschreibungen einbezogen. Ergänzend zu den öffentlichen Informationen werden nicht-öffentliche Dokumente wie bspw. das Organigramm der IT-Funktion mit der Aufgabenverteilung, der langfristige Prozess zur Gestaltung des Produkts, der Sprintbacklog-Prozess und die Teamstruktur innerhalb der Produkt- und Technologie-IT hinzugezogen. Ergänzend hierzu werden technische Dokumente über die Applikationslandschaft, zum Infrastrukturmanagement, zum Release-Managementprozess und zu den verwendeten Technologien einbezogen. Inbegriffen ist auch die Applikationskette der Softwareerstellung an den jeweiligen Endkunden. Zudem werden mit relevanten Aufgabenträgern der IT-Funktion Interviews geführt: mit dem CTO, dem Produktmanagement, der Softwareentwicklung und dem Technologie- und Datenmanagement. Falls das Wissen nicht in Dokumenten oder organisatorischen Artefakten ausreichend vorlag, werden die Eingangsgrößen mithilfe von mehreren Interviews vervollständigt. Die Zeitdauer zwischen Ersttermin und finaler Präsentation betrug zwei Wochen.

4.3.3.3 Kennzahlenergebnisse und Diskussion

Auf Basis der vorliegenden Dokumente in Verbindung mit dem internalisierten Wissen der Mitarbeiter der IT-Funktion ist es möglich, 20 von 21 Elementarkennzahlen zu erheben. Der Grad des Innovationsbudgets kann nicht erfasst werden, da im Start-up nicht mit Budgets respektive einem Budgetierungsprozess gearbeitet wird. Aufgrund der Vertraulichkeitserklärung sind lediglich die Teilergebnisse der einzelnen Elementarkennzahlen aufgeführt. Auf Basis der angewendeten Kennzahlen ergibt sich für das Start-up ein hoher Agilitätswert insbesondere im Bereich der funktionalen Veränderungsfähigkeit. Ein Wert von fünf steht für eine positive Ausprägung. Tab. 4.10 zeigt mit einem Spinnennetzdiagramm die Auswertung für die erste Fallstudie. Falls zwei oder drei Kennzahlen je Hauptkennzahl vorliegen, werden die Kennzahlenergebnisse entsprechend der allgemeinen Aggregationslogik, wie in Abschnitt 5.1.2 dargestellt, berechnet. Die Diskussion der identifizierten Schwachpunkte und Gegenmaßnahmen findet zusammengefasst in Abschnitt 4.3.6 statt.

Tab. 4.10 Kennzahlenauswertung der ersten Fallstudie. (Quelle: Eigene Berechnung und Darstellung)

ID	Bezeichnung Elementarkennzahl	Wert
OA1	Grad der Fehlertoleranz	4
OA2	Grad der risikoadäquaten Experimentierfreude	3
OB1	Grad der organisatorischen Nutzernähe	5
OB2	Grad des Innovationsbudgets	n.a.
OB3	Grad der Innovationsziele	5
OC1	Grad der CEO-CIO Nähe	5
OC2	Grad des Investitionseinbezugs	4
OD1	Grad der hierarchischen Flachheit	3
OD2	Grad der Funktionszentralisierung	4
OE1	Grad der Teamgrößen	3
OE2	Grad der Multidisziplinarität	3
PA1	Grad der Idea to Production Durchlaufzeit	5
PA2	Grad der Story to Production Durchlaufzeit	5
PA3	Grad der Backlogdynamik	4
PB1	Grad der inkrementellen Iteration	5
PB2	Grad der Releasezyklen	5
PC1	Grad der Aufgabendokumentation	3
PC2	Grad der Aufgabenträgerdokumentation	3
PC3	Grad der Ausführungsdokumentation	2
PD1	Grad der Auslagerung	5
PD2	Grad der Automatisierung	3

ID	Bezeichnung der Hauptkennzahl	Wert
OA	Innovative IT-Kultur	3,5
OB	Hohe Innovationsorientierung	5,0
OC	Enge Geschäftspartnerschaft	4,5
OD	Responsive Linienorganisation	3,5
OE	Responsive Teamstruktur	3,0
PA	Hoher Entwicklungsdurchlauf	4,7
PB	Inkrementelle Iteration	5,0
PC	Adäquate Standardisierung	2,7
PD	Hohe Skalierbarkeit	4,0
	organisatorischer IT-Agilitätsindex	4,0

4.3.3.4 Zusammenfassung der ersten Fallstudie

Die grundsätzliche Zielstellung bestand in der Anwendung des Artefakts in einem realen Kontext mithilfe einer instrumentellen Fallstudie. Die entwickelten Kennzahlen können im betrieblichen Ablauf eingesetzt und Indikationen für die IT-Agilität in der IT-Organisation abgeleitet werden. Wesentliches Differenzierungsmerkmal in dieser Fallstudie besteht in der vorangeschrittenen Diffusion der IT-Funktion in den Geschäftsbereich, sodass IT bereits ein fest integrierter Bestandteil des Unternehmens ist. Trotz dieser Besonderheit kann das Kennzahlensystem verwendet werden. Dadurch ergeben sich zwei IT-Abteilungen mit zwei Zielsetzungen bereits in einem kleinen Unternehmen. Hervorzuheben ist, dass das Kennzahlensystem von beiden IT-Abteilungen und den Teams genutzt werden konnte. Gleichzeitig zeigt sich, dass für externe Applikationen die Verantwortung tendenziell in diesem Unternehmen in eine Geschäftsverantwortlichkeit verlagert ist. Insgesamt zeigt sich, dass die organisatorische IT-Agilität der IT-Funktion erfasst werden konnte, jedoch auch weiteres Optimierungspotenzial beherbergt, die in der dritten Designiteration fallstudienübergreifend diskutiert und expliziert wird (vgl. Abschnitt 4.3.8).

4.3.4 Demonstration 2: Fallstudie in IT-Dienstleistungsunternehmen

4.3.4.1 Hintergrund zum Unternehmen

Das zweite Unternehmen ist seit 20 Jahren aktiv und verfügt über einen mittleren einstelligen Millionenumsatz. Die wesentlichen Merkmale sind in Tab. 4.11 aufgeführt. Das Produkt- und Dienstleistungsspektrum des Unternehmens umfasst ERP-Consulting- und IT-Dienstleistungen, mit dem Schwerpunkt auf SAP. Hierbei gibt es vier Geschäftsfelder Consulting, Business Intelligence, Development und Integration sowie Training denen jeweils Geschäftsfeldleiter zugeordnet sind, die an den Geschäftsführer berichten. Im Geschäftsfeld Development und Integration sind drei Teamleiter tätig, die für die interne IT-Administration zum Betrieb der IT-Infrastruktur und der Geschäftsanwendungen, die externe Softwareentwicklung und die interne Softwareentwicklung, verantwortlich sind.

Tab. 4.11 Kategorisierung Fallstudienunternehmen 2: IT Dienstleistungsunternehmen. (Quelle: Eigene Darstellung)

Dimension	Ausprägung
Unternehmensalter	Ca. 20 Jahre
Unternehmensgröße	Ca. 45 Mitarbeiter
Branche	IT-Dienstleistungsunternehmen
Produkt- und Leistungsspektrum	ERP Consulting, Training und Entwicklungsdienstleistungen

Ein wesentliches Differenzierungsmerkmal dieses Unternehmens ist das IT-Dienstleistungsspektrum im Geschäftsmodell, wodurch eine IT-Lösungskompetenz im gesamten Unternehmen besteht. Die IT-Administration befasst sich als interner Dienstleister schwerpunktmäßig mit dem Betrieb der internen und externen Applikationslandschaft sowie der Serverinfrastruktur. Das Geschäftsfeld Development und Integration umfasst die Softwareentwicklungskompetenz für interne Nutzer im Bereich des Schnittstellenmanagements und die Entwicklung und Implementierung von Applikationen für externe Nutzer. Gleichzeitig nutzt das Unternehmen Applikationen für die Unterstützung der internen Geschäftsprozesse. Die internen Applikationen sind bspw. für die Reisekostenabrechnung, das Antragswesen, das Projektmanagement, die Zeiterfassung und die Gehaltsabrechnung vorgesehen. Durch die Nähe zur Technischen Universität erhalten Studierende die Möglichkeit zu Praktika und Werkstudententätigkeiten. Das Unternehmen kann daher den eigenen Nachwuchs ausbilden und zeigt sich darin, dass der Großteil der Mitarbeiter bereits im Studium für das Unternehmen tätig war.

4.3.4.2 Datenerhebung und Kennzahlenermittlung

Für die Ermittlung der Basisinformationen stehen mehrere Quellen zur Verfügung. Zunächst werden öffentliche Informationen wie der Internetauftritt des Unternehmens und die Unternehmenspräsentation verwendet. Ergänzend werden nicht öffentliche Dokumente wie Prozessbeschreibungen (z. B. die Beschaffung von Nutzerhardware wie PCs oder Handys), die Zeiterfassung für die Projekte der IT-Administration, eine Fähigkeitsmatrix von Aufgaben und erforderlichem Fähigkeitslevel sowie das Betriebshandbuch einbezogen. Im Betriebshandbuch ist der Aufgabenumfang der IT-Administration im Sinne des IT-Betriebs definiert. Zwischen dem Ersttermin und der finalen Präsentation lagen neun Wochen, da einzelne Ansprechpartner im Urlaub waren. Darüber hinaus werden Interviews mit der Geschäftsführung und den Angehörigen des Geschäftsfelds Development und Integration durchgeführt.

4.3.4.3 Kennzahlenergebnisse und Diskussion

Auf Basis der vorliegenden Dokumente in Verbindung mit dem internalisierten Wissen der Mitarbeiter der IT-Funktion konnten die neun Hauptkennzahlen und die 21 Elementarkennzahlen des Kennzahlensystems ermittelt werden. Auf Basis der angewendeten Kennzahlen ergibt sich für das Unternehmen ein hoher IT-Agilitätswert im Bereich der Geschäftspartnerschaft und der Linienorganisation, wie aus dem Spinnennetzdiagramm in Tab. 4.12 ersichtlich wird. Falls zwei oder drei Elementarkennzahlen je Hauptkennzahl vorliegen, werden die Kennzahlen entsprechend der allgemeinen Aggregationslogik (siehe Abschnitt 5.1.2) entwickelt. Die Diskussion der identifizierten Schwachpunkte und Gegenmaßnahmen findet zusammengefasst in Abschnitt 4.3.6 statt.

Tab. 4.12 Kennzahlenauswertung der zweiten Fallstudie. (Quelle: Eigene Berechnung und Darstellung)

ID	Elementarkennzahl	Wert
OA1	Grad der Fehlertoleranz	4
OA2	Grad der risikoadäquaten Experimentierfreude	3
OB1	Grad der organisatorischen Nutzernähe	4
OB2	Grad des Innovationsbudgets	1
OB3	Grad der Innovationsziele	5
OC1	Grad der CEO-CIO Nähe	5
OC2	Grad des Investitionseinbezugs	5
OD1	Grad der hierarchischen Flachheit	1
OD2	Grad der Funktionszentralisierung	5
OE1	Grad der Teamgrößen	2
OE2	Grad der Multidisziplinarität	1
PA1	Grad der Idea to Production Durchlaufzeit	3
PA2	Grad der Story to Production Durchlaufzeit	3
PA3	Grad der Backlogdynamik	1
PB1	Grad der inkrementellen Iteration	1
PB2	Grad der Releasezyklen	5
PC1	Grad der Aufgabendokumentation	4
PC2	Grad der Aufgabenträgerdokumentation	3
PC3	Grad der Ausführungsdokumentation	4
PD1	Grad der Auslagerung	5
PD2	Grad der Automatisierung	2

ID	Bezeichnung der Hauptkennzahl	Wert
OA	Innovative IT-Kultur	3,5
OB	Hohe Innovationsorientierung	3,3
OC	Enge Geschäftspartnerschaft	5,0
OD	Responsive Linienorganisation	3,0
OE	Responsive Teamstruktur	1,5
PA	Hoher Entwicklungsdurchlauf	2,3
PB	Inkrementelle Iteration	3,0
PC	Adäquate Standardisierung	3,7
PD	Hohe Skalierbarkeit	3,5
	organisatorischer IT-Agilitätsindex	3,2

4.3.4.4 Zusammenfassung der zweiten Fallstudie

Die Zielsetzung besteht in der Anwendung des Artefakts in einem realen Kontext. Eine Besonderheit für dieses Unternehmen ist die Zugehörigkeit zum IT-Dienstleistungssektor. Das Unternehmen verfügt über eine ausgeprägte IT-Kompetenz, die für die interne und externe Leistungserbringung erforderlich ist. Die IT-Kompetenz in Verbindung mit der kulturell geprägten Tendenz, Freiräume für Experimente vorzuhalten, und dem Anspruch, den eigenen Nachwuchs selbst auszubilden, werden Applikationen für die interne Geschäftsprozessunterstützung entwickelt. Im Unternehmen wird die externe Leistungserbringung höher priorisiert als die interne Leistungserbringung in der Softwareentwicklung. Diesem Bereich wird weniger Aufmerksamkeit geschenkt, sodass es zu Herausforderungen in der Spezifikation, Entwicklung und Testen der internen IT-Applikationen kommt. Die Reduzierung und hochfrequente Abstimmung mit dem Nutzer können Blindleistungen und Neukonzeptionen vermeiden, gleichzeitig wird der Einfluss von Fehlern bspw. in der Konzeption für die spätere Software reduziert. Parallel zeigt sich, dass eine interdisziplinäre Zusammensetzung des Softwareentwicklungsteams einen wesentlichen Beitrag leistet, um die Software aus mehreren Perspektiven zu beleuchten. Unter der Annahme, dass die Anforderungen für interne Applikationen stabil sind, würde für die Verwendung einer wasserfallähnlichen Entwicklungsmethodik sprechen, gleichwohl hätte eine agile Vorgehensweise frühzeitiger Lücken in der Spezifikation aufgetan. Dabei entstehen von der fachlichen Spezifikation über die technische

Spezifikation bis zur Softwarelösung mehrere Schnittstellen, an denen Informationen verloren gehen oder falsch interpretiert werden können. Daher kann sich agile Softwareentwicklung auch bei einer vermeintlich stabilen Anforderungslage eignen. Hinsichtlich der IT-Funktion unterscheiden sich zwei Standardisierungsaspekte. Die IT-Administration verfügt bspw. über eine Dokumentation der wesentlichen IT-Administrationsprozesse. Bei den IT-Entwicklungsprozessen werden Datenpunkte über die Interviews externalisiert. Insbesondere für die Erfassung des Prozesses des Investitionseinbezugs der IT-Funktion und für die Erfassung der Automatisierungswerkzeuge waren Interviews erforderlich. Aufbauend auf der Fallstudie werden die Ergebnisse vom Geschäftsführer genutzt, um die IT-Administration aus dem Geschäftsfeld Development und Integration in die allgemeine Unternehmensadministration zu überführen. Dadurch soll der Geschäftsbereich Development und Integration in eine interne und externe Softwareentwicklung getrennt werden.

4.3.5 Demonstration 3: Fallstudie in Produktionsunternehmen

4.3.5.1 Hintergrund zum Unternehmen

Die dritte Fallstudie wird bei einem mittelständischen Produktionsunternehmen durchgeführt. Tab. 4.13 listet die wesentlichen Eigenschaften auf. Das Unternehmen erwirtschaftet einen geschätzten dreistelligen Millionenumsatz und ist in Deutschland ansässig. Das Produktspektrum umfasst Werkzeuge für unterschiedliche Branchen. In diesem Bereich ist das Unternehmen in einer Qualitätsführerposition und in den letzten Jahren kontinuierlich gewachsen.

Tab. 4.13 Kategorisierung Fallstudienunternehmen 3: Produktionsunternehmen. (Quelle: Eigene Darstellung)

Dimension	Ausprägung
Unternehmensalter	Mehr als 100 Jahre
Unternehmensgröße	Mehr als 1000 Mitarbeiter
Branche	Produzierendes Gewerbe
Produkt- und Leistungsspektrum	Werkzeugherstellung

Ein wesentliches Differenzierungsmerkmal dieses Unternehmens ist die Produktion von physischen Werkzeugen. Die Innovationskompetenz liegt überwiegend in der Produktentwicklung der klassischen Forschung und Entwicklung und ist dem Technischen Leiter zugeordnet. Die IT-Abteilung ist dem kaufmännischen Leiter zugeordnet, der direkt an den Geschäftsführer berichtet. Die IT-Abteilung untergliedert sich in drei Bereiche, denen jeweils drei Teamleiter zugeordnet sind:

- Infrastrukturmanagement
- Geschäftsanwendungen
- interne Digitalisierung.

Die Digitalisierung umfasst schwerpunktmäßig die internen Geschäftsprozesse des Unternehmens. Im Unternehmen existieren überwiegend Applikationen, die auf externer Marktsoftware beruhen, wie bspw. ein ERP-System, Manufacturing Execution System (MES) und ein Product Lifecycle Management System (PLM), und die im Rahmen von Implementierungsprojekten für das Unternehmen angepasst werden. Aufgrund der Vielfältigkeit der ausgeprägten Geschäftsfunktion (Produktion, Forschung und Entwicklung oder Logistik) besteht im Vergleich zu den ersten beiden Fallstudienunternehmen ein erhöhter Bedarf für geschäftsprozessspezifische Lösungen.

4.3.5.2 Datenerhebung und Kennzahlenermittlung

Als Grundlage für die erhebenden Eingangswerte des Kennzahlensystems werden öffentlich zugängliche Informationen wie bspw. Einträge auf der Unternehmenswebseite und Newsartikel über das Unternehmen einbezogen. Daneben werden interne Dokumente wie der Projektmanagementleitfaden des Unternehmens, das IT-Organigramm der IT-Abteilung, der Projektfahrplan für die kommenden drei Jahre und die Projektantragsstruktur für die Bewilligung von neuen Projekten in die Datenerhebung einbezogen. Darüber hinaus werden mit dem CIO, einem IT-Controller, dem Teamleiter für Geschäftsanwendungen, dem Teamleiter für das Infrastrukturmanagement, dem Teamleiter interne Digitalisierung und einem Projektleiter für die Softwareentwicklung Interviews durchgeführt, die im Zuge der Auswertung der zur Verfügung gestellten Dokumente vorbereitet werden. Insgesamt wurden knapp sechs Wochen zwischen Ersttermin und Ergebnispräsentation zur Anfertigung der Ergebnisse benötigt.

4.3.5.3 Kennzahlenergebnisse und Diskussion

Drei der 21 Elementarkennzahlen konnten nicht erhoben werden. Hierbei handelt es sich um die Kennzahlen Grad der Idea-to-Story, Grad der Story-to-Production sowie dem Grad der Release-Zyklen. Es war keine ausreichende Datengrundlage aufgrund des fehlenden ITSM-Systems vorhanden. Diesen Faktoren wird bis zur Erhebung der Kennzahlen weniger Aufmerksamkeit geschenkt. Außerdem ergab sich hinsichtlich der Antworten aus den Interviews ein sehr unterschiedliches Antwortspektrum, sodass keine Kennzahlenerhebung über eine Befragung möglich war. Die Ergebnisse der Elementarkennzahlen sind in Tab. 4.14 aufgeführt und im normierten Spinnennetzdiagramm dargestellt, wobei eine fünf den maximal möglichen Wert darstellt. Eine Gewichtung von Elementarkennzahlen findet nicht statt. Die Diskussion der identifizierten Schwachpunkte und Gegenmaßnahmen findet zusammengefasst in Abschnitt 4.3.6 statt.

Tab. 4.14 Kennzahlenauswertung der dritten Fallstudie. (Quelle: Eigene Berechnung und Darstellung

ID	Elementarkennzahl	Wert
OA1	Grad der Fehlertoleranz	3
OA2	Grad der risikoadäquaten Experimentierfreude	1
OB1	Grad der organisatorischen Nutzernähe	2
OB2	Grad des Innovationsbudgets	1
OB3	Grad der Innovationsziele	1
OC1	Grad der CEO-CIO Nähe	3
OC2	Grad des Investitionseinbezugs	4
OD1	Grad der hierarchischen Flachheit	3
OD2	Grad der Funktionszentralisierung	5
OE1	Grad der Teamgrößen	5
OE2	Grad der Multidisziplinarität	4
PA1	Grad der Idea to Production Durchlaufzeit	n.a.
PA2	Grad der Story to Production Durchlaufzeit	n.a.
PA3	Grad der Backlogdynamik	1
PB1	Grad der inkrementellen Iteration	2
PB2	Grad der Releasezyklen	n.a.
PC1	Grad der Aufgabendokumentation	5
PC2	Grad der Aufgabenträgerdokumentation	5
PC3	Grad der Ausführungsdokumentation	1
PD1	Grad der Auslagerung	4
PD2	Grad der Automatisierung	1

ID	Bezeichnung der Hauptkennzahl	Wert
OA	Innovative IT-Kultur	2,0
OB	Hohe Innovationsorientierung	1,3
OC	Enge Geschäftspartnerschaft	3,5
OD	Responsive Linienorganisation	4,0
OE	Responsive Teamstruktur	4,5
PA	Hoher Entwicklungsdurchlauf	1,0
PB	Inkrementelle Iteration	2,0
PC	Adäquate Standardisierung	3,7
PD	Hohe Skalierbarkeit	2,5
	organisatorischer IT-Agilitätsindex	2,7

4.3.5.4 Zusammenfassung der dritten Fallstudie

Das dritte Fallstudienunternehmen unterscheidet sich im Vergleich zu den ersten beiden Unternehmen dahingehend, dass industriell physische Produkte hergestellt werden und die IT-Funktion eine unterstützende Aufgabe wahrnimmt. Im Mittelpunkt stehen die Geschäftsfunktionen der Produktion und der Logistik. Dieses Unternehmen verfügt anders als die Unternehmen der Fallstudien 1 und 2 über ein ERP-System und einen höheren Auslagerungsgrad von IT-Services. In den Fachbereichen findet vereinzelt ein Aufbau von IT-Kompetenzen statt, der zu einer teilweisen Dezentralisierung der IT-Funktion führt. Die strategische Relevanz der IT-Funktion für den Geschäftserfolg ist im Vergleich zu den beiden anderen Unternehmen geringer, was sich ebenfalls in der Berichtslinie des CIO zeigt, der über den kaufmännischen Leiter an den Geschäftsführer berichtet. Weiterhin zeigt sich, dass für die Nutzung des Kennzahlensystems die grundlegenden Informationen in der IT-Funktion vorliegen müssen. Insbesondere die kritischen Kennzahlen für die organisatorische funktionale IT-Agilität (vgl. PA1, PA2 und PB2) konnten in dieser Fallstudie nicht erhoben werden. Es finden sich jedoch wirtschaftliche Leistungskennzahlen aus dem klassischen IT-Controlling. Aufbauend auf der Fallstudie zeigt sich, dass das Kennzahlensystem die relevanten Elemente der organisatorischen IT-Agilität erfasst. Hervorzuheben ist die geringe kapazitive IT-Agilität der IT-Funktion, die auf die unzureichende Ausführungsdokumentation und den geringen Automatisierungsgrad zurückzuführen ist. Gleichzeitig sind diese Ergebnisse konsistent mit den Ergebnissen der Backlog-Dynamik und dem vergleichsweise hohen Auslagerungsgrad. Innerhalb der IT-Funktion liegt ein hoher Aufgaben- und Projektstau vor und gleichzeitig kommen mit zusätzlichen Geschäftsapplikationen wie dem neuen ERP-System zusätzliche Projektaufwände hinzu, die die Proaktivität der IT-Funktion weiter einschränken.

Aus dieser Fallstudie kann geschlussfolgert werden, dass eine ausreichende kapazitive IT-Agilität eine notwendige Bedingung für eine funktionale IT-Agilität ist. Aufbauend auf der Fallstudie werden die Ergebnisse vom CIO genutzt, um die kapazitive Skalierbarkeit einerseits über einen Aufbau weiterer Mitarbeiter für die Realisierung der IT-Roadmap und andererseits für die Prozess- und Servicedokumentation in Verbindung mit der Einführung eines standardisierten ITSM-Systems zu erhöhen.

4.3.6 Diskussion der organisatorischen IT-Agilität in den drei Unternehmen

Wesentliche Differenzierungsmerkmale der Unternehmen beziehen sich auf das Produkt- und Dienstleistungsspektrum, das Geschäftsmodell, die Branchenzugehörigkeit und das Alter. Während im ersten Unternehmen softwarebasierte Applikationsprodukte entwickelt werden, besteht das Geschäftsmodell des zweiten Unternehmens in der Erbringung von Beratungs- und IT-Dienstleistungen mit Schwerpunkt auf ERP-Applikationen. Im dritten Unternehmen werden Werkzeuge für das Baugewerbe und die Industrie hergestellt. Diese Rahmenbedingungen bewirken jeweils eine unterschiedliche Struktur für die IT-Aufbau- und IT-Ablauforganisation (siehe Abb. 4.8).

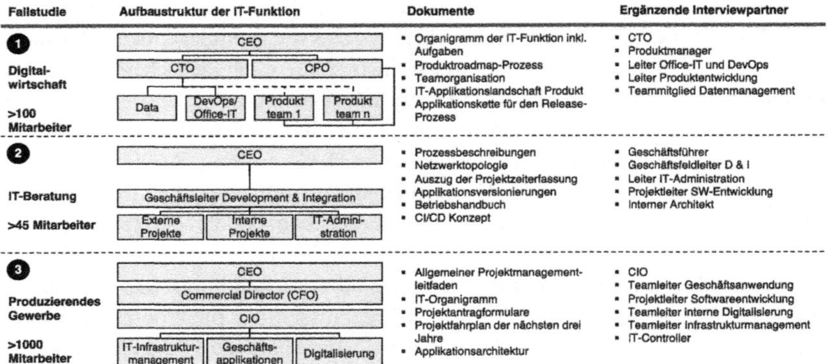

Abb. 4.8 Übersicht der Fallstudienunternehmen, -dokumente und -interviews. (Quelle: Eigene Darstellung)

In den ersten beiden Unternehmen berichten die IT-Leiter direkt an den Geschäftsführer, während im dritten Unternehmen indirekt über den CFO an den CEO berichtet wird, wie in Abb. 4.8 dargestellt. Diese Berichtslinien können auch das zugrundeliegende IT-Steuerungsmodell widerspiegeln (z. B. Cost Center vs. Value Center, siehe Whelan et al. 2015, S. 264). Die Ergebnisse des organisatorischen IT-Agilitätsindex (OAI) scheinen darauf hinzudeuten, dass ein IT-Value-Center-Ansatz die organisatorische IT-Agilität fördert (siehe Fallstudie 1 und 2), während ein Cost-Center-Ansatz die organisatorische IT-Agilität hemmen kann (Fallstudie 3). Bei der Anwendung wurden mehrere Schwachstellen bei der organisatorischen IT-Agilität deutlich. Eine Schwachstelle beschreibt einen Wert unterhalb des Wertes von 3,3 (Durchschnitt der erhobenen Kennzahlen aller drei Fallstudien) von maximal 5. Der Durchschnitt ist durch den gestrichelten Strich und die Markierungen in Abb. 4.9 dargestellt.

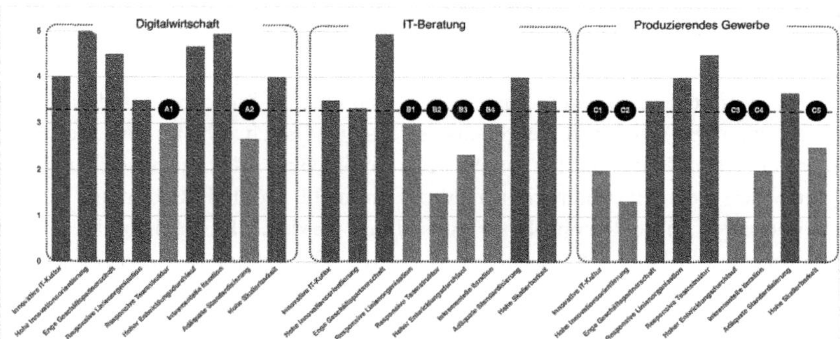

Abb. 4.9 Übergreifende Auswertung der instrumentellen Fallstudien. (Quelle: Eigene Darstellung)

Ein höherer Wert ist stellvertretend für eine höhere organisatorische IT-Agilität. Daraus ergeben sich zwei Schwachstellen für die erste Fallstudie, vier Schwachstellen für die zweite Fallstudie und fünf Schwachstellen für die letzte Fallstudie. Auf der Grundlage der gemessenen und erkannten Schwachstellen wurden mehrere Maßnahmen diskutiert, die folgend aufgeführt werden.

Im ersten Fallunternehmen wurden Schwachpunkte bei der responsiven Teamstruktur (A1) diskutiert, wie mit der hohen Anzahl der vertretenen Disziplinen (Content-Management, Softwareentwicklung, Produktmanagement, Qualitätssicherung und Oberflächendesign) umgegangen werden kann. Vom Produktmanagement wurde auf die Schwierigkeit verwiesen, die unterschiedlichen Ansichten aus den fünf Disziplinen zusammenzubringen. Bei den Teamgrößen wurde daher eine Reduktion mittels einer neuen Teamgestaltung diskutiert, um die zehn bis zwölf-köpfigen Teams auf circa acht bis neun Teammitglieder zu reduzieren. Die adäquate Standardisierung (A2) wird mithilfe der zur Verfügung gestellten Dokumente erfasst. Die Zuständigkeiten sind je nach Aufgabe definiert, jedoch nicht formalisiert, sondern über das kollektive Wissen im Unternehmen vorhanden. An den Ergebnissen zeigt sich, dass eine abstrakte Aufgabendefinition in den Produktteams vorhanden ist und Probleme innerhalb der Teams gelöst werden, wobei unklar ist welche Aufgaben durch das DevOps und welche durch das Datenteam zu lösen sind. Gleichzeitig war kein vollständiges IT-Referenzmodell für die IT-Funktion vorhanden, um die Arbeit zu organisieren. Prozessdokumentationen lagen bis auf wenige Ausnahmen, bspw. in Bezug auf die Prozesse für die Einarbeitung neuer Mitarbeiter und der Bereitstellung von IT-Equipment, kaum vor. Es wird jedoch die Absicht geäußert, die Dokumentation der IT-Serviceprozesse zu erweitern.

Im zweiten Fallstudienunternehmen bestand die IT-Funktion aus drei Hierarchieebenen (B1) und war vergleichsweise steil. Gleichwohl ist das Wesen der hierarchischen Flachheit hervorzuheben. So ist eine Maximalausprägung aufgrund der wenigen Mitarbeiter methodisch nicht möglich und muss bei der Interpretation dieser Kennzahl berücksichtigt werden. Hinsichtlich des Zentralisierungsgrads lässt sich festhalten, dass die IT-Funktion organisatorisch und disziplinarisch zentral aufgestellt war. Die responsive Teamstruktur (B2) zeigte, dass die Entwicklungsteams zwischen zwei und vier Entwickler verfügten und sehr spezialisiert organisiert waren. Beim Entwicklungsdurchlauf (B3) ergaben sich schwankende Durchlaufzeiten in den Entwicklungsiterationen und ein kurzer Arbeitsvorrat im Entwicklungsbacklog. Bei der inkrementellen Iteration (B4) zeigt sich, dass eine klassische Wasserfallmethodik verwendet wurde. Aufgrund von Lücken in der Spezifikation konnte es dazu führen, dass diese erneut spezifiziert werden mussten und mehrere Iterationen entlang der Anforderungsspezifikation und -entwicklung durchgeführt werden mussten. Dadurch verzögert sich die Dauer, bis die neue Software allen Nutzern im Sinne einer Produktivsetzung zur Verfügung gestellt werden konnte. Das zweite Unternehmen plante daher, seine Softwareentwicklungsmethodik inkl. der Teamausgestaltung anzupassen und Technologieexperimente im Rahmen von Continuous Integration und Delivery zu planen.

Im dritten Fallstudienunternehmen zeigt die innovative IT-Kultur eine niedrige Ausprägung (C1). Bei den geschäftskritischen Applikationen wie den Produktionsunterstützungssystemen wie MES und ERP wird eine Fehlertoleranz im unteren mittleren Bereich der siebenstufigen Skala angegeben. Es wurde zudem angemerkt, dass kein strukturierter und methodischer Experimentierprozess vorliegt. Jedoch versucht der Teamleiter der internen Digitalisierung einzelne Experimente neben dem projektgetriebenen Tagesgeschäft stellvertretend für die IT-Funktion wahrzunehmen. Bei der Innovationsorientierung (C2) zeigte sich, dass im IT-Controlling Kennzahlen genutzt werden, die eine IT-Kostenoptimierung vorsehen und darüber hinaus keine expliziten Innovationsziele definiert sind. Gleichzeitig wird durch die Befragten anhand der Diskussion des technischen Change Managementprozesses darauf hingewiesen, dass durch die interne Vernetzung einzelner Mitarbeiter, die Fachbereiche direkt auf die ABAP-Entwickler für das SAP-System zugehen, sodass die notwendige Transparenz und Priorisierung der Leistungsbereitstellung fehlen. Hinsichtlich des Innovationsbudgets existieren sehr enge Freigabegrenzen, in denen die IT-Funktion kleinste Technologieexperimente durchführen kann. Beim Entwicklungsdurchlauf (C3) konnten die Durchlaufzeiten nicht erhoben werden und es besteht ein Ungleichgewicht zwischen dem Aufkommen von neuen Anforderungen und der Abarbeitung von Anfragen in der IT-Funktion. Aufbauend auf den Anfragen im Bereich der Geschäftsanwendungen ERP, MES und PLM besteht ein überindividuell geschätzter Überhang von mehr als einem Jahr bei der gegebenen Abarbeitungsgeschwindigkeit. Hinsichtlich der inkrementellen Iteration (C4) fanden sich erste Ansätze von agilen Softwareentwicklungsmethoden (User-Stories und Akzeptanzkriterien) in weniger geschäftskritischen Bereichen wie der Vertriebsunterstützung. Die Anzahl der Releasezyklen konnte aufgrund variierender Aussagen nicht erhoben werden, da keine Datengrundlage zur Verfügung stand. Der letzte Bereich umfasst die Skalierbarkeit (C5). Für die IT-Funktion sind in den Bereichen der Applikationsentwicklung und -betrieb sowie im Infrastrukturmanagement externe Dienstleister tätig. Gleichwohl wird das Ziel verfolgt, Altapplikationen an einen externen Dienstleister auszulagern, um der fehlenden internen Skalierbarkeit nachzukommen. Der Auslagerungsgrad beträgt bereits knapp ein Viertel des IT-Budgets. Beim zweiten Aspekt der hohen Skalierbarkeit wurden kaum softwarebasierte Automatisierungsunterstützungslösungen identifiziert. Das letzte Unternehmen plante daher, das Personal der IT-Funktion aufzustocken, um den aktuellen Projektrückstand abzubauen, die agilen Softwaremethoden auf andere Bereiche auszudehnen, neue KPIs für Innovationen zu entwickeln und sich auf die Modernisierung der Unternehmenslandschaft vorzubereiten. Ergänzend wurde die Einführung einer ITSM-Applikation geplant.

Die übergreifende Auswertung zeigt weiterhin, dass Unternehmen, die dematerialisierte Produkte und Dienstleistungen über digitale, globale Plattformen anbieten können, einen Vorteil gegenüber Unternehmen haben, die nicht über diesen Zugang verfügen. Ein globales Netzwerk, das bisher multinationalen Unternehmen mit internationalem Vertrieb vorbehalten war, steht nun agilen Start-ups mit einem digitalen Geschäftsmodell und Marktplatzzugang offen. Das impliziert einen höheren digitalen Wettbewerb aufgrund der Verlagerung auf die globale Ebene und einen höhere Soll-IT-Agilität, was sich auch in den Ergebnissen der erfassten Ist-Agilität der Fallstudien widerspiegelt. Eine hohe organisatorische IT-Agilität hat für das erste Fallunternehmen eine höhere strategische Relevanz als für das produzierende Unternehmen, dessen Kerngeschäft klassische physische Produkte sind, mit keinem integrierten IT-Leistungsanteil. Um die Diskrepanz zwischen Ist- und unternehmensindividueller Soll-IT-Agilität weiter auszugleichen, ist auch eine Quantifizierung der Eigenschaften des Unternehmensumfelds erforderlich, um die optimale IT-Agilität für ein einzelnes Unternehmen zu bestimmen (vgl. Abschnitt 5.3.4).

4.3.7 Methodische Evaluation der drei instrumentellen Fallstudien

Für die Erfüllung der Gütekriterien nach ÖSTERLE ET AL., insbesondere für die Kriterien der Abstraktion und des Nutzens, war es erforderlich, das Artefakt in der betrieblichen Praxis zu demonstrieren (Österle et al. 2010, S. 668). Die ausgewerteten Dokumente und die Rollenbezeichnungen der Ansprechpartner (vgl. Abb. 4.8) verdeutlichen die verschiedenen Aufgabenschwerpunkte in den IT-Funktionen. Das Kennzahlensystem wird in drei heterogenen IT-Funktionen genutzt, vergleichbar mit dem heterogenen Expertenpanel der Delphi-Studie. An den drei Fallstudien zeigt sich, dass im betrieblichen Alltag unterschiedliche Dokumente, Systeme und Werkzeuge verwendet werden und in der allgemeinen Organisation der IT-Funktion hohe Freiheitsgrade bestehen. Die Einbeziehung von Experteninterviews hat sich diesbezüglich als nützlich erwiesen, um die Aktualität der Dokumente nachzuvollziehen und Informationen im Kontext zu vervollständigen (Salheiser 2019, S. 1122). Bedingung für die Durchführung der Fallstudie bestand in der Zusicherung der Vertraulichkeit, weil teilweise unternehmensinterne Informationen über die strategische Ausrichtung berücksichtigt (Strategische Roadmaps) wurden. Diese Bedingung reduziert die Nachvollziehbarkeit der Ergebnisse. Trotz der Heterogenität der drei teilnehmenden Unternehmen lassen sich Überschneidungen zwischen den Fallstudien finden. Einerseits verfügten die Unternehmen über keine global verteilte IT-Funktion und keinen hohen mehrheitlichen Auslagerungsgrad. Andererseits waren alle Unternehmen inhabergeführt, wobei davon auszugehen ist, dass ein Aktienunternehmen mit monatlichen Quartalsberichten über eine andere Unternehmenssteuerung verfügt, die die IT-Funktion und die damit verbundenen Ziele beeinflusst. Von den 63 zu erhebenden potenziellen Elementarkennzahlen wurden 59 Elementarkennzahlen erhoben und entspricht damit einer Anwendbarkeit von knapp 94 %. Zu den vier nicht erhobenen Elementarkennzahlen lässt sich Folgendes festhalten: Es finden sich in den Kennzahlen Eingangsgrößen, die organisatorische Gegebenheiten voraussetzen. Hierunter fallen bspw. Budget- bzw. Freigabegrenzen. So konnte in der ersten Fallstudie nicht der Grad des Innovationsbudgets erhoben werden, weil das Unternehmen nicht mit Budgets gearbeitet hat. Weiterhin konnte in der dritten Fallstudie keine Quantifizierung von drei Elementarkennzahlen durchgeführt werden, weil die grundlegenden Dokumente nicht zu Verfügung standen und die Antwortvarianz der Teilnehmer sehr hoch war. Daher könnte die Ermittlung einiger Elementarkennzahlen im Bereich der IT-Ablauforganisation (wie bspw. bei der Durchlaufzeit und Releasezyklen) bei klassischen IT-Funktionen eingeschränkt sein. Dadurch, dass einzelne Elementarkennzahlen nicht ermittelt werden konnten, sind die Fallstudienergebnisse in den Hauptkennzahlenbereichen der hohen Innovationsorientierung, dem hohen Entwicklungsdurchlauf und der inkrementellen Iteration nur eingeschränkt miteinander vergleichbar, auch da bei der ersten Fallstudie die Produkt-IT im Fallstudienumfang erweitert wurde. Außerdem zeigt sich, dass die Innovationsziele häufig mit Projekten verbunden sind und die IT-Effizienzziele eher mit dem Betrieb der Applikationslandschaft in Verbindung gebracht werden. Alle Elementarkennzahlen konnten mindestens einmal erhoben werden. Es kann nicht ausgeschlossen werden, dass andere Forscher zu anderen Schlussfolgerungen auf Basis der Dokumente und Interviews gekommen wären. Es kann zudem nicht ausgeschlossen werden, dass die Unternehmen die Dokumente nur selektiv zur Verfügung gestellt haben (Salheiser 2019, S. 1122 f.). Nichtsdestotrotz wurden die Ergebnisse mit den IT-Leitern und den Teilnehmern der jeweiligen Fallstudien in der Ergebnispräsentation einem Review unterzogen, sodass eventuelle Abweichungen hätten auffallen müssen. Aufbauend auf den Ergebnissen der Fallstudien wurde der positive Nutzen des Kennzahlensystems und der Implikationen hervorgehoben und bestätigt.

Festzuhalten bleibt, dass alle 21 Kennzahlen im betrieblichen Alltag in unterschiedlichen IT-Funktionen demonstriert werden konnten. Anhand der verfügbaren Dokumente und Ansprechpartner sowie deren Bezeichnung zeigen sich unterschiedliche Aufgabenschwerpunkte der IT-Funktionen. Die Sensitivität der Kennzahlen erfasst deutlich die unterschiedlichen Ausprägungen der organisatorischen IT-Agilität und bildet die Grundlage für die Identifikation von Schwachstellen und unternehmensindividuellen Verbesserungsmaßnahmen. Gleichwohl werden Verbesserungspotenziale für die Kennzahlen in den instrumentellen Fallstudien identifiziert.

4.3.8 Dritte Designiteration auf das Kennzahlensystem

Die Fallstudien zeigen, dass das Kennzahlensystem in mehreren Unternehmen unabhängig von Alter, Größe und Branche eine Anwendung finden kann. Aufbauend auf der bereits positiven Evaluation der praktischen Demonstration werden die gewonnenen Erkenntnisse in das Kennzahlensystem integriert, um die Reliabilität und den Nutzen noch weiter zu verbessern. Im Folgenden wird die dritte Designiteration für die Elementarkennzahlen diskutiert (vgl. Abb. 4.10). Hierzu wird auf die entwickelten Implikationskategorien aus Abschnitt 4.2.4.4 und Abschnitt 4.2.5.4 zurückgegriffen. Das vorläufig finale Kennzahlensystem und die Elementarkennzahlen sind in Abschnitt 5.1.1 in Form von Steckbriefen aufgeführt. Hierbei wurden ebenfalls die Kürzel (IDs) der einzelnen Elementarkennzahlen (beispielsweise von OA1 auf O1.1) angepasst, um den finalen Charakter zu betonen. Zusätzlich unterstützt die eindeutige Nummerierung der Haupt- und Elementarkennzahlen die hierarchische Aggregation zum organisatorischen IT-Agilitätsindex (vgl. Abschnitt 5.1.2). Zudem sind Bezeichnungen der Zielkonstrukte und den darunterliegenden Kennzahlen im nachfolgenden Designprozess präzisiert worden (MacKenzie et al. 2011). Diese waren im initialen Artefakt weniger prägnant, da teilweise eine Diskrepanz zwischen konzeptueller und operationalisierter Bedeutung vorlag (Mackenzie et. al. 2011, S. 309.). Als Beispiele lassen sich die Elementarkennzahlen der Zentralisierung bzw. der CIO-Distanz des initialen Kennzahlensystems anführen und wurden fortfolgend ausgebessert, um der operationalisierten Bedeutung besser zu entsprechen.

Innovative IT-Kultur

Bei der innovativen IT-Kultur wird der Grad der risikoadäquaten Experimentierfreudigkeit mit dem Grad des Innovationsbudgets zusammengefasst. Zudem zeigen die Fallstudien, dass bei Experimenten weniger mit einem methodischen Prozess (Hypothesen zum Erwartungswert oder Risikoabschätzung) gearbeitet wird. Nicht bestätigt wird z. T. die grundsätzliche Hypothese, dass ein monetäres Innovationsbudget eine notwendige Voraussetzung für Experimente mit innovativen Technologien bildet, da auch kostenfreie Lizenzen genutzt werden können. Der Grad des Experimentieraufwands in Bezug auf den regulären Projekt- und Betriebsaufwand für die IT-Innovationsfähigkeit ist von Bedeutung und wird entsprechend erfasst.

Hohe Innovationsorientierung

Ein explizit ausgewiesenes Innovationsbudget wurde in keiner der Fallstudien identifiziert. Im ersten Unternehmen wurden keine IT-Budgets eingesetzt. Im zweiten Unternehmen verfügte die IT-Funktion über ein Budget für externe Ausgaben, das auch für Innovationen genutzt werden konnte, aber nicht entsprechend deklariert war. Im dritten Unternehmen arbeitete die IT-Funktion mit niedrigen Genehmigungsgrenzen, die frei genutzt werden konnten, sodass kleinere Ausgaben unterhalb der Grenzen für Innovationen genutzt wurden. Es kann festgehalten werden, dass die IT-Funktionen in allen drei Unternehmen mit neuen Technologien experimentierte und u. a. mit Testlizenzen sogenannte Proof of Concept (PoC) erstellte. Relevant ist also nicht das Innovationsbudget, sondern der Experimentieraufwand, abseits von laufenden Projekten und dem IT-Betrieb. Dieser wiederum wird in der oben genannten Experimentierfreude erfasst.

Eine Nutzernähe mit weniger als einer Schnittstelle bedeutet, dass Nutzer die Applikationslandschaft eigenständig anpassen können, was die Stabilität der Applikationslandschaft beeinträchtigen kann, wie bspw. in der dritten Fallstudie (SAP-Entwickler in der Logistikfunktion) angemerkt wurde. Daher werden die Normierungsintervalle der Elementarkennzahl angepasst. Gleichzeitig wird der Grad der Nutzernähe aufgrund des operativen Aufgabenschwerpunkts in die dynamischen Teams integriert und sollte pro Service differenziert werden. Die Fallstudien zeigen, dass der Grad der Innovationsziele mit den jeweiligen Applikationen bzw. mit Initiativen verknüpft werden sollte. Zusammenfassend wird daher in dieser Designiteration die Formulierung hinsichtlich der Bemessungsgrundlage der Elementarkennzahl verfeinert und in den Hauptkennzahlenbereich der strategischen Geschäftsinteraktion integriert.

Enge Geschäftspartnerschaft

Die Bezeichnung dieser Hauptkennzahl wurde in die strategische Geschäftsinteraktion verändert, aufgrund der strategischen Relevanz für das Business-IT-Alignment der darunterliegenden Kennzahlen mit dem Ziel als Geschäftspartner aufzutreten. Die Bezeichnung der Elementarkennzahl wird zudem an den Grad der formalen CEO-/CIO-Nähe angepasst, um das Ziel der darunterliegenden Elementarkennzahl der formalen Nähe besser zu beschreiben.

Responsive Linienstruktur

Hinsichtlich der Bezeichnung der Hauptkennzahlen wird die responsive Linienstruktur in die befähigende Linienstruktur adaptiert. Der Kerngedanke zur Befähigung der Mitarbeiter und der unterschiedlichen Geschäftseinheiten wird damit hervorgehoben. In Bezug auf die erste Elementarkennzahl zeigt sich, dass die Erreichbarkeit des Kennzahlenoptimums durch die Größe der IT-Funktion beeinflusst wird. So ist es bspw. rechnerisch nicht möglich, den höchsten Wert zu erreichen, wenn die IT-Funktion über vier Mitarbeiter verfügt. Daher muss die Elementarkennzahl bei der Interpretation in ein Verhältnis zur Größe der IT-Funktion gesetzt werden, insbesondere bei kleineren IT-Funktionen.

Hinsichtlich des Zentralisierungsgrads zeigen die Fallstudien ebenfalls, dass die IT-Funktionen im Sinne der aufbauorganisatorischen Lokalisierung von IT-Kompetenzen zwischen Zentralisierung und Dezentralisierung sowie zwischen Geschäftseinheiten und IT-Funktion schwanken. Wie in der dritten Fallstudie gezeigt wird, sollten die IT-Kompetenzen in der IT-Funktion disziplinarisch zentralisiert sein. Andernfalls ist die kapazitive Ausbalancierung insbesondere bei mehreren parallelen Projekten eingeschränkt. Zusätzlich ist es nicht möglich,

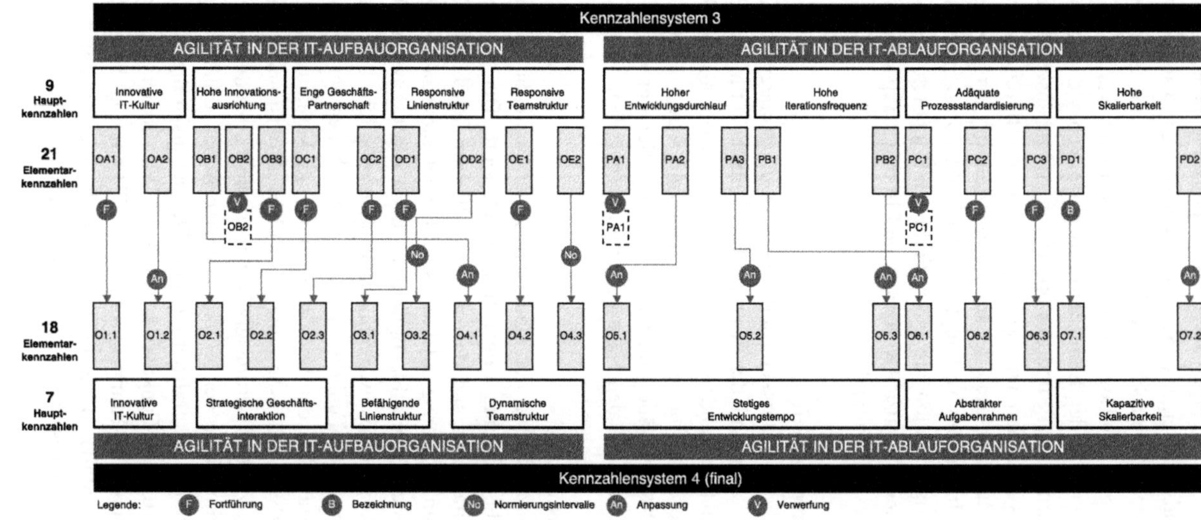

Abb. 4.10 Dritte Designiteration auf das Kennzahlensystem nach den Fallstudien. (Quelle: Eigene Darstellung)

eine kapazitive Nivellierung über die Ressourcen durchzuführen, weil der tatsächliche Bedarf nicht transparent ist. Erstrebenswert für eine hohe IT-Agilität ist eine föderale Struktur mit Tendenz zur Zentralisierung. Der Grad der Zentralisierung wird in den Grad des strukturellen Föderalismus überführt und die Normierungsintervalle werden verfeinert.

Responsive Teamstruktur

Für die Elementarkennzahlen der responsiven Teamstruktur besteht kein Verfeinerungsbedarf. Zusätzlich wird der Begriff der responsiven Teamstruktur zur dynamischen Teamstruktur umbenannt.

Hoher Entwicklungsdurchlauf

Im Kennzahlensystem wird auf das umzusetzende Zeitintervall reduziert, weil nur die umsetzungsrelevanten Stories berücksichtigt werden sollten. Ideen müssen gegebenenfalls nicht wieder verworfen werden. Zudem zeigt sich, dass die Durchlaufzeit pro Applikation berechnet werden sollte, wenn sich mehrere Applikationen parallel im Entwicklungsstadium befinden. Diese Erweiterung wurde auch für die Kennzahlen bezüglich der Releasezyklen, der Backlogdynamik und der Nutzernähe eingeführt. Andernfalls kann es zu einer selektiven Aufnahme von hochagilen Applikationen kommen, die jedoch nur Einzelfälle im gesamten Applikationsspektrum darstellen. Über die Ermittlung des Mittelwerts der Applikationen ist es möglich, den Entwicklungsdurchlauf für die IT-Funktion zu erfassen und differenziert zu beleuchten. Parallel wird die Bezeichnung der Hauptkennzahl überführt in das stetige Entwicklungstempo, um den Aspekt der Kontinuität in den Vordergrund zu stellen.

Hohe Iterationsfrequenz

Die Elementarkennzahl der inkrementellen Iteration wird fortgeführt. Wesentlich ist die aufgabenorientierte Eigenschaft der Elementarkennzahl und wird daher in den Hauptkennzahlenbereich des abstrakten Aufgabenrahmens verschoben. Gleichzeitig ist der Typ des inkrementellen iterativen Aufgabenrahmens relevant für die organisatorische IT-Agilität, sodass die Bezeichnung angepasst wird.

Der Grad der Release-Frequenz kann weiter verfeinert werden. Im ersten Unternehmen haben große Entwicklungsteams (n) an Applikationsprodukten (m) gearbeitet. Im zweiten Unternehmen hat ein Entwicklungsteam (n) an nicht nur einer Applikation (m) gearbeitet. Dadurch kann es zu einer 1-zu-m-Verteilung kommen. Die Variablen der Entwicklungsteams werden daher aus der Elementarkennzahl entfernt. Wesentlich ist die Frage, inwieweit die Iterationsfrequenz und die tatsächliche Release-Frequenz in das Produktivsystem im Gleichgewicht mit dem DEVOPS-Ansatz sind. Vergleichbar zur Durchlaufzeit empfiehlt sich hierbei auch eine Untersuchung der Release-Frequenz einer einzelnen Applikation. Zudem wird die Kennzahl der Release-Frequenz in den Hauptkennzahlenbereich des stetigen Entwicklungstempos verschoben. Vergleichbar mit der Durchlaufzeit und den Release-Zyklen sollte ebenfalls die Kennzahl der Backlog-Dynamik auf Basis von unterschiedlichen Applikationstypen entwickelt werden, um Schwerpunkte für die organisatorische IT-Agilität zu identifizieren und aufbauend auf der Analyse in eine differenzierte Gestaltung übergehen zu können.

Adäquate Standardisierung

Die Hauptkennzahl der adäquaten Standardisierung wird in den abstrakten Aufgabenrahmen präzisiert. Eine Standardisierung von Aufgaben wird mit einem deklinierten Prozessmodell in Verbindung gebracht, was jedoch nicht dem Wesen der darunterliegenden Kennzahlen entspricht. Weiterhin wurde in den Fallstudien ersichtlich, dass die erste Elementarkennzahl einer grundlegenden Aufgabendefinition nur mit einer hohen Unschärfe gemessen werden kann. Allerdings können gleichartige Aufgaben in verschiedenen Unternehmen unterschiedlich bezeichnet oder zu Gruppen zusammengefasst sein, was die Vergleichbarkeit der Ergebnisse einschränkt. Außerdem kann keine Aussage über die Art der Aufgabenausführung (klassisch oder agil) getroffen werden. Daher wurde diese Elementarkennzahl verworfen und durch die inkrementellen Aufgaben ersetzt, um den agilen Methodencharakter der Elementarkennzahl zu verdeutlichen, wobei auch eine einheitliche Nutzung der gleichen Methoden im Unternehmen wie in der ersten Fallstudie erfasst wird.

Hinsichtlich der zweiten Elementarkennzahl wird die Bezeichnung angepasst zur teambasierten Zuständigkeit. Im Hinblick auf die Ausprägung der Aufgabe stellt sich die Frage, inwieweit die Teams als Aufgabenträger definiert werden. In der ersten Fallstudie wird dieser Sachverhalt durch die unterschiedlichen Produktteams deutlich. Dadurch werden die Zuständigkeiten in den operativen Entwicklungsteams dezentralisiert. Daher wird auch die Bezeichnung der Elementarkennzahl zum Grad der teambasierten Zuständigkeit verändert.

Im Hinblick auf die letzte Elementarkennzahl werden die Normierungsintervalle angeglichen, weil ein grundlegendes Maß der Aufgabendokumentation vorliegen sollte, um die Aufgabenausführung anschließend verteilbar zu gestalten. Insbesondere vor dem Hintergrund der Elementarkennzahlen der hohen Skalierbarkeit ist die Aufgabendokumentation eine notwendige Voraussetzung.

Hohe Skalierbarkeit

Die hohe Skalierbarkeit beschäftigt sich im Schwerpunkt mit der kapazitiven Veränderungsfähigkeit. Daher wird im Folgenden die Bezeichnung der Hauptkennzahl angepasst hin zur kapazitiven Skalierbarkeit. Weiter wird die Bezeichnung der ersten Elementarkennzahl in den Grad des adäquaten Sourcings abgeändert. Ein hoher Sourcinganteil erhöht die Skalierbarkeit der IT-Funktion und schwächt die Nichtskalierbarkeit der IT-Funktion ab.

Der Automatisierungsgrad der IT-Prozesse schließt ein breites Feld ein, insbesondere im IT-Betrieb. Eine Annäherung bestand in der Unterstützung der IT-Prozessphasen durch den Einsatz der Software, anstatt von Einzelprozessen. Aufbauend auf einem Applikationslebenszyklus (siehe Abb. 2.8 in Abschnitt 2.3.2.1) lassen sich die Phasen Requirements, Build, Deploy, Operate und Optimize unterscheiden. In Verbindung mit den Ausführungen in Abschnitt 2.3.2.2 zu DEVOPS wurde es möglich, Einsatzgebiete für die Automatisierungsunterstützung zu identifizieren und zu evaluieren. Daher wurde die Kennzahl in die Prozessabschnitte des Lebenszyklus konkretisiert und untersucht, inwieweit tatsächlich IT-Applikationen für die Automatisierungsunterstützung der Phasen genutzt werden.

5 Management von organisatorischer IT-Agilität

In diesem Kapitel wird das vorläufig finale Kennzahlensystem in Abschnitt 5.1 mit seinen Kennzahlen zur Erfassung der organisatorischen Ist-IT-Agilität gezeigt und diskutiert. In Abschnitt 5.2 wird ein Ausblick auf eine weitere Designiteration gegeben und in Abschnitt 5.3 in den Kontext des IT-Agilitätsmanagements gestellt. In diesem Abschnitt werden Restriktionen und Steuerkreise differenziert und eine Erklärungsbasis für die Interpretation der erhobenen Ist-IT-Agilität mithilfe des Kennzahlensystems und mögliche Gestaltungspfade für die Steigerung der IT-Agilität dargestellt. Zudem wird in Abschnitt 5.3.4 die Bestimmung der unternehmensindividuellen Soll-IT-Agilität diskutiert auf Basis von Eigenschaften des Unternehmensumfelds, die einen Einfluss auf die Soll-IT-Agilität haben.

5.1 Kennzahlensystem zur Messung der organisatorischen IT-Agilität

Das Kennzahlensystem findet sich in seiner vorläufig finalen Form mit sieben Hauptkennzahlen und den 18 Elementarkennzahlen zur Messung der Ist-IT-Agilität in Abb. 5.1 aufgeführt und sollte gemäß des Design Science Paradigmas weiterentwickelt werden. Im Gegensatz zum initialen Kennzahlensystem wurde auf eine dominant unterstützende Klassifikation der Elementarkennzahlen in SENSE und RESPOND sowie in funktionale und kapazitive Veränderungsfähigkeit verzichtet (vgl. Abschnitt 3.1.4), um die abgebildeten Dimensionen im Kennzahlensystem zu reduzieren. Die Elementarkennzahlen werden in Abschnitt 5.1.1 hinsichtlich ihres Einflusses auf die organisatorische IT-Agilität in der IT-Funktion in Steckbriefen beschrieben. Darüber hinaus bildet dieses Kennzahlensystem die strukturelle Grundlage für die Aggregation der Kennzahlen hin zum

R.-A. Koch, *Management von IT-Agilität in der IT-Funktion*, Forschung zur Digitalisierung der Wirtschaft | Advanced Studies in Business Digitization,
https://doi.org/10.1007/978-3-658-44606-2_5

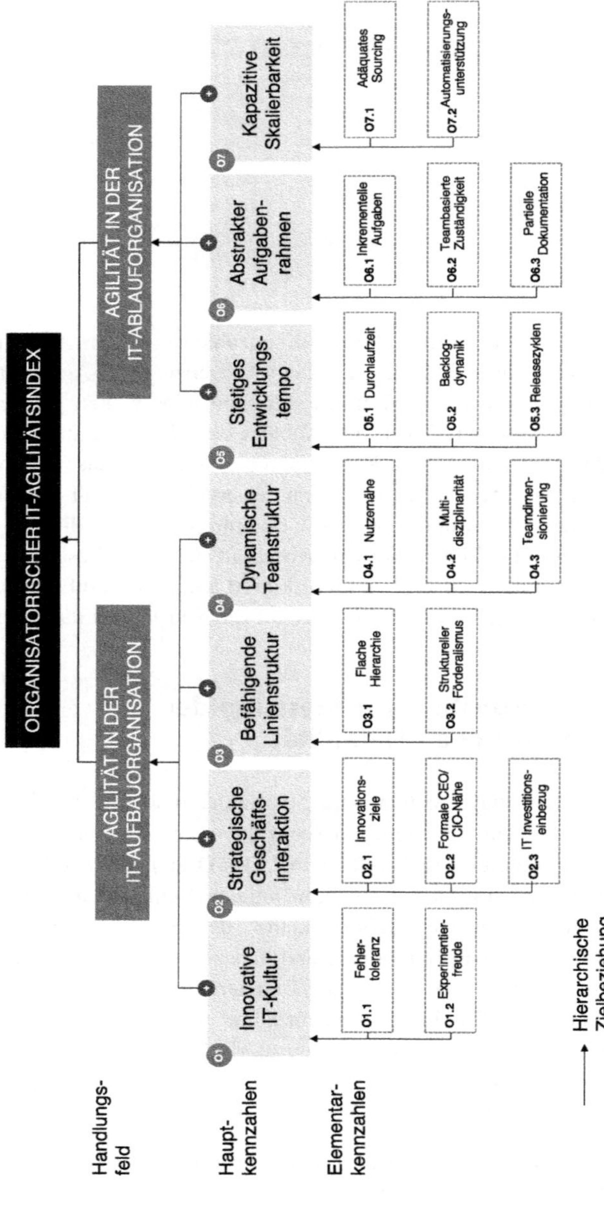

Abb. 5.1 Finales Kennzahlensystem zur Messung der organisatorischen IT-Agilität. (Quelle:Eigene Darstellung)

organisatorischen IT-Agilitätsindex in Abschnitt 5.1.2. In Abschnitt 5.1.3 wird das Kennzahlensystem in Anlehnung an Abschnitt 2.4 sowie hinsichtlich seines zugrunde gelegten Messmodels kritisch gewürdigt.

5.1.1 Kennzahlensteckbriefe

Nach den multiplen natürlichen Evaluationen und Demonstrationen und den resultierenden Zwischenergebnissen werden in diesem Abschnitt die finalen Kennzahlensteckbriefe in Anlehnung an NISSEN UND RENNENKAMPFF und KÜTZ dokumentiert (Kütz 2011, S. 48; Nissen und Rennenkampff 2017, S. 433 ff.). Die Anpassungen entlang des iterativen Designprozesses ausgehend aus der mixed-mode Delphi-Studie werden in den Abschnitten 4.2.4.4 und 4.2.5.4 erläutert. Die übergeordneten Hauptkennzahlen sind jeweils einleitend definiert (MacKenzie et al. 2011, S. 300). Die wesentlichen Hintergründe zur Designiteration aus den drei Fallstudien sind in Abschnitt 4.3.8 diskutiert. Den Kennzahlensteckbriefen, die die 18 Elementarkennzahlen präsentieren, sind die Erkenntnisse aus der grundlegenden und kontinuierlichen Literaturrecherche vorangestellt. Darüber hinaus sind die Fragen, die Beschreibung und betrieblichen Eingangsgrößen der Elementarkennzahlen in den Steckbriefen aufgeführt, um die praktische Anwendung zu unterstützen. Hierbei sind die Elementarkennzahlen auf einer fünfstufigen Intervallskala auf Basis des empirischen Feedbacks plausibel normiert, wobei fünf den bestmöglichen Wert für die organisatorische IT-Agilität darstellt. Einige Kennzahlen wie z. B. die Teamdimensionierung (vgl. Abschnitt 5.1.1.4) beinhalten zusätzlich einen Kipppunkt, an dem das Team beispielsweise zu klein oder zu groß wird, um die organisatorische IT-Agilität positiv zu beeinflussen. Durch den Zusammenschluss der einzelnen Fragen ist es zudem möglich, einen begleitenden Fragenkatalog für die Erfassung der organisatorischen IT-Agilität im Rahmen einer instrumentellen Fallstudie zu erstellen. Die jeweiligen Kennzahlensteckbriefe werden abschließend um das qualitative Feedback aus den empirischen Untersuchungen (Delphi-Studie und Fallstudien) ergänzt. Mithilfe der vorliegenden Kennzahlen ist es möglich, die organisatorische Ist-IT-Agilität zu erfassen und eine Steuerung hin zu einer Soll-IT-Agilität zu ermöglichen.

5.1.1.1 Kennzahlen der innovativen IT-Kultur

Organisatorische IT-Agilität entwickelt sich durch die komplementäre Verknüpfung von digitalen Optionen mit Organisationsstrukturen und Kulturen, die eine Veränderung unterstützen (Sambamurthy et al. 2003, S. 252). ANAND ET AL. heben die organisatorischen Chancen hervor, wenn die IT-Kultur neuen Technologieanwendungen nicht abgeneigt ist, sondern diese offen begrüßt (Anand et al. 2001). Konkret zeigt sich, dass die Fehlertoleranz und die Experimentierfreude mit fortschreitender Lebenszyklusphase abnehmen sollte. Innerhalb früher Phasen sollten sich Manager nicht zu sehr an vergangene IT-Initiativen erinnern und kalkulierte Risiken eingehen, sodass Mitarbeiter Ideen testen können, ohne Repressalien von Vorgesetzten bei Misserfolg befürchten zu müssen (Tallon et al. 2019, S. 232 f.). Dazu finden sich folgend die beiden Kennzahlensteckbriefe für die Fehlertoleranz in Tab. 5.1 und die Experimentierfreude in Tab. 5.2. Dabei ist die innovative IT-Kultur definiert als eine Kultur in der IT-Funktion, in der mithilfe experimenteller Technologien Innovationen für die Fachbereiche und das Unternehmen geschaffen werden.

Fehlertoleranz

Wenn die Unternehmenskultur auf Fehler mit Sanktionen reagiert, neigen die Mitarbeiter dazu, risikoreiche Explorationsbemühungen eher zu vermeiden und bewährte Vorgehensweisen beizubehalten (Danneels 2008, S. 522; Tellis et al. 2009, S. 8). Eine Toleranz für Fehler bedeutet, ein bestimmtes Ausmaß an Unsicherheit zu akzeptieren, sodass die Bereitschaft für Veränderungen beeinflusst wird (Büschgens et al. 2013, S. 768). Ein organisatorisches Klima, das ein Scheitern als unvermeidliches und sogar vorteilhaftes Nebenprodukt auf der Suche nach neuen Ideen ansieht, kann die Veränderungsfähigkeit fördern (Farson und Keyes 2002, S. 65; McGrath 1999, S. 27). Eine hohe Toleranz für Fehler im Unternehmen kann innovationsfördernd sein, weil die Mitarbeiter aus Misserfolgen lernen (Levinthal und March 1993, S. 104). Bei der Realisierung von beispielsweise neuen IT-Plattformen sollte die Toleranz gegenüber Systemausfällen und Geschäftsunterbrechungen aufgrund von Ausfallzeiten der IT-Plattform jedoch geringer sein, auch um Schuldzuweisung zwischen IT-Entwicklungs- und IT-Betriebsteam zu begrenzen (Ravichandran 2018, S. 27; Wiedemann et al. 2020, S. 4 f.). Eine Voraussetzung hierfür bildet eine IT-Kultur, die ein kalkuliertes Eingehen von Risiken fördert und Mitarbeiter die Möglichkeit haben, ihre neuen Ideen ohne Angst vor Misserfolg testen zu können (Westerman 2009, S. 120; Moos et al. 2010). Dadurch zeigt sich, dass eine Fehler- und Risikotoleranz positiv mit der Entwicklung von Innovationen verknüpft ist (Tellis et al. 2009, S. 13; Nystrom et al. 2002, S. 225 f.). Bei der Einführung von organisatorischen und technologischen Neuerungen sollte daher eine positive Fehlerkultur im Vordergrund stehen, um aus der Ursachenanalyse der Vergangenheit einen Erkenntnisgewinn für die Zukunft zu schaffen (Schuch et al. 2020, S. 4340 ff.).

Tab. 5.1 Kennzahlensteckbrief: Grad der Fehlertoleranz. (Quelle: Eigene Darstellung)

Elementarkennzahl		**Unterstützte Hauptkennzahl**
O1.1: Grad der Fehlertoleranz		Innovative IT-Kultur
Zieldefinition		
Kulturelle Voraussetzungen in der IT-Funktion, um Fehler im Kontext der Veränderung zu tolerieren.		
Leitfrage	**Referenzen**	**Kalkulation**
Inwiefern sind die kulturellen Voraussetzungen in der IT-Funktion gegeben, um Fehlschläge im Rahmen von Veränderungen zu verkraften?	(Anderson et al. 2014) (Spencer und Sofer 1964) (Kießling et al. 2012) (Danneels 2008) (Tellis et al. 2009)	$FT = \frac{1}{m}\sum_{i}^{m} TOL_i$
Beschreibung		**Normierung**
Der Grad der Fehlertoleranz erfasst die wahrgenommene Fehlertoleranz in der IT-Funktion auf einer siebenstufigen Skala. Der arithmetische Mittelwert aller Antworten der Teilnehmer bildet die Fehlertoleranz in der IT-Funktion.		5 – $FT > 5{,}6$ 4 – $4{,}2 < FT \leq 5{,}6$ 3 – $2{,}8 < FT \leq 4{,}2$ 2 – $1{,}4 < FT \leq 2{,}8$ 1 – $FT \leq 1{,}4$
Eingangsvariablen		
TOL =	Rating der teilnehmenden Mitarbeiter auf einer Skala von trifft nicht zu (1) bis trifft zu (7): „In unserer IT-Funktion werden Fehler im Rahmen von Innovationen toleriert“	
i = 1, 2, ... m	Indexvariable für teilnehmenden Mitarbeiter m der IT-Funktion	
Exemplarische Datenherkunft und -erhebung		
Für die Erhebung ist es erforderlich, eine möglichst breite Befragung innerhalb der IT-Funktion durchzuführen. Alternativ besteht die Möglichkeit im Rahmen von Betriebsversammlungen oder Town Hall Meetings die Fehlertoleranz in der IT-Funktion stichprobenartig zu erheben. Alternativ können bestehende kulturelle Umfragen in der IT-Funktion genutzt werden.		

Die Elementarkennzahl der Fehlertoleranz schafft einen Einblick in die IT-Kultur der IT-Funktion. Ein niedriges Kennzahlenergebnis deutet auf die Abwesenheit von Fehlertoleranz hin. Hervorzuheben sind drei Aspekte in der Praxis. Erstens, wenn Fehler passieren, sollten ebendiese ausgebessert, kommuniziert und besprochen werden, sodass ein kontinuierlicher Lernprozess etabliert wird. Als zweiter Aspekt sollte die Fehlertoleranz von Prototypen über die Entwicklung bis zum Produktivsystem abnehmen. Dritter Aspekt bildet die Geschäftsrelevanz der Applikationen. Mit steigender Geschäftsrelevanz sollte die Fehlertoleranz absinken. Zusammenfassend ist eine höhere Fehlertoleranz als förderlich für die organisatorische IT-Agilität zu werten.

Experimentierfreude

Die zweite Kennzahl der innovativen IT-Kultur bezieht sich auf die Experimentierfreude. Wachsame und proaktive Unternehmen sind ständig auf der Suche nach bisher unbemerkten Aspekten, um aus praktischen Versuchen und Experimenten zu lernen (Sambamurthy et al. 2003, S. 242). Die Wissensexploration ermöglicht es, sich auf die langfristige Orientierung zu konzentrieren und nicht nur auf die lokale Suche innerhalb der eigenen Organisation zu begrenzen, wodurch umfänglichere Wahrnehmungsmöglichkeiten geschaffen werden (Nazir und Pinsonneault 2021, S. 7; Tallon et al. 2019, S. 232). Innovative Unternehmen sind eher zu Experimenten bereit und gehen bei hohem Unsicherheitsgrad kalkulierte Risiken ein (Hurley und Hult 1998, S. 50). Es ist daher wahrscheinlicher, dass diese innovativen Unternehmen ebenfalls digitale Plattformen nutzen, um Chancen zu ergreifen (Ravichandran 2018, S. 36). Digitale Plattformen schaffen die erforderliche Freiheit mit Praktiken und Werkzeugen zu experimentieren, die zu ihren Aufgaben und Zuständigkeiten passen und ermöglichen darüber hinaus das Experimentieren mit parallelen Pfaden (Mikalsen et al. 2021, S. 14 ff.; Ravichandran et al. 2018, S. 24). Dies unterstreicht die Bedeutung einer proaktiven IT-Haltung, bei der kontinuierlich mit IT-Ressourcen und IT-Praktiken experimentiert wird, um neue Technologien zu erforschen und die vorhandenen Kompetenzen zu nutzen (Lee et al. 2015, S. 408; Lu und Ramamurthy 2011, S. 947). Darüber hinaus kann das IT-Management die Mitarbeiter bei ihren täglichen Aktivitäten aktiv unterstützen und IT-Experimente ermöglichen und einfordern (Krüp et al. 2014, S. 2). Finanzielle Ressourcen bieten dabei einen Spielraum, weitere IT-Initiativen zu entwickeln und für die Umsetzung vorzubereiten (Krancher et al. 2018, S. 794; Lu und Ramamurthy 2011, S. 939). Daher müssen die notwendigen Mittel für die Erneuerung und Vertiefung der IT-Kompetenzen bereitgestellt werden (Ravichandran 2018, S. 37). Daneben helfen aber auch neue Platform-as-a-Service-Ansätze (PaaS) schnell, eine vorgefertigte Vielzahl von Services für Anwendungsfälle zu testen, kontinuierliche Veränderungen vorzunehmen und die Ergebnisse in der Produktivumgebung zu prüfen (Krancher et al. 2018, S. 805 f.). Parallel wird in der Praxis der Wunsch geäußert, im Falle eines Scheiterns frühzeitig zu scheitern. Das bedeutet, dass Unternehmen zwar leicht und schnell auf das, was sie in ihrem Umfeld wahrnehmen, reagieren sollten, aber auch in der Lage sein müssen, den Kurs schnell zu stoppen oder umzukehren, wenn dies erforderlich ist (Tallon et al. 2019, S. 233).

Tab. 5.2 Kennzahlensteckbrief: Grad der Experimentierfreude. (Quelle: Eigene Darstellung)

Elementarkennzahl		**Unterstützte Hauptkennzahl**
O1.2: Grad der Experimentierfreude		Innovative IT-Kultur
Zieldefinition		
Durchführung von Experimenten mit innovativen IT-Technologien, um den Geschäftsbeitrag der IT-Funktion zu verändern.		
Leitfrage	**Referenzen**	**Kalkulation**
Inwiefern werden Experimente mit innovativen IT-Technologien in der IT-Funktion durchgeführt, um den Geschäftsbeitrag zu transformieren?	(Lee et al. 2015) (Lu und Ramamurthy 2011) (Krüp et al. 2014)	$EF = \frac{\sum_i^m EA_i}{ITA}$
Beschreibung		**Normierung**
Der Grad der Experimentierfreude erfasst den Aufwand für IT-getriebene Experimente. Die Experimentierfreude wird mit dem Quotienten für den Gesamtaufwand in der IT-Funktion in eine Verhältniskennzahl überführt.		5 – $0{,}04 < EF \leq 0{,}06$ 4 – $0{,}03 < EF \leq 0{,}04$; $0{,}06 < EF \leq 0{,}07$ 3 – $0{,}02 < EF \leq 0{,}03$; $0{,}07 < EF \leq 0{,}08$ 2 – $0{,}01 < EF \leq 0{,}02$; $0{,}08 < EF \leq 0{,}1$ 1 – $EF \leq 0{,}01$; $EF > 0{,}1$
Eingangsvariablen		
EA = Aufwand je Technologie- und Innovationsexperiment in Zeit i = 1, 2, ... m Indexvariable für die Experimente ITA = IT-Gesamtaufwand in der IT-Funktion in Zeit		
Exemplarische Datenherkunft und -erhebung		
Für die Erhebung des Aufwands für IT-getriebene Experimente eignet sich der IT-Innovationsprozess. Anderenfalls können Steckbriefe von Experimenten oder experimentelle Iterationen im Rahmen der kontinuierlichen Softwareentwicklung untersucht werden.		

Die Elementarkennzahl der Experimentierfreude dient der Auswertung, inwiefern und in welchem Maß Experimente mit neuen Technologien in der IT-Funktion durchgeführt werden. Versuche mit neuen Technologien unterstützen das rapide Lernen abseits des Tagesgeschäfts. Wobei zwischen einer Experimentierphase und einer erweiterten Implementierungsphase unterschieden werden muss. Experimente bilden eine Vorstufe für die Projektierung von vielversprechenden, experimentell getesteten Technologien für das Gesamtunternehmen. Ein geringes Kennzahlenergebnis deutet auf die Abwesenheit von Experimenten hin, während ein zu hohes Verhältnis die Gefahr birgt, dass der Bezug zum operativen Tagesgeschäft verloren geht, wenn größtenteils an Innovationen gearbeitet wird. Unter Berücksichtigung des erwarteten Ergebnisbeitrags der jeweiligen Experimente sollten im Großteil sogenannte sichere Wetten (geringes Risiko bei hohem Erwartungswert) durchgeführt werden, um die Erfolgswahrscheinlichkeit von Lösungen mit experimentellen Technologien zu erhöhen. Gleichzeitig sollten ebenfalls experimentelle Wetten eingegangen werden können, die über eine hohe Unsicherheit bei hohem Erwartungswert verfügen. Bei der Durchführung von Experimenten ist hervorzuheben, dass diese möglichst in einer methodischen

Art und Weise durchgeführt werden sollten. Dabei ist es innovationsförderlich, wenn die IT-Funktion einen Zugang zu finanziellen und zeitlichen Ressourcen, wie einem Innovationsbudget, hat, um einen Gestaltungsraum für Experimente aufbauen zu können.

5.1.1.2 Kennzahlen der strategischen Geschäftsinteraktion

Hinsichtlich der strategischen Unternehmensausrichtung können grundsätzlich Differenzierung und Kostenführerschaft unterschieden werden. Differenzierende Strategien zielen auf überlegenes Design, innovative Forschung und Entwicklung, Kundennähe und Markenimage ab (Porter 1996, S. 8; Tallon 2007, S. 252) und ermöglichen es, hohe Margen durch einen höheren Kundenwert zu realisieren (Kald 2003, S. 337; Kim et al. 2004, S. 575) und bilden oft einen Kernbestandteil einer digitalen Geschäftsstrategie (Bharadwaj et al. 2013, S. 472). Kostenführer streben danach, die niedrigsten durchschnittlichen Stückkosten in der Branche mithilfe von strikter Kostenkontrolle, Effizienz und niedrigen Einkaufspreisen zu erreichen (Porter 1996, S. 74). In Erweiterung der Strategie-Struktur-Theorie von CHANDLER ist anerkannt (Chandler 1962), dass die strategische Ausrichtung die allgemeine Organisationsstruktur und damit ebenfalls die IT-Organisation und deren Ziele beeinflussen (Mintzberg 1990, S. 183). Das Spektrum des IT-Aufgabenbereichs kann von einer reaktiven Leistungserbringung bis zur proaktiven Erneuerung des Leistungsspektrums der Geschäftsseite reichen (Kalgovas et. al. 2014, S. 6; Guillemette und Paré 2012, S. 533). Eine enge Geschäftspartnerschaft bildet eine wesentliche Eigenschaft für einen bestmöglichen Einsatz von IT. Eine intensive Zusammenarbeit zwischen IT-Funktion und Geschäftsfunktionen unterstützt das gezielte Aufgreifen von Trends und die digitale Ergänzung von bestehenden Produkten und Dienstleistungen bspw. mithilfe von mobilen Anwendungen und sozialen Medien (Vial 2019, S. 134). Die beispielhafte Umwandlung des Unternehmens zu einem Plattformanbieter ermöglicht es, dem Unternehmen als Komplementär für digitale Services aufzutreten und damit weitere Daten zu generieren, die für die künftigen Verbesserung genutzt werden können (Vial 2019, S. 134). Hierzu sind die drei Steckbriefe für die Elementarkennzahlen Grad der Innovationsziele in Tab. 5.3, Grad der formalen CEO/CIO-Nähe in Tab. 5.4 und der Grad des Investitionseinbezugs in Tab. 5.5 folgend ausformuliert. Dabei ist die strategische Geschäftsinteraktion definiert als die formelle und informelle Kooperation mit der Fachseite auf Augenhöhe zu strategischen Themen- und Zielstellungen.

Innovationsziele

Nach der Zielsetzungstheorie haben Ziele eine direktive Funktion und lenken die Aufmerksamkeit auf zielrelevante Aktivitäten (Locke und Latham 2002, S. 706). Im Kontext der IT-Funktion lenkt der CIO seine Anstrengungen auf zielrelevante Aktivitäten, die über Leistungskennzahlen belohnt werden (Bekkhus 2016, S. 6). Unternehmen, deren IT-Strategie, Ziele und Tätigkeiten, mit denen der Fachseite konsistent sind, nutzen Informationstechnologien besser (Whelan et. 2015, S. 262), um Wettbewerbsvorteile gegenüber Konkurrenten mithilfe von Kostenführerschaft oder Differenzierung zu generieren (Pavlou und El Sawy 2006, S. 216; Rai et al. 2009, S. 16). Integrative Innovationsziele werden positiv mit organisatorischer IT-Agilität assoziiert, weil Unternehmen mit höherer Innovationskapazität eher dazu in der Lage sind, ihre digitalen Plattformen für eine verbesserte Unternehmens-Agilität zu nutzen (Ravichandran 2018, S. 27) und ist signifikanter bei Unternehmen mit differenzierenden Geschäftsstrategien ausgeprägt (Armstrong et al. 1999, S. 316; Tallon et al. 2019, S. 231). Mit IT-Agilität werden im Schwerpunkt Innovationsziele verfolgt wie kürzere Markteinführungszeit, Steigerung der Kreativität und eine engere Kundenzusammenarbeit und sind daher dem differenzierenden Strategiespektrum zuzuordnen (Walter 2021, S. 344). Das so erlangte Wissen wird als wertvoll betrachtet (Horlach et al. 2017, S. 5423).

Tab. 5.3 Kennzahlensteckbrief: Grad der Innovationsziele. (Quelle: Eigene Darstellung)

Elementarkennzahl		**Unterstützte Hauptkennzahl**
O2.1: Grad der Innovationsziele		Strategische Geschäftsinteraktion
Zieldefinition		
Präsenz von Innovationszielen in der IT-Funktion, um einen erweiterten Beitrag zu den Geschäftszielen zu leisten.		
Leitfrage	**Referenzen**	**Kalkulation**
Inwiefern sind Innovationsziele in der IT-Funktion ausgeprägt?	(Tallon 2007) (Termer 2016) (Locke und Latham 2002) (Bekkhus 2016)	$IZ = \frac{\sum_i^m ZIN_i}{\sum_j^n ZAL_j}$
Beschreibung		**Normierung**
Der Grad der Innnovationsziele bezieht sich auf die Ziele der Initiativen in der IT-Funktion. Hierunter fallen beispielsweise die Entwicklung und Verbesserung der neuen IT-getriebenen Geschäftsmodelle, Produkte, Dienstleistungen oder die Präsenz auf neuen Absatzkanälen und haben einen direkten Geschäftsbeitrag. Bewertete Innovationsziele werden mit den allen Zielen in der IT-Funktion in Beziehung gesetzt.		5 – IZ > 0,1 4 – 0,08 < IZ ≤ 0,1 3 – 0,06 < IZ ≤ 0,08 2 – 0,04 < IZ ≤ 0,06 1 – IZ ≤ 0,04
Eingangsvariablen		
ZIN =	Innovative Zielstellung von Initiativen (Strategische Planung, Projekte und Produkte) der IT-Funktion	
ZAL =	Zielstellung aller Initiativen (strategische Planung, Projekte und Produkte) der IT-Funktion	
i = 1, 2, … m	Indexvariable für die Innovationsinitiativen	
j = 1, 2, … n	Indexvariable für alle Initiativen	
Exemplarische Datenherkunft und -erhebung		
Für die Erhebung der Innovationsziele kann eine Liste der Initiativen (Projekte, Programme und Produkte) und entsprechender Zielsetzungen herangezogen werden. Die übergeordneten Zielsetzungen sollten sich im Rahmen der strategischen Jahresplanung enthalten sein.		

Die Elementarkennzahl der Innovationsziele sagt aus, welche Zielsetzungen die IT-Funktion primär verfolgt. Bei dieser Kennzahl wird der relative Anteil der monetären Innovationsziele im Sinne einer proaktiven Geschäftsverantwortlichkeit am gesamten Zielumfang der IT-Funktion berücksichtigt. Damit sind Projektziele und die Ziele der Linienorganisation gemeint, indem zwischen funktionsinternen IT-Effizienz- und funktionsexternen IT-Innovationszielen unterschieden wird. IT-Innovationsziele führen bspw. Zu einer kosteneffizienteren Bewältigung der Geschäftsprozesse oder einer Geschäftsinnovation für Kunden. Typische Beispiele für IT-Innovationsziele mit Geschäftsbeitrag sind Wachstumsziele, höhere Marktanteile auf digitalen Kundenkanälen oder der Umsatzanteil, der durch neue digitale Dienstleistungen erzielt wird. Parallel sind IT-Stabilitätsziele unabdingbar, weil Instabilität ebenfalls die Innovationsfähigkeit einschränkt. IT-Effizienz umfasst für die IT-Funktion die Reduzierung der IT-Kosten bei äquivalenter Bereitstellung oder vermindertem IT-Serviceangebot. Gleichzeitig bildet die Zielkonsistenz zwischen IT-Funktion und Geschäftsfunktionen eine systematische Bedingung für das Business-IT-Alignment.

Formale CEO/CIO-Nähe

Generell besteht die Tendenz, dass der CIO an die oberste Führungskraft (z. B. den CEO) oder die ranghöchste Finanzführungskraft (z. B. den CFO) berichtet (Banker et al. 2011, S. 487). Banker et al. Zeigen, dass Unternehmen, die ihre CIO-Berichtsstruktur strategisch ausrichten, höhere Renditen erzielen. Unternehmen, die eine Differenzierungsstrategie verfolgen, neigen dazu, ihren CIO dem CEO zu unterstellen, während Kostenführer den CIO dem CFO unterstellen, wodurch dieser mit der passenden C-Level-Führungskraft zusammenarbeiten kann, um die IT-Funktion auf die Unterstützung der Unternehmensstrategie zu konzentrieren (Banker et al. 2011, S. 490). Die konsistente Abstimmung zwischen der strategischen Positionierung eines Unternehmens und seiner CIO-Berichtsstruktur wirkt sich positiv (gemessen an Aktienrenditen und Cashflows aus dem operativen Geschäft) auf die Unternehmensleistung aus. Damit ist widerlegt, dass eine einzige CIO-Berichtsstruktur ideal für alle Unternehmen ist (Banker et al. 2011, S. 501). Eine differenzierende Unternehmensstrategie in Verbindung mit einer CEO-CIO Berichtsstruktur beeinflusst die organisatorische IT-Agilität positiv, weil sich IT-Agilität schwerpunktmäßig mit der Entwicklung von IT-gestützten Geschäftsinnovationen befasst (Chen et al. 2015, S. 18; Kalgovas et al. 2014, S. 7; Saldanha und Krishnan 2011, S. 12; Whelan et. 2015, S. 262). Zudem ist der CIO in einer adäquaten Position, den CEO von risikoreichen IT-Initiativen für eine Differenzierung zu überzeugen, die weitere Finanzierung sicherzustellen und Entscheidungsunterstützung für bestehende Initiativen zu erhalten (Banker et al. 2011, S. 492; Liang et al. 2017, S. 869). Durch eine fehlende Abstimmung können strategische Entscheidungen getroffen werden, die die IT-Agilität reduzieren. Wenn der CIO die Bedeutung der Flexibilität aufgrund mangelnder Geschäftskenntnisse unterschätzt oder der CEO aufgrund mangelnder IT-Kenntnisse Funktionalität und Kosten der Flexibilität vorzieht, wird eine weniger flexible Infrastruktur implementiert und nachfolgend die Unternehmens-Agilität eingeschränkt (Liang et al. 2017, S. 871). Daher muss die oberste Führungsebene erreicht werden, was andernfalls ein Erfolgshindernis für die Umsetzung darstellt (Schuch et al. 2020, S. 4344). Um erfolgreich zu sein bedarf es einer Definition und die Planung der richtigen Maßnahmen, um ein messbares Ziel zu erreichen (Karimi-Alaghehband und Rivard 2020, S. 6).

Tab. 5.4 Kennzahlensteckbrief: Grad der formalen CEO-/CIO-Nähe. (Quelle: Eigene Darstellung)

Elementarkennzahl		**Unterstützte Hauptkennzahl**
O2.2: Grad der formalen CEO-/CIO-Nähe		Strategische Geschäftsinteraktion
Zieldefinition		
Formelle Einbindung des CIO in die oberste Managementebene zur Herstellung des strategischen Business-IT-Alignments.		
Leitfrage	**Referenzen**	**Kalkulation**
Inwiefern ist der CIO organisatorisch in die Geschäftsführung und die strategische Planung eingebunden?	(Banker et al. 2011) (Kalgovas et al. 2014) (Saldanha und Krishnan 2011) (Liang et al. 2017)	$CEON = \frac{1}{CxO}$
Beschreibung		**Normierung**
Der Grad der formalen CIO/CEO-Nähe ermittelt die Anzahl der Berichtslinien zwischen CEO und CIO und setzt die formale Distanz in ein Verhältnis.		5 – $CEON \leq 1$ 4 – $0{,}5 < CEON < 1$ 3 – $0{,}33 < CEON \leq 0{,}5$ 2 – $0{,}25 < CEON \leq 0{,}33$ 1 – $CEON \leq 0{,}25$
Eingangsvariablen		
CXO = Anzahl der Berichtslinien zwischen CEO und CIO		
Exemplarische Datenherkunft und -erhebung		
Die Erhebung der Position des CEO (Geschäftsführer) und des CIO (Leiter der IT) kann über das Unternehmensorganigramm bzw. über zugriffsberechtigte Personen erfolgen.		

Die Elementarkennzahl der Berichtliniendistanz zwischen CEO und CIO verdeutlicht, auf welcher hierarchischen Ebene der IT-Leiter in der Organisation eingeordnet ist. Die klassische CEO-/CFO-/…/CIO-Konstellation, ist als bedingt innovationsförderlich bzw. agilitätssteigernd zu betrachten, weil ein übergeordneter CFO überwiegend interne Standardisierungs- und Effizienzziele verfolgt, die anschließend auf die IT-Funktion übertragen werden. In der ersten Fallstudie war die IT-Funktion in separierter Form als Chief Technology Officer oder Chief Product Officer auf Geschäftsführungsebene vertreten, womit der IT-Innovationsanspruch hervorgehoben wird. Insbesondere ist bei dieser Elementarkennzahl das zugrundeliegende Steuerungsmodell der IT-Funktion zu hinterfragen, so kann ein IT-Value-Center-Ansatz die organisatorische IT-Agilität fördern, während ein Cost-Center-Ansatz die organisatorische IT-Agilität hemmen kann (vgl. Abschnitt 4.3.6). Gleichzeitig wurde eine hohe Berichtsliniennähe zwischen CIO und CEO als förderlich für das Business-IT-Alignment angesehen, weil neben der formalen Nähe ebenfalls die informelle Nähe zu den Fachbereichen erhöht werden könne. Dies findet sich auch in anderen Arbeiten (vgl. Haffke 2017, S. 65).

Investitionseinbezug

Gemeinsame Entscheidungen auf Unternehmensebene führen zu einer besseren Abstimmung zwischen Geschäfts- und IT-Fähigkeiten (Tallon und Pinsonneault 2011, S. 477). Bei partnerschaftlichen Ansätzen sind beide Fraktionen gemeinsam für den Geschäftserfolg, für IT-Projekte und IT-Investitionsentscheidungen verantwortlich (Guillemette und Paré 2012, S. 533; Weill und Ross 2005, S. 28 f.; Wiedemann und Weeger 2016, S. 5). In einem Konzernumfeld sollten Vertreter der unterschiedlichen Geschäftseinheiten mit den IT-Manager bei der Entwicklung von speziellen IT-Anwendungen zusammenarbeiten, wodurch keine Beeinträchtigung der gemeinsam genutzten IT-Infrastruktur entsteht und eine bessere Wahrnehmung von Risiken, Möglichkeiten und Umfeldveränderungen ermöglicht wird (Tallon et al. 2019, S. 226; Queiroz et al. 2018b, S. 13). Wenn die Geschäftsseite und die IT-Funktion in gemeinsame IT-Systeme investieren, sind sie eher geneigt, die bestehende Partnerschaft zum Funktionieren zu bringen und werden nachsichtiger gegenüber den Anforderungen des anderen. Dies ist daher kritisch für den gemeinsamen Erfolg in späteren Lebenszyklusphasen wie der IT-Bereitstellung oder dem IT-Change-Management (Nazir und Pinsonneault 2021, S. 6; Saldanha et al. 2020, S. 1275). Dabei können Richtlinien und Architekturprinzipien zwischen Managern der Fachseite und IT-Architekten diesen Zusammenarbeitsprozess und die Bebauung der IT-Landschaft unterstützen und finden sich in einer Vielzahl von Unternehmen (Kotusev 2019, S. 107).

Tab. 5.5 Kennzahlensteckbrief: Grad des IT-Investitionseinbezugs. (Quelle: Eigene Darstellung)

Elementarkennzahl		**Unterstützte Hauptkennzahl**
O2.3: Grad des IT-Investitionseinbezugs		Strategische Geschäftsinteraktion
Zieldefinition		
Einbindung der IT-Funktion und ihrer Vertreter in IT-Investitionsentscheidungen zur Gestaltung der IT-Systemlandschaft.		
Leitfrage	**Referenzen**	**Kalkulation**
Wie formal wird die IT-Funktion in IT-Investitionsentscheidungen in die IT-Systemlandschaft und deren Vorbereitung einbezogen?	(Guilmette und Paré 2012) (Kien et al. 2013) (Tallon und Pinsonneault 2011) (Whelan et al. 2015)	$IVE = \frac{\sum_i^m INIT_i}{\sum_j^n IT_j}$
Beschreibung		**Normierung**
Der Grad des IT-Investitionseinbezugs setzt die Einbindung und alle irreversiblen IT-systemrelevanten Entscheidungen in ein Verhältnis. Hierbei wird ein Quotient gebildet aus den Entscheidungen mit und ohne Einbezug der IT-Funktion.		5 – $0{,}8 \leq IVE < 1$ 4 – $0{,}6 \leq IVE < 0{,}8$ 3 – $0{,}4 \leq IVE < 0{,}6$ 2 – $0{,}2 \leq IVE < 0{,}4$ 1 – $IVE < 0{,}2$
Eingangsvariablen		
INIT =	IT-Investitionsentscheidungen, in die die IT-Funktion vorbereitend eingebunden wurde im letzten Jahr	
IT =	IT-Investitionsentscheidungen im letzten Jahr	
i = 1, 2, … m	Indexvariable für die IT-Investitionsentscheidungen mit IT-Einbezug	
j = 1, 2, … n	Indexvariable für alle IT-Investitionsentscheidungen	
Exemplarische Datenherkunft und -erhebung		
Das Projektantragsverfahren für IT-Projekte und die bisherige Entscheidungsdokumentation bieten die Eingangsgrößen für die Erhebung der Kennzahl. Falls der Prozess nicht formal dokumentiert ist, bietet sich eine erhebende Befragung mit dem IT-Projektmanagement, dem IT-Controlling oder dem IT-Leiter an. Alternativ kann die Dokumentation der aktuellen Anwendungslandschaft als Basis für die Evaluation des Einbezugs in der Vergangenheit dienen.		

Diese Elementarkennzahl schafft eine Transparenz für die formelle Involvierung der IT-Funktion in die strategischen IT-Investitionsentscheidungen, die einen irreversiblen Charakter aufweisen. Irreversibilität zeigt sich bei der Ausprägung einer oder mehrerer der folgenden drei Merkmale:

- Integration in die bestehende Anwendungslandschaft
- Langfristigkeit, geplante Nutzung der Lösung mindestens über drei Jahre
- Unterbrechen der Investition in nicht weniger als sechs Monaten.

Dieser Sachverhalt zeigt sich, wenn eine neue Applikation eingeführt und mehreren Nutzern zur Verfügung gestellt werden soll. Solche Investitionen beeinflussen die IT-Architektur und haben damit langfristige Auswirkungen auf die organisatorische IT-Agilität. Geschäftsbereiche und die IT-Funktion haben unter Umständen abweichende Anforderungsprofile. Die User-Experience bekommt einen höheren Stellenwert durch die Fachabteilung, parallel wird die Funktionalität und der technische Integrationsaspekt der Softwarelösung weniger berücksichtigt.

Für die Ausbalancierung müssen beide Anforderungsprofile vor dem Hintergrund der existierenden Anwendungslandschaft, der langfristigen Wartbarkeit, der funktionalen Erweiterbarkeit und der Automatisierungsmöglichkeit berücksichtigt werden. Auf der anderen Seite ist eine Offenheit der IT-Funktion gegenüber innovativen Technologien erforderlich, auch falls Abweichungen zu existierenden Standardisierungsanforderungen bestehen. Darüber hinaus sollte die IT-Funktion als Verantwortlicher für den IT-Betrieb der Softwarelösung nach der Realisierungsphase in die Entscheidungsvorbereitung eingebunden sein.

5.1.1.3 Kennzahlen der befähigenden Linienstruktur

Je nach Struktur der Organisation kann es zu erheblichen Verzögerungen und Problemen bei der Weiterleitung von Informationen an die oberste Führungsebene kommen, denn Quellen- und Kontextinformationen können verloren gehen, sodass Manager im Nachhinein offensichtliche Erkenntnisse übersehen (Seo und La Paz 2008, S. 137). Hierbei lässt sich der Grad der hierarchischen Flachheit in Tab. 5.6 und der Grad des strukturellen Föderalismus in Tab. 5.7 als repräsentative Eigenschaften unterscheiden. Die befähigende Linienstruktur ist definiert als eine flache IT-Aufbauorganisation mit föderaler Einbindung der IT-Funktion in das Gesamtunternehmen.

Flache Hierarchie

Insbesondere die Entscheidungsgeschwindigkeit und die Kürze der Entscheidungswege in der IT-Linienorganisation sind Eigenschaften der organisatorischen IT-Agilität. Hierbei ist die organisatorische Führungsspanne von Relevanz. Eine flache Hierarchie trägt dazu bei, dass Mitarbeiter in der Lage sind, Entscheidungen autonom in ihrem Verantwortungsbereich zu treffen. Weite Kontrollspannen erschweren zudem die Überwachung untergeordneter Entscheidungen aufgrund der Grenzen der kognitiven Informationsverarbeitung der Führungskraft (Hill und Hoskisson 1987, S. 332). Die Selbstbestimmung der Mitarbeiter wird gefördert, die einen Großteil der Entscheidungen und des Arbeitsverhaltens selbst festlegen, sodass die intrinsische Motivation insgesamt erhöht wird (Martinko und Gardner 1982, S. 199; Spreitzer 1996, S. 487). Die Befähigung unterstützt die Suche nach neuen innovativen Lösungen (Hempel et al. 2012, S. 493). Insbesondere bei technischen Herausforderungen mit komplexen Technologien sollten dezentrale Entscheidungsprozesse genutzt werden (Xu und Ramesh 2007, S. 298) und können als innovationsförderlich angesehen werden (Bock et al. 2012, S. 280; Termer 2016, S. 86). Die Flachheit der Hierarchie wird zunehmend geplant, um eine weniger hierarchische, flexiblere und attraktive Arbeitsumgebung insbesondere für neue Mitarbeiter zu schaffen (Horlach et al. 2017, S. 5425;

Schuch et al. 2020, S. 4339). Auch Investitionsentscheidungen könnten z. T. auf tiefere organisatorische Hierarchieebenen gezielt verlagert werden, um zusätzlich die IT-Agilität zu erhöhen (Queiroz et al. 2018b, S. 13). Agile Rahmenwerke empfehlen, komplexe Produkte auf mehrere kleine Teams zu verteilen. Skaliert-agile Strukturen koordinieren dabei mehr als sechs Teams (in Summe bis zu 50 Personen) (Schuch et al. 2020, S. 4337).

Tab. 5.6 Kennzahlensteckbrief: Grad der hierarchischen Flachheit. (Quelle: Eigene Darstellung)

Elementarkennzahl		**Unterstützte Hauptkennzahl**
O3.1: Grad der hierarchischen Flachheit		Befähigende Linienstruktur
Zieldefinition		
Flache Organisationsstruktur der IT-Funktion in Bezug auf die Hierarchieebenen, um die Autonomie der Mitarbeiter zu erhöhen.		
Leitfrage	**Referenzen**	**Kalkulation**
Wie flach ist die Aufbauorganisation der IT-Funktion in Bezug auf die Hierarchieebenen strukturiert?	(Nurdiani et al. 2015) (Termer 2016) (Bloom et al. 2014)	$\boldsymbol{HF = \frac{(log_7 \cdot (\sum_i^m MAIT))}{((maxHE) - 1)}}$
Beschreibung		**Normierung**
Der Grad der hierarchischen Flachheit gibt die Anzahl der Mitarbeiter in IT-Funktion an und werden mit der maximalen Anzahl der organisatorischen Ebenen in der IT-Funktion in ein logarithmisches Verhältnis gesetzt.		5 – 0,9 < HF ≤ 1,1 4 – 0,8 < HF ≤ 0,9; 1,1 < HF ≤ 1,2 3 – 0,6 < HF ≤ 0,8; 1,2 < HF ≤ 1,25 2 – 0,4 < HF ≤ 0,6; 1,25 < HF ≤ 1,3 1 – HF ≤ 0,4; HF > 1,3
Eingangsvariablen		
MAIT = Interne Mitarbeiter in der gesamten IT-Funktion HE = Maximale hierarchische Ebenen in der IT-Funktion i = 1, 2, … m Indexvariable für die internen Mitarbeiter in der IT-Funktion		
Exemplarische Datenherkunft und -erhebung		
Die Grundlage für die Erhebung der organisatorischen Ebenen und der Mitarbeiteranzahl in der IT-Funktion bildet das IT-Organigramm.		

Diese Elementarkennzahl beurteilt die Flachheit der Organisation und setzt die Anzahl der organisatorischen hierarchischen Stufen zwischen CIO und den Mitarbeitern der untersten Hierarchiestufe in ein Verhältnis. Dazu wird die Gesamtzahl der Mitarbeiter in Bezug zu den horizontalen Organisationsebenen gesetzt. Der Zähler ermittelt die Anzahl der IT-Mitarbeiter und multipliziert diese mit dem Logarithmus zur Basis 7, da mit jeder weiteren Hierarchieebene der Exponent zur Basis 7 beginnend bei Null, um Eins zunimmt. Der Nenner ermittelt die maximal mögliche Anzahl der Hierarchieebene, vom CIO an der Spitze bis zum Mitarbeiter auf der untersten Hierarchieebene. Der Fokus liegt auf den Beziehungen zwischen den Hierarchieebenen und nicht der Anzahl der Hierarchieebenen und wird daher um eine Eins subtrahiert. Im Rechenbeispiel ergibt sich bei drei maximalen Hierarchiestufen eine Zwei im Nenner. Hierdurch wird ersichtlich, wie das Verhältnis zwischen Managern und Mitarbeitern ist. Bei einer flachen Hierarchie wird dadurch die Autonomie der Mitarbeiter in der IT-Funktion gestärkt, weil weniger Hierarchieebenen vorhanden sind und dadurch die Wahrscheinlichkeit steigt, dass Entscheidungen auf dezentraleren Ebenen getroffen werden. Als Normierung wird eine Anzahl von sieben Mitarbeitern als Führungsspannweite genannt, damit die Organisation nicht zu flach und nicht zu steil ausgeprägt ist und lehnt sich an die optimale Teamgröße an (vgl. Abschnitt 5.1.1.4). Dieses Optimum ist jedoch auch von der Art der Linienaufgaben, Verteilung zwischen Linien- und Projekttätigkeiten und dem zugehörigen Standardisierungsgrad der Tätigkeiten abhängig.

Struktureller Föderalismus

ROSS stellt fest, dass 60 % der Unternehmen auf eine standardisierte IT-Applikationslandschaft umsteigen, um einen Überblick über ihre Daten auf Unternehmensebene zu erhalten und eine datengetriebene Unternehmens-Agilität zu ermöglichen (Ross 2003, S. 5; Ross 2006, S. 12). Die Vorteile liegen in einer höheren Spezialisierung des Wissens, einheitlicher Koordination und der Sicherstellung der Kompatibilität der einzelnen Komponenten zueinander (Qian et al. 2006, S. 368). Durch die notwendige Integration von Infrastruktur, Daten, Anwendungen, IT-Serviceprozessen und IT-Architektur entsteht ein Spannungsfeld zwischen zentral und lokal verwalteter IT. Eine zentral verwaltete IT-Funktion schafft Skaleneffekte mithilfe von digitalen Plattformen, die sich schnell skalieren und anpassen lassen, um eine Vielzahl von Geschäftsanforderungen zu erfüllen (Richardson et al. 2014, S. 18; Tiwana und Konsynski 2010, S. 299). Eine zentralisierte IT-Einheit ist durch das Verständnis der gesamten IT-Architektur besser in der Lage, Sicherheitsrisiken in einer komplexen IT-Umgebung zu bewältigen, was auf eine Spezialisierung und die mit der Zentralisierung verbundenen Kostenvorteile zurückzuführen ist und schafft hierdurch eine verbesserte Entscheidungsgrundlage zur aktiven Bekämpfung ebendieser (Liu et al. 2020, S. 780; Vejseli et al. 2020, S. 5633). Die lokale Autonomie und Reaktionsfähigkeit können dann erreicht werden, wenn keine umfangreiche Abstimmung mit anderen Geschäftsbereichen über IT-Anwendungen erforderlich ist. Dezentral verwaltete IT-Systeme im eigenen Aufgabenbereich können dagegen autonom angepasst werden, um den unterschiedlichen lokalen Anforderungen zu genügen (Queiroz et al. 2018a, S. 5214). Eine föderale IT-Organisation schafft eine Balance zwischen standardisierter IT-Servicebereitstellung und flexibler Reaktionsfähigkeit (Krimpmann 2015, S. 1212). Dabei werden IT-Aufgabenbereiche, die über ein größeres Skalierungspotenzial verfügen – wie z. B. die Bereitstellung von

IT-Infrastruktur – zentralisiert. Aufgabenbereiche, die kritisch für eine Reaktionsfähigkeit sind, wie z. B. die Anwendungsentwicklung, werden tendenziell dezentral organisiert, weil sie über kürzere Laufzeiten verfügen als Infrastrukturprojekte (Queiroz et al. 2018b, S. 15). Dies ist mitunter der Grund, weshalb die IT-Funktion in den Unternehmen im Jahr 2018 zu mehr als drei Vierteln zentral bzw. vollständig zentral organisiert waren. Gleichzeitig zeichnet sich eine Tendenz im Jahr 2019 zu föderalen Strukturen ab (Kappelman et al. 2020, S. 76). QUEIROZ ET AL. zeigen, dass das IT-Portfoliomanagement mit einem zugrunde liegenden Schwerpunkt auf die Erstellung, den Einkauf und die Stilllegung von IT-Anwendungen einen signifikanten Einfluss auf die Agilität der Geschäftseinheiten ausübt (Queiroz et al. 2018b, S. 15). Eine wichtige Erkenntnis ist, dass die organisatorische IT-Agilität nicht nur von der Fähigkeit der Unternehmen abhängt, IT-Anwendungen schnell zu erstellen oder zu kaufen, sondern auch von ihrer Fähigkeit, schnell zu handeln, um unflexible Anwendungen zu beseitigen (Queiroz et al. 2018b, S. 5). Zudem bilden zentrale IT-gestützte Business-Intelligence Applikationen und Kommunikationsstrukturen das Nervensystem für die Verwaltung und den Austausch von Informationen im Unternehmen (Park et al. 2017, S. 654). Hierdurch können strategische Fragestellungen im SENSE- und RESPOND-Kreislauf schneller beantwortet werden (Park et al. 2017, S. 654). Die vorangestellten Ausführungen bestätigen erneut, dass eine föderale Struktur mit der Tendenz zur Zentralisierung vorzuziehen ist (Mikalef et al. 2021, S. 529).

Tab. 5.7 Kennzahlensteckbrief: Grad des strukturellen Föderalismus. (Quelle: Eigene Darstellung)

Elementarkennzahl	**Unterstützte Hauptkennzahl**
O3.2: Grad des strukturellen Föderalismus	Befähigende Linienstruktur

Zieldefinition
Struktureller Aufbau zwischen zentralen und dezentralen IT-Kompetenzen zum Ausgleich von Geschwindigkeits-, Standardisierungs- und Differenzierungsbedarfen.

Leitfrage	**Referenzen**	**Kalkulation**
In welchem Maße ist die IT-Funktion im Unternehmen zentralisiert bzw. dezentralisiert?	(Kien et al. 2013) (Termer 2016) (Qian et al. 2006) (Seo und La Paz 2008) (Kappelman et al. 2020)	$SF = \frac{\sum_i^m MZT_i}{\sum_j^n MIT_j}$

Beschreibung	**Normierung**
Der Grad des strukturellen Föderalismus stellt die Größe der zentralen IT-Abteilung über die Ermittlung der Mitarbeiterzahl fest. Die Ermittlung aller Mitarbeiter in der IT-Funktion bildet die zweite Größe. Über die Bildung eines Quotienten werden beide Kenngrößen in ein Verhältnis gesetzt.	5 – $0{,}8 < SF \leq 0{,}9$ 4 – $0{,}75 < SF \leq 0{,}8$; $0{,}9 < SF \leq 0{,}95$ 3 – $0{,}7 < SF \leq 0{,}75$; $0{,}95 < SF \leq 1$ 2 – $0{,}6 < SF \leq 0{,}7$ 1 – $SF \leq 0{,}6$

Eingangsvariablen	
MZT =	Interne Mitarbeiter in der zentralen IT-Funktion
MIT =	Interne Mitarbeiter in der IT-Funktion im Unternehmen
i = 1, 2, … m	Indexvariable für die internen Mitarbeiter in der zentralen IT-Funktion
j = 1, 2, … n	Indexvariable für die internen Mitarbeiter

Exemplarische Datenherkunft und -erhebung
Die Grundlage für die Erhebung der Elementarkennzahl und deren Mitarbeiterzahl in der IT-Funktion bildet das IT-Organigramm und das Organigramm des Unternehmens.

Der Grad des strukturellen Föderalismus sagt aus, wie die IT-Abteilung(en) in das Gesamtunternehmen eingebettet sind. Hierbei wird im Wesentlichen die Verteilung von funktionalen und disziplinarischen Kompetenzen in der IT-Funktion verstanden. Der Vorteil von dezentralen Strukturen besteht in der flexiblen Reaktionsfähigkeit auf lokale und produktorientierte Anforderungen. Gegen eine zentralisierte IT-Abteilung sprechen interne Abstimmungsaufwände, um einer übergreifenden Anforderungslage aller beteiligten Geschäftseinheiten gerecht zu werden. Es besteht die Gefahr, dass die Toleranzgrenze der dezentralen Einheiten überschritten wird oder der Zeitdruck für eine Lösung wächst und dass dezentral Entscheidungen getroffen werden, die eine hohe Irreversibilität aufweisen und eine unternehmensweite Standardisierung reduzieren. Applikationen im Sinne eines ERP- oder CRM-Systems können klassischerweise zentral allen dezentralen IT-Abteilungen zur Verfügung gestellt werden, die die Flexibilität für funktionale Anforderungen mitbringen. Bei der Bereitstellung einer zentralen Applikation wird die Entwicklung einer lokalen Veredelung bei dezentralen Projekten vorangetrieben (Freiling et al. 2008, S. 1151). Weiterhin unterstützt eine zentrale Applikationslandschaft, dass konsistente Zahlen und Daten erzielt werden und eine einheitliche Entscheidungsbasis im Management vorliegt. Gleichwohl wurde von den Teilnehmern der Delphi-Studie angemerkt, dass IT-Agilität auf einer zentralen Ebene gegenüber einer dezentralen Ebene vorzuziehen sei.

5.1.1.4 Kennzahlen der dynamischen Teamstruktur

Bei Ansätzen zur agilen Softwareentwicklung werden zunehmend kleine, selbstorganisierende, funktionsübergreifende Teams eingesetzt (Lee und Xia 2010, S. 87). Hierbei ist es wichtig, dass die meisten Entscheidungen innerhalb des Teams getroffen werden und kaum Bedarf an teamexternen Genehmigungen besteht. Von der permanenten Linienorganisation lassen sich temporäre Organisationsstrukturen wie die projektorientierte Teamarbeit abgrenzen. Bei größeren Projekten in Form von Programmen können mehrere Teams parallel auf ein gemeinsames Ziel hinarbeiten. Erkenntnisse über veränderte Kundenbedürfnisse von den Teams sollten in das Portfoliomanagement des Gesamtproduktes zurückfließen, um Kontinuität zu gewährleisten (Horlach et al. 2020, S. 7). Gleichzeitig wird ein Aufwand einer Entscheidungsvorbereitung der nächsthöheren Ebene reduziert. Insbesondere die Interaktion auf Teamebene bestehend aus Fachabteilung und IT-Abteilung ist eine Eigenschaft für eine erfolgreiche Veränderungsfähigkeit und umfasst drei Kennzahlen. Die erste Kennzahl erfasst die operative Nutzernähe in Tab. 5.8. Der Grad der Multidisziplinarität wird in Tab. 5.9 gezeigt und beim Grad der Teamdimensionierung wird die quantitative Zusammensetzung in Tab. 5.10 erfasst. Die dynamischen Teams sind definiert als kleine interdisziplinäre Teams mit möglichst direkter Nutzerinteraktion, um schnell adäquate Verbesserungen zu erreichen.

Nutzernähe

HORLACH ET AL. behaupten, dass die heutigen Umgebungen ein gründliches Verständnis in der gesamten Organisation darüber erfordern, wer die externen Kunden sind, welches Werteverständnis sie haben und wie sie Werte schaffen, um das richtige Produkt- oder Dienstleistungsangebot liefern zu können (Horlach et al. 2020, S. 5). Auf operativer Ebene ist eine Abstimmung erforderlich, weil dort die gewünschten Arbeitsergebnisse erzielt werden (Termer 2016, S. 88). Nutzer bilden hierbei einen Überbegriff und können je nach Anwendungsfall in der IT-Funktion differenziert werden in interne Nutzer (Fachabteilungen) bspw. eines ERP-Systems und externe Nutzer (Unternehmenskunden) bspw. einer Smartphone-App. Wenn also ein Bedarf besteht, ist es hilfreich, die Frage zu klären, welche Schritte von der Anfrage bis zur Lieferung durchlaufen werden müssen (Mujtaba et al. 2010, S. 142), um Entwickler und Nutzer in agilen Softwareentwicklungsmethoden zusammenzubringen (Wiedemann et al. 2020, S. 459).

Dieser Schritt kann entweder durch die Mitarbeiter selbst geschehen, falls geringe formelle oder informelle Barrieren bestehen, oder über die Verwendung von Intermediären wie z. B. Product Ownern, die als Schnittstellen zwischen Nutzern und IT-Mitarbeitern fungieren (Kießling et al. 2012, S. 1069; Schwaber und Sutherland 2020, S. 6; Whelan et al. 2015, S. 267).

Tab. 5.8 Kennzahlensteckbrief: Grad der Nutzernähe. (Quelle: Eigene Darstellung)

Elementarkennzahl		**Unterstützte Hauptkennzahl**
O4.1: Grad der Nutzernähe		Dynamische Teamstruktur
Zieldefinition		
Wenige organisatorische Schnittstellen zwischen Serviceerstellung und Servicekonsum von IT-Services, um ein erweitertes Anforderungsverständnis zu fördern.		
Leitfrage	**Referenzen**	**Kalkulation**
Wie viele Schnittstellen bestehen zwischen der Leistungserstellung und der Leitungskonsumierung durch den Nutzer von IT-Services?	(Pooncha und Bhattacharya 2012) (Mujtaba et al. 2010) (Horlach et al. 2020) (Wiedemann et al. 2020)	$NN = \frac{1}{m}\sum_{1}^{m} OS_i$
Beschreibung		**Normierung**
Der Grad der Nutzernähe nennt die Anzahl der organisatorischen Schnittstellen zwischen der direkten Leistungskonsumierung oder -verwendung durch einen Nutzer und dem jeweiligen Provider des IT-Services. Hierbei wird der arithmetische Mittelwert für die betrachteten Services ermittelt.		5 – $1{,}8 < NN < 2{,}2$ 4 – $1{,}4 < NN \leq 1{,}8$; $2{,}2 \geq NN < 2{,}8$ 3 – $1{,}2 < NN \leq 1{,}4$; $2{,}8 \geq NN < 3{,}6$ 2 – $1{,}0 < NN \leq 1{,}2$; $3{,}6 \geq NN < 4{,}2$ 1 – $NN \leq 1{,}0$; $NN \geq 4{,}2$
Eingangsvariablen		
OS = Organisatorische Schnittstellen zwischen Service-Endnutzer und jeweiligen Service-Entwickler i = 1, 2, … m Indexvariable für die betrachteten Services		
Exemplarische Datenherkunft und -erhebung		
Für die Erhebung dieser Elementarkennzahl ist der Leistungserbringungsprozess einer Applikation bzw. der Services von Relevanz. Hierzu kann das Organigramm des Unternehmens genutzt werden für die Bestimmung der Leistungserbringung und der Leistungsempfänger. Parallel eignet sich eine Prozessaufnahme des Wartungs- und Entwicklungsprozesses mit IT-Prozess- und Serviceexperten, falls eine Dokumentation nicht vorliegt.		

Diese Elementarkennzahl beschreibt die Distanz zwischen Leistungserbringung und Leistungskonsumierung der IT-Services. Eine organisatorische Nähe zwischen Leistungskonsum und Leistungserbringung im Sinne weniger organisatorischer Schnittstellen zum Endnutzer der IT-Services bildet die Grundlage für einen interaktiven Austausch und bietet die Möglichkeit zur Generation von innovativen Anwendungsfällen und eine iterative Serviceverbesserung. Eine hohe Nähe zum Nutzer verstärkt das Verständnis für die Geschäftsrelevanz und den -einfluss von IT-Services und IT-Leistungserbringung. Falls eine große Distanz zum Endnutzer vorliegt, besteht zudem die Gefahr, dass IT-Services entwickelt oder verzögert werden, die keinen Geschäftsnutzen stiften oder die Anforderungen nicht erfüllen. Hierbei ist anzumerken, dass die Fachseite keine Einheit aus Leistungskonsum und Leistungserbringung bilden sollte. Durch einen Intermediär zwischen Konsum und Bereitstellung können die Anforderungen aus unterschiedlichen Quellen für eine Umsetzung wertorientiert priorisiert werden. Der Grad der Nutzernähe kann je nach Anwendungsfall auch in zwei Kreisläufe weiter differenziert werden. Der erste Kreislauf der Nutzernähe umfasst eine neue Bedarfsanfrage bis zur Umsetzung, um bspw. die Softwareentwicklung zu erreichen. Der zweite Kreislauf untersucht eine Supportanfrage bspw. bei einem Systemausfall, um die Zuständigen für die Applikationswartung und die Infrastrukturwartung zu erreichen. Dadurch kann eine Differenzierung zwischen den unterschiedlichen Aufgabenspektren hinsichtlich der Nähe zum Endnutzer für die jeweiligen Services besser erfasst werden.

Multidisziplinarität

Die Zusammenarbeit auf Teamebene durch Mitglieder aus Fachabteilungen (z. B. Forschung und Entwicklung, Marketing) und IT-Abteilung unterstützt eine erfolgreiche funktionale Veränderungsfähigkeit (Brauk 2013, S. 9; Cesare 2010, S. 128). Besonderheiten von agilen Entwicklungsteams umfassen beispielsweise die Diversität im Sinne der Ausbildung, der funktionalen Rolle und der technischen Fähigkeiten (Mikalsen et al. 2018, S. 2; Schuch et al. 2020, S. 4341; Walter 2021, S. 359). Dabei bildet eine Gruppe eine informelle Organisationseinheit neben dem Team und ggfs. neben der Linienorganisation, um die einheitlichen funktionalen Fähigkeiten oder Themen, wie UX-Design, Datenmanagement oder Kundenerfahrung, zusammenzufassen und Erfahrungen alle drei bis vier Wochen zu teilen (Schuch et al. 2020, S. 4341 f.). Der Austausch von Domänenwissen und Informationen zu aktuellen und zukünftigen Anforderungen auf Team- und Personenebene wird praktisch über einen Product Owner erzielt, der wiederum das einzelne Entwicklungsteam und dessen unterschiedliche Rollen wie Entwickler, Tester, Designer und UX-Experten koordiniert (Horlach et al. 2017, S. 5425 ff.; Mikalsen et al. 2021, S. 6; Schuch et al. 2020, S. 4337). Dabei ist der Product Owner verantwortlich für die Administration des Produktbacklogs, um den Produktwert zu maximieren und der Interessenvertreter aller Beteiligten (Sutherland und Schwaber 2011, S. 34). Die Qualität der Ergebnisse wird maßgeblich dadurch erhöht, dass in den Teams mehrere funktionale Vertreter zusammenarbeiten und Probleme zusammen lösen (Cooper und Sommer 2016, S. 513; Roberts und Grover 2012, S. 252; Lee und Xia 2010, S. 103).

Tab. 5.9 Kennzahlensteckbrief: Grad der Multidisziplinarität. (Quelle: Eigene Darstellung)

Elementarkennzahl		**Unterstützte Hauptkennzahl**
O4.2: Grad der Multidisziplinarität		Dynamische Teamstruktur
Zieldefinition		
Diversität der Disziplinen, die in einem Team zusammenarbeiten, um die Kompetenzen für eine effektive Problemlösung bereitzustellen.		
Leitfrage	**Referenzen**	**Kalkulation**
Wie viele unterschiedliche Disziplinen arbeiten innerhalb der Teams?	(Jansen 2006) (Cesare et al. 2010) (Nurdiani et al. 2015) (Cesare 2010) (Roberts und Grover 2012)	$MD = \frac{1}{m}\sum_{1}^{m} DISZ_i$
Beschreibung		**Normierung**
Der Grad der Multidisziplinarität erfasst die Anzahl der unterschiedlichen Disziplinen je Team wie beispielsweise Softwareentwicklung, Produktmanagement oder Design. Über die Bildung eines arithmetischen Mittelwerts werden die Disziplinen in ein Verhältnis gesetzt.		5 – 2,8 ≤ MD ≤ 3,2; 4 – 2,5 ≤ MD < 2,8; 3,2 < MD ≤ 4 3 – 2,0 ≤ MD < 2,5; 4 < MD ≤ 5 2 – 1,5 ≤ MD < 2,0; 5 < MD ≤ 6 1 – MD < 1,5; MD > 6
Eingangsvariablen		
DISZ = Unterschiedliche Disziplinen je Team i = 1, 2, ... m Indexvariable für die Teams		
Exemplarische Datenherkunft und -erhebung		
Für die Erhebung der Disziplinen in den Teams können Projektsteckbriefe sowie das Projektmanagementhandbuch in Verbindung mit einer Befragung der Team- oder Projektleiter genutzt werden. Mögliche weitere Erhebungsquellen sind die Systeme für die Unterstützung des Projektmanagements und die Zeiterfassung der Projekte.		

Diese Elementarkennzahl verdeutlicht die Multidisziplinarität der teamorganisierten Arbeit. Die Reaktionsfähigkeit und die Ergebnisqualität werden durch die Zusammenarbeit mehrerer Vertreter funktionaler Organisationseinheiten erhöht, weil Probleme aus mehreren Perspektiven betrachtet und gelöst werden können. Bei Innovationsprojekten eignen sich multidisziplinäre Teams besser für eine innovative Problemlösung bei funktionalen Veränderungen. Für eine effiziente kontinuierliche Umsetzung sollten tendenziell spezialisierte Teams genutzt werden. Aufbauend auf den empirischen Demonstrationen mit den Experten wurde daher ein Normierungswert unabhängig vom Innovationsbedarf und von der effizienten Ausführung bei drei Disziplinen gesehen.

Teamdimensionierung

Eine bessere Kommunikation und Abstimmung zwischen den Teammitgliedern und ein adäquates Konfliktmanagement sind wesentliche Eigenschaften eines dynamischen Teams. Hierbei zeigt sich, dass kleinere Teams diese Anforderung besser unterstützen als große Teams (Melo et al. 2011, S. 59). Das SCRUM-Team ist klein genug, um wendig zu bleiben, groß genug, um innerhalb eines Sprints signifikante Arbeit zu leisten und besteht normalerweise aus sieben

Personen (± zwei Personen) und sollte zehn Personen nicht übersteigen (Horlach et al. 2017, S. 5425; Schwaber und Sutherland 2020, S. 5; Sutherland und Schwaber 2011, S. 17). Kleinere Teams kommunizieren besser und sind produktiver, weil der Kommunikations- bzw. Abstimmungsaufwand geringer ist und bei größeren Teams weniger Mitglieder die Möglichkeit haben, sich an Diskussionen zur Problemlösung zu beteiligen (Patrashkova-Volzdoska et al. 2003, S. 263). Wenn die Teams zu groß werden, sollten sie in mehrere zusammenhängenden Teams reorganisiert werden, die über das gleiche Product Backlog und den gleichen Product Owner verfügen (Schwaber und Sutherland 2020, S. 5). Es kann festgehalten werden, dass kleine Teams besser geeignet sind, um enge Verbindungen zwischen den Teammitgliedern zu erreichen. Eine hohe Intensität hat Auswirkungen auf die Stärkung des kognitiven Vertrauens und ist erforderlich für das Teilen von Fachwissen (Havakhor und Sabherwal 2018, S. 267).

Tab. 5.10 Kennzahlensteckbrief: Grad der Teamdimensionierung. (Quelle: Eigene Darstellung)

Elementarkennzahl		**Unterstützte Hauptkennzahl**
O4.3: Grad der Teamdimensionierung		Dynamische Teamstruktur
Zieldefinition		
Kleine Teams in der IT-Funktion, um die Kommunikation zwischen den Teammitgliedern zu erleichtern und um schnelle Aktionen zu unterstützen.		
Leitfrage	**Referenzen**	**Kalkulation**
Welche Größendimension besitzen die Teams in der IT-Funktion?	(Nurdiani et al. 2015) (Termer 2016) (Bloom et al. 2014) (Melo et al. 2011) (Sutherland und Schwaber 2011)	$TD = \frac{1}{m}\sum_{1}^{m} TG_i$
Beschreibung		**Normierung**
Der Grad der Teamdimensionierung misst die Anzahl der Teammitglieder und bildet hierzu einen arithmetischen Mittelwert für die untersuchten Teams.		5 – $5 \leq TD \leq 9$ 4 – $4 \leq TD < 5$; $9 < TD \leq 10$ 3 – $3 \leq TD < 4$; $10 < TD \leq 11$ 2 – $2 \leq TD < 3$; $11 < TD \leq 12$ 1 – $TD < 2$; $TD > 13$
Eingangsvariablen		
TG = Teammitglieder je Team i = 1, 2, … m Indexvariable für die Teams		
Exemplarische Datenherkunft und -erhebung		
Für die Erhebung der Teamgrößen können Projektsteckbriefe und das Projektmanagementhandbuch in Verbindung mit einer Befragung der Team- oder Projektleiter genutzt werden. Weitere mögliche Erhebungsquellen sind die Systeme für die Unterstützung des Projektmanagements und die Zeiterfassung der Projekte.		

Mit dieser Elementarkennzahl kann die quantitative Teamdimensionierung geprüft werden. Die Normierung beruht auf den Empfehlungen des SCRUM-Vorgehensmodells mit sieben Mitgliedern (± zwei Mitglieder) (Mundra et al. 2013, S. 119 ff.). Es wird ein kapazitiver Rahmen geschaffen, um die erforderlichen Rollen im Team zu integrieren und gleichzeitig die Kommunikationsschnittstellen innerhalb des Teams effektiv zu halten, sodass es schnell und flexibel agieren kann.

5.1.1.5 Kennzahlen des stetigen Entwicklungstempos

Agile Entwicklungsprozesse sollen volatile Nutzeranforderungen durch eine Vielzahl von Praktiken und Techniken effektiv begegnen und die kontinuierliche Bereitstellung von funktionsfähiger Software fördern. In der operativen Softwareentwicklung werden bis zu 25 unterschiedliche Metriken genutzt, um die Planung, Zielkontrolle, Qualitätsverbesserung und Problemidentifikation zu unterstützen (Kupiainen et al. 2015, S. 155). Es finden sich darüber hinaus auch andere fortgeschrittene Ansätze, um den Erfolg der Softwareentwicklung zu überwachen, wie Codezeilen, Anzahl der Funktionalitäten in der Software oder Wertzuwachs gegenüber der Investition (Kinnunen und Luoma 2018, S. 5427). Im Artefakt sind drei wesentliche Elementarkennzahlen Grad der Durchlaufzeit in Tab. 5.11, Grad der Backlogdynamik in Tab. 5.12 und der Grad der Releasezyklen in Tab. 5.13 für die organisatorische IT-Agilität erfasst. Dabei ist das stetige Entwicklungstempo definiert als die kontinuierliche, veränderliche und kurzzyklische Bereitstellung von neuen Softwareanpassungen in ein produktives System.

Durchlaufzeit

Bei der Durchlaufzeit geht es um die Frage, wie lange es dauert, bis eine Spezifikation im IT-System abgebildet wird. Diese Elementarkennzahl ist durch ihren Zeitbezug hervorzuheben, weil dadurch die Innovationsgeschwindigkeit abgebildet wird (Cooper und Sommer 2016, S. 513; Salmela et al. 2015, S. 8; Sia et al. 2011, S. 8). Dabei zeigt sich, dass eine proaktive Upgrade-Bereitstellung zu einem höheren Gewinn als eine reaktive Bereitstellung neuer Upgrades erst bei hoher Nachfrage führt (Doğan et al. 2011, S. 19). Bestenfalls sollten dabei insbesondere bei größeren Entwicklungsprojekten Ausbesserungen von technischen Schulden und Neuentwicklungen gleichzeitig ausgeführt werden (Ji et al. 2005, S. 304). Diese Produktfeatures basieren auf kurzen und miteinander verbundenen Planungs- und Feedback-Zyklen, die die inkrementellen Arbeitsprodukte der Teams koordinieren (Horlach et al. 2020, S. 3). Dabei sind kleinere Softwarefeatures für die Durchlaufzeit vorteilhafter als größere Softwarepakete, weil weniger Zwischenergebnisse vorliegen und der Integrationsaufwand je Softwarefeature reduziert wird und damit featureorientiert ist.

Tab. 5.11 Kennzahlensteckbrief: Grad der Durchlaufzeit. (Quelle: Eigene Darstellung)

Elementarkennzahl		**Unterstützte Hauptkennzahl**
O5.1: Grad der Durchlaufzeit		Stetiges Entwicklungstempo
Zieldefinition		
Kurze Zeitspanne, um eine einzelne Idee zu einem Feature im Produktionssystem zu transferieren.		
Leitfrage	**Referenzen**	**Kalkulation**
Welche Zeitdauer wird benötigt, um eine Spezifikation im Backlog in einen ausführbaren Softwarebestandteil umzusetzen?	(Cooper und Sommer 2016) (Kupiainen et al. 2015) (Maruping et al. 2009) (Brauk 2013) (Cesare 2010)	$DLZ = \frac{1}{m}\sum_{i}^{m}\left(\frac{\frac{1}{n}\sum_{j}^{n} S_j}{IF}\right)_i$
Beschreibung		**Normierung**
Der Grad der Durchlaufzeit bildet das Intervall im Entwicklungsdurchlauf für eine Applikation. Hier wird das Zeitintervall von der Erfassung einer Spezifikation im Entwicklungsbacklog bis zur Produktivsetzung nach der Spezifikationsumsetzung gemessen.		5 – $DLZ \leq 1$ 4 – $1 < DLZ \leq 1{,}5$ 3 – $1{,}5 < DLZ \leq 2{,}0$ 2 – $2{,}0 < DLZ \leq 3{,}0$ 1 – $DLZ > 3{,}0$
Eingangsvariablen		
S =	Durchlaufzeit von der Spezifikation j im Backlog bis zur Produktivsetzung in Wochen je Applikation i	
IF =	Iterationsfrequenz in Wochen für die Applikation i in Wochen	
i = 1, 2, … m	Indexvariable für die betrachteten Applikationen	
j = 1, 2, … n	Indexvariable für die umgesetzten Spezifikationen im Produktivsystem	
Exemplarische Datenherkunft und -erhebung		
Für die zu messende Durchlaufzeit eignen sich für eine Erhebung die Systeme und Dokumente des Ticketmanagements, des Entwicklungsbacklogs und des technischen Change Managements für die Applikationen, jeweils in Abhängigkeit des Vorliegens in der IT-Funktion. Hierbei ist hervorzuheben, dass der Startzeitpunkt den Eintrag der Spezifikation im Backlog und der Endzeitpunkt die Produktivsetzung bildet.		

Das Zeitintervall kontrolliert, wie viel Zeit erforderlich ist, um eine Idee bzw. eine abstrakte Anforderung in eine Lösung im Produktivsystem zu überführen. Eine Voraussetzung hierfür ist allerdings ein Prozess, der bereits im Fachbereich gemessen werden kann. In der Praxis wird häufig auf einem Messpunkt aufgesetzt, der erst mit dem Eingang in die IT-Funktion gemessen wird. Nicht jede Anfrage muss jedoch zwangsläufig vom Backlog in das Produktivsystem eingefügt werden. Auch eine Verschiebung oder Verwerfung aufgrund einer niedrigen Priorität ist möglich, daher kann bei Bedarf der Entwicklungsprozess ebenfalls in die Intervalle Idea-to-Story und Story-to-Production je Applikation unterschieden werden. Hierbei orientiert sich die Durchlaufzeit eines Features an einer Iterationsfrequenz (Dauer der Sprints bspw. in Wochen). Die innere Summe berechnet die mittlere Durchlaufzeit aller Spezifikationen und teilt diese durch die Iterationsfrequenz für eine Applikation i. Die äußere Summe ermittelt die durchschnittliche Durchlaufzeit über alle Applikationen. Erst mit der Produktivsetzung eines Features gegenüber dem Endnutzer und dessen Akzeptanz, kann eine Anforderung als umgesetzt angesehen werden.

Backlogdynamik

IT-Agilität setzt voraus, dass auf veränderte Anforderungen reagiert und die Aufgabenplanung dynamisch angepasst werden kann (Fitzgerald und Sol 2017, S. 182). Außerdem muss der Planungshorizont flexibel gestaltet werden. Hierzu finden sich in der agilen Softwareentwicklung das allgemeine Produkt- und das iterationsspezifische Sprintbacklog. Das Productbacklog ist eine geordnete Liste von Aktivitäten, die für die Verbesserung des Produkts benötigt werden. Das Sprintbacklog setzt sich aus dem Sprint-Ziel (Warum), der Menge der für den Sprint ausgewählten Productbacklog-Items (Was) und einem umsetzbaren Plan zur Umsetzung des Inkrements (Wie) zusammen (Schwaber und Sutherland 2020, S. 10). Relevant für die Einschätzung der Dynamik ist neben dem Auftragsvorrat im Produktbacklog die Kennzahl der Velocity zur Bestimmung der Backlogreichweite. Die Velocity umfasst die pro Iteration entwickelten Storypoints (Kupiainen et al. 2015, S. 143), wobei ein Storypoint einem geschätzten Aufwand zur Fertigstellung der Story oder Erledigung einer Aufgabe in Programmierertagen bzw. Programmiererstunden entspricht (Kupiainen et al. 2015, S. 162).

Tab. 5.12 Kennzahlensteckbrief: Grad der Backlogdynamik. (Quelle: Eigene Darstellung)

Elementarkennzahl		**Unterstützte Hauptkennzahl**
O5.2: Grad der Backlogdynamik		Stetiges Entwicklungstempo
Zieldefinition		
Gleichmäßige Wachstums- und Fertigstellungsrate von Anforderungen in einem überschaubaren Backlog, um zeitnah auf neue Anforderungen reagieren zu können.		
Leitfrage	**Referenzen**	**Kalkulation**
Inwiefern besteht im Entwicklungsbacklog eine Balance zwischen dem Zuwachs und der Umsetzung von Anforderungen?	(Claps et al. 2015) (Fitzgerald und Stol 2017) (Kupiainen et al. 2015)	$BLD = \frac{1}{m}\sum_{i}^{m}\left(\frac{\sum_{j}^{n} P_j}{\frac{1}{k}\sum_{1}^{6} SP_k}\right)_i$
Beschreibung		**Normierung**
Der Grad der Backlogdynamik erfasst den Auftragsvorrat des Entwicklungsbacklogs und setzt diesen in einen Bezug zur Velocity, die die Abarbeitung des Auftragsvorrats innerhalb einer Iterationsfrequenz erfasst.		5 – $5{,}0 \leq BLD \leq 6{,}0$ 4 – $4{,}0 \leq BLD \leq 5{,}0$; $6{,}0 < BLD \leq 7{,}0$ 3 – $3{,}0 \leq BLD \leq 4{,}0$; $7{,}0 < BLD \leq 8{,}0$ 2 – $2{,}0 \leq BLD \leq 3{,}0$; $8{,}0 < BLD \leq 9{,}0$ 1 – $BLD < 2{,}0$; $BLD > 9{,}0$
Eingangsvariablen		
P =	Aufwand der Spezifikation j im Backlog [in Storypoints] je Applikation i	
SP =	Realisierte Storypoints je vergangene Iterationsfrequenz k	
i = 1, 2, … m	Indexvariable für die betrachteten Applikationen	
j = 1, 2, … n	Indexvariable für die Spezfikationen	
k = 1, 2, …, 6	Indexvariable für die Iterationsfrequenz	
Exemplarische Datenherkunft und -erhebung		
Die Backlogdynamik wird über die Auswertung des Auftragsvorrats aus dem Entwicklungs- und Betriebsbacklog und der Auftragsabarbeitung der letzten sechs Iterationen erhoben.		

Die zweite Elementarkennzahl des stetigen Entwicklungstempos kontrolliert den Auftragsvorrat in Stories im Backlog und setzt diesen mit der durchschnittlichen Umsetzungsgeschwindigkeit in ein Verhältnis. Beide Aspekte müssen gleichgewichtig sein, weil sonst der Auftragsvorrat in der IT-Funktion kontinuierlich ansteigt, die Reaktionsfähigkeit zugleich sinkt und eine Neupriorisierung von Aufgaben eine Volatilität in der Umsetzung zur Folge hat. In der inneren Summe berechnet der Zähler den Gesamtaufwand (in Storypoints) aller Spezifikationen im Backlog einer Applikation i (z. B. 180 Storypoints). Der Nenner berechnet den Mittelwert des realisierten Aufwands (in Storypoints) in den vergangenen sechs Iterationen (Sprints) für eine Applikation i (z. B. 30 Storypoints je Iteration), wodurch sich ein Wert von sechs für die innere Summe ergibt. Die äußere Summe berechnet die durchschnittliche Backlogdynamik über alle Applikationen (von i bis m) je nach betrachtetem Applikationsumfang. Bei einer klassischen IT-Funktion findet sich oft ein Überhang an Aufgaben, denen die Mitarbeiter kaum nachkommen können. Gleichzeitig wird mit dieser Elementarkennzahl vermieden, dass sich das Backlog kontinuierlich mit neuen Aufgaben füllt und eine Anpassungsfähigkeit an eine veränderte Anforderungssituation besteht. Für eine ausgewogene Backlogdynamik wurde durch die Experten eine Backlogreichweite von fünf bis sechs Iterationsfrequenzen angegeben.

Releasezyklen

Die Sprints des Entwicklungsprozesses sollten mit den Release-Zyklen in das Produktivsystem abgestimmt sein (Brauk 2013, S. 11; Greening 2013, S. 4840). Kürzere Release-Zyklen spielen kleinere Entwicklungspakete ein, sodass ggfs. Fehler nur geringe Auswirkungen haben und schneller auch unter Einbeziehung des Nutzers identifiziert werden (Claps et al. 2015). Gleichzeitig können diese kurzen Release-Zyklen nur unter der Zuhilfenahme von automatisierten Tests der neuen Softwarebestandteile erreicht werden. Insofern ist die Häufigkeit der Integration wichtig, als dass sie regelmäßig genug sein sollte, um ein schnelles Feedback an die Entwickler zu gewährleisten (Fitzgerald und Stol 2017, S. 184). Erst durch das erfolgreiche Produktivsetzen neu entwickelter Software und die reibungslose Zusammenarbeit zwischen Entwicklung und Betrieb im Continuous-Deployment-Prozess werden Risiken verringert und neue Erweiterungen realisiert (Claps et al. 2015, S. 22 f.). Bei der Integration unterschiedlicher Applikationen kann es dazu kommen, dass sich eine kurzzyklische Applikation an den Änderungsprozess einer langzyklischen Applikation mit ein bis zwei Releases pro Jahr anpassen muss, womit die IT-Agilität reduziert wird (Horlach et al. 2017, S. 5422).

Tab. 5.13 Kennzahlensteckbrief: Grad der Releasezyklen. (Quelle: Eigene Darstellung)

<table>
<tr><th colspan="2">Elementarkennzahl</th><th>Unterstützte Hauptkennzahl</th></tr>
<tr><td colspan="2">O5.3: Grad der Releasezyklen</td><td>Stetiges Entwicklungstempo</td></tr>
<tr><th colspan="3">Zieldefinition</th></tr>
<tr><td colspan="3">Hohe Bereitstellungsfrequenz von neuen Features in der Produktionsumgebung, um neue Funktionen für die Endbenutzer freizugeben und als Quelle für Feedback zu dienen.</td></tr>
<tr><th>Leitfrage</th><th>Referenzen</th><th>Kalkulation</th></tr>
<tr><td>In welchem zeitlichen Abstand werden neue Anforderungen produktiv gesetzt?</td><td>(Claps et al. 2015)
(Cesare 2010)
(Greening 2013)</td><td>$$RZ = \frac{1}{m}\sum_{i}^{m}\left(\frac{\sum_{k}^{l}(RIST)_k}{52 \cdot \frac{1}{IF}} \cdot \left(1 - \frac{\sum_{j}^{n} RLZN_j}{365}\right)\right)_i$$</td></tr>
<tr><th colspan="2">Beschreibung</th><th>Normierung</th></tr>
<tr><td colspan="2">Der Grad der Releasezyklen setzt die produktivgesetzten Releases in ein Verhältnis zur Iterationsfrequenz der Entwicklung. Hierbei wird die Konsistenz zwischen IT-Entwicklung und IT-Betrieb erfasst und multipliziert mit einem Faktor, der die Systemverfügbarkeit für ein neues Release widerspiegelt.</td><td>5 – RZ > 0,95
4 – 0,80 < RZ ≤ 0,95
3 – 0,70 < RZ ≤ 0,80
2 – 0,60 < RZ ≤ 0,70
1 – RZ ≤ 0,6</td></tr>
<tr><th colspan="3">Eingangsvariablen</th></tr>
<tr><td>RIST =</td><td colspan="2">Ist-Releasezyklen k für eine Applikation i pro Jahr</td></tr>
<tr><td>IF =</td><td colspan="2">Iterationsfrequenz für die Applikation i in Wochen</td></tr>
<tr><td>RLZN =</td><td colspan="2">Ausfalltage j, an denen keine Änderungen eingefügt werden können für die Applikation i</td></tr>
<tr><td>k = 1, 2, … l</td><td colspan="2">Indexvariable für die Ist-Releasezyklen</td></tr>
<tr><td>i = 1, 2, … m</td><td colspan="2">Indexvariable für die betrachteten Applikationen</td></tr>
<tr><td>j = 1, 2, … n</td><td colspan="2">Indexvariable für die Tage, an denen kein Release möglich ist</td></tr>
<tr><th colspan="3">Exemplarische Datenherkunft und -erhebung</th></tr>
<tr><td colspan="3">Das Releasemanagement und die Versionierungsdokumentation der IT-Applikationen bilden die Datengrundlage für die Erhebung dieser Elementarkennzahl. Parallel können die Verfügbarkeiten der Systemlandschaft herangezogen werden.</td></tr>
</table>

Mithilfe dieser Elementarkennzahl werden die Release-Zyklen überprüft. Es stellt sich die Frage, wie viele Neuerungen in das Produktivsystem eingefügt worden sind und zu einer Verbesserung der Applikation beigetragen haben. Beim sogenannten Continuous Delivery werden die einzelnen Software-Inkremente wöchentlich bis monatlich für das Produktivsystem vorbereitet. Dadurch kann das Ergebnis der Softwareentwicklung iterativ überprüft werden. Die Kleinteiligkeit der Softwareupdates reduziert das Risiko für einen umfassenden Systemausfall. Eine Softwareänderung umfasst ein neues Feature, ein Change Request oder ein Emergency Change, der notwendig ist, um das System im Falle eines Ausfalls zu stabilisieren. Der Emergency Change, auch Fix-Version genannt, bedarf der Fähigkeit, dass quasi konstant eine Release-Verfügbarkeit besteht, um die Ausfallzeit zu reduzieren. Demzufolge wird erfasst, an wie vielen Tagen im Jahr das System einen Change aufnehmen kann. Hinsichtlich der Normierung der Releases lässt sich festhalten, dass diese Entscheidung in Abhängigkeit von der

IT-Strategie und für jede Applikation individuell zu treffen ist, wobei auch unterschiedliche Rahmenbedingungen wie bspw. die zugrunde gelegte Technologie bei der Auswertung berücksichtigt werden muss. Daher können auch unterschiedliche Ausprägungen der Releasefrequenz sinnvoll sein.

5.1.1.6 Kennzahlen des abstrakten Aufgabenrahmens

Diese Hauptkennzahl erfasst die Art und Weise der Aufgabenbeschreibungen und -verteilung in der IT-Funktion. Wesentliche Differenzierungsmerkmale agiler Arbeitsmethoden bilden selbstorganisierende kleine Teams, die aktive Beteiligung der Interessengruppen und die kontinuierliche Bereitstellung einer funktionsfähigen Software (Lee und Xia 2010, S. 87 ff.). Neben der funktionsübergreifenden Komposition der Teams ist es wesentlich, dass ein Großteil der Entscheidungen innerhalb des Teams getroffen wird und kein bzw. nur ein geringer Bedarf an teamexternen Freigaben und Abstimmungen erforderlich ist. Agile Rahmenwerke werden in der Praxis angepasst, um eine optimale Verwendung der gewählten Methodik in einem Projektkontext zu ermöglichen (Edberg et al. 2012, S. 287). Der abstrakte Aufgabenrahmen ist definiert als ein inkrementeller und teildokumentierter Ablauf mit möglichst teamorientierten Zuständigkeiten. Im Folgenden wird der Grad der inkrementellen Aufgaben der IT-Funktion in Tab. 5.14, der Grad der teambasierten Zuständigkeit (siehe Tab. 5.15) und zuletzt der Grad der partiellen Dokumentation in Tab. 5.16 dargestellt. Für die Erhebung der Kennzahlen eignet sich die Normierung der Tätigkeiten mithilfe eines IT-Referenzmodells des IT-Managements in Abhängigkeit vom untersuchten Aufgabenumfang.

Inkrementelle Aufgaben

Agile Methoden zeichnen sich durch iterative und inkrementelle Entwicklung aus und fördern die häufige Lieferung von Produktfeatures, die in Absprache mit den Nutzern priorisiert werden, um mit jeder Iteration einen Geschäftswert zu liefern (Hoda et al. 2010, S. 75). Bei größeren Projektumfängen können auch funktionsübergreifende Strukturen helfen, den Kommunikationsüberhang zu reduzieren (Horlach et al. 2017, S. 5426). IT-Agilität im organisatorischen Handlungsfeld wird vermehrt mit der Einführung von Referenzmodellen zur Organisation der IT-Entwicklung in Verbindung gebracht. In diesem Zuge werden häufig das SCALED AGILE FRAMEWORK (SAFe) (Fuchs und Hess 2018, S. 3; Gerster et al. 2020; Horlach et al. 2017, S. 5425; Mikalsen et al. 2021; Schuch et al. 2020, S. 4336), das Modell von Spotify (Gerster et al. 2018, S. 3; Schuch et al. 2020, S. 4337) und SCRUM (Mikalsen et al. 2018, S. 5; Mikalsen et al. 2021, S. 6; Hassani-Alaoui et al. 2020, S. 6258) genannt. Im Kern der

Modelle finden sich Backlog-Meetings, Teambesprechungen und tägliche Meetings, um die Aktivitäten zu planen. Gerade in den Referenzmodellen finden sich eine Vielzahl von Koordinierungsmechanismen bspw. zum Austausch von Wissen (Stray et al. 2019, S. 7009 ff.). Schwerpunkt der Koordination bildet die teamübergreifende Koordination (Stray et al. 2019, S. 7008). Neben den Praktiken und Prozessen, die in den Referenzmodellen aufgeführt sind, sollten diese auch richtig umgesetzt werden, um zu vermeiden, dass beispielsweise mehrere Personen das Product Backlog administrieren oder eine fehlende Fortschrittskontrolle vorliegt (Hassani-Alaoui et al. 2020, S. 6261; Kinnunen und Luoma 2018, S. 5428).

Tab. 5.14 Kennzahlensteckbrief: Grad der inkrementellen Aufgaben. (Quelle: Eigene Darstellung)

Elementarkennzahl		**Unterstützte Hauptkennzahl**
O6.1: Grad der inkrementellen Aufgaben		Abstrakter Aufgabenrahmen
Zieldefinition		
Hoher Einsatz von agilen Projektmethoden, die die Teams zur Entwicklung von iterativen und inkrementellen Ergebnissen nutzen.		
Leitfrage	**Referenzen**	**Kalkulation**
Nach welcher Projektmanagementmethodik arbeiten die Softwareentwicklungsteams?	(Poonacha und Bhattacharya 2012) (Cesare 2010) (Hoda et al. 2010) (Horlach et al. 2020) (Wiedemann et al. 2020)	$IA = \frac{1}{VM} \cdot \left(\frac{\sum_i^m AEP_i}{\sum_j^n SEP_j}\right)$
Beschreibung		**Normierung**
Der Grad der inkrementellen Iteration erfasst die Projektmanagementmethodik in den Projektteams, die nach iterativen und inkrementellen Projektprinzipien arbeiten. Diese werden in ein Verhältnis zu allen Projektteams und der Anzahl der unterschiedlichen Vorgehensmodelle in der IT-Funktion gesetzt.		5 – $0{,}8 \leq IA < 1$ 4 – $0{,}6 \leq IA < 0{,}8$ 3 – $0{,}4 \leq IA < 0{,}6$ 2 – $0{,}2 \leq IA < 0{,}4$ 1 – $IA < 0{,}20$
Eingangsvariablen		
AEP =	Inkrementelle und iterative Softwareentwicklungsprojekte i	
SEP =	Softwareentwicklungsprojekte j in der IT-Funktion	
VM =	Anzahl unterschiedlicher Vorgehensmodelle in der IT-Funktion	
i = 1, 2, … m	Indexvariable für die iterativen und inkrementellen Softwareprojekte	
j = 1, 2, … n	Indexvariable für Softwareprojekte	
Exemplarische Datenherkunft und -erhebung		
Für die Erfassung der Projektmanagementmethodik in den Teams können das Projektmanagementhandbuch der IT-Funktion oder Projektsteckbriefe genutzt werden.		

Anhand dieser Elementarkennzahl wird ermittelt, inwiefern agile Methoden zumindest innerhalb der Software-Entwicklungsteams ausgeprägt sind. Die iterative Entwicklung, die Versetzung in einen anwendbaren Zustand und Plausibilisierung mit dem Endanwender sind relevante Erfolgsbestandteile. Der originäre Wert der agilen Softwareentwicklung besteht im Experimentieren, indem nach passenden Lösungen gesucht wird, und greift parallel das Problem der verminderten Artikulationsfähigkeit der Endnutzer hinsichtlich der Anforderungen auf. Falls konkrete und konstante Anforderungen für das Endprodukt vorliegen würden, könnte eine wasserfallähnliche Methodik mit konzeptioneller Arbeit besser geeignet sein. Daher ist die Auswahl von agilen Vorgehensmodellen auch vom antizipierten Spezifikationsgrad der Softwarelösung und den gesetzlichen Regularien abhängig, in denen sich die Software bewegt. Vor diesem Hintergrund ist zudem die Frage relevant, wie viele Teams oder Projekte nach diesem Vorgehensmodell arbeiten bzw. arbeiten können. Das Ziel sollte darin bestehen, dass möglichst alle Entwicklungsteams nach einer agilen Entwicklungsmethodik arbeiten und zumindest inkrementelle testfähige Applikationen entwickeln. Falls mehrere Teams in der IT-Funktion arbeiten, ist es förderlich für die Zusammenarbeit, dass die Projektmanagementmethodik und das Vorgehensmodell übergreifend vereinheitlicht sind.

Teambasierte Zuständigkeit

In der Literatur gibt es Befunde, dass sich autonome Teams insbesondere für Technologie-Innovationsprojekte besser eignen, bei denen das Ziel unscharf abgegrenzt (Lumpkin et al. 2009, S. 62; Patanakul et al. 2012, S. 745) und die Entscheidungsauswirkungen unklar sind. Innerhalb der agilen Teamarbeit wird empfohlen, die Verantwortlichkeiten auf Teamebene zu verlagern (Wiedemann et al. 2020, S. 468). Aufbauend auf mehreren Fallstudien sollten die funktionsübergreifenden Teams eine integrierte Verantwortung für den Lebenszyklus eines oder mehrerer IT-Produkte haben. Ihre Aktivitäten sollten daher eher produktorientiert als projektorientiert sein, um ein hohes Maß an Kohärenz und sozialer Verantwortung innerhalb des Teams zu erreichen (Wiedemann et al. 2020, S. 460). Dabei reduziert die Kollektivierung von Verantwortlichkeit das Entstehen einer Schuldkultur, da die Verantwortung gleichmäßig unter den Mitgliedern geteilt wird (Schuch et al. 2020, S. 4340). Schwerpunkt bei den Aufgaben bildet der Übergang von der Aufgabenorientierung zur Ergebnisorientierung und die Verlagerung der Verantwortung von Einzelpersonen auf Gruppen (Schuch et al. 2020, S. 4340). Die Teams sollten für alle produktbezogenen Aktivitäten verantwortlich sein – von der Zusammenarbeit mit den Interessengruppen über Verifizierung, Wartung, Betrieb, Experimente, Forschung und Entwicklung bis hin zu allem, was sonst noch erforderlich sein könnte. Sie müssen von der Organisation befugt und befähigt werden, die eigene Arbeit zu verwalten (Horlach et al. 2020, S. 7; Schwaber und Sutherland 2020, S. 5). Zudem sind organisatorische Mechanismen erforderlich, um Synergien und Abhängigkeiten zwischen den Teams und IT-Services zu koordinieren, weil einzelne

Teams bisweilen nur eine lokale Sicht auf ihre Aufgaben haben und ihre Ziele erfüllen wollen (Horlach et al. 2020, S. 1). Dabei kann es für einige Teams schwierig sein, ihre Strategien auszurichten, wenn mehrere Ziele parallel vorliegen. In solchen Fällen kann die Abkehr von der Selbstverwaltung und die Beauftragung eines hierarchischen Teamleiters die bevorzugte Alternative sein (Pieterse et al. 2019, S. 10).

Tab. 5.15 Kennzahlensteckbrief: Grad der teambasierten Zuständigkeit. (Quelle: Eigene Darstellung)

Elementarkennzahl		**Unterstützte Hauptkennzahl**
O6.2: Grad der teambasierten Zuständigkeit		Abstrakter Aufgabenrahmen
Zieldefinition		
Hohe Aufgabenbearbeitung und Lösungsverantwortung auf Teamebene zur Erhöhung der Teambefähigung.		
Leitfrage	**Referenzen**	**Kalkulation**
In welchem Maße sind Teams als Aufgabenträger für die Bearbeitung zuständig?	(Termer 2016) (Albuquerque und Christ 2015) (Seethamraju und Sundar 2013) (Lumpkin et al. 2009) (Wiedemann et al. 2020)	$TZ = \frac{\sum_i^m ATZ_i}{\sum_j^n ADE_j}$
Beschreibung		**Normierung**
Der Grad der teambasierten Teamzuständigkeit stellt der Anzahl IT-Aufgaben fest, die mit Zuständigkeiten im Sinne von organisatorischen Einheiten (Teams, Abteilungen etc.) unterlegt sind. Diese werden mit den definierten Aufgaben der IT-Funktion über einen Quotienten in ein Verhältnis gesetzt.		5 – $TZ > 0{,}8$ 4 – $0{,}6 < TZ \leq 0{,}8$ 3 – $0{,}4 < TZ \leq 0{,}6$ 2 – $0{,}2 < TZ \leq 0{,}4$ 1 – $TZ \leq 0{,}2$
Eingangsvariablen		
ATZ =	Aufgaben mit organisatorischen Teamzuständigkeiten	
ADE =	Aufgaben in der IT-Funktion	
i = 1, 2, … m	Indexvariable für die Aufgabenzuständigkeit	
j = 1, 2, … n	Indexvariable für die definierten Aufgaben	
Exemplarische Datenherkunft und -erhebung		
Für die Erhebung der Elementarkennzahl kann das IT-Organigramm oder IT-Prozessmodell genutzt werden. Lücken innerhalb der Zuständigkeiten können zusätzlich mit Verantwortlichen in der IT-Funktion auf Basis eines IT-Referenzmodells verfeinert werden.		

Die Elementarkennzahl der Teamzuständigkeit ermittelt und verdeutlicht, zu welchem Grad Umsetzungsverantwortlichkeiten mit Organisationseinheiten (Teams und Abteilungen) verknüpft sind. Der Nutzen dieser Elementarkennzahl für die IT-Agilität liegt in der Koordinationsförderung im innerbetrieblichen Ablauf, sodass die Ausführungsgeschwindigkeit erhöht wird. Bei einem hohen Ergebnis der Elementarkennzahl sind die Teamverantwortlichkeiten für Aufgaben und Entscheidungen dem Team und dem IT-Management transparent. Dabei bildet die Aufgaben mit Teamzuständigkeiten eine Teilmenge aller Aufgaben in der IT-Funktion. Ohne eine zuständige Umsetzungsverantwortung besteht das

Risiko, dass Aufgaben mit der operativen Tätigkeit nicht umgesetzt werden. Parallel können langatmige Diskussionen bei fehlender Entscheidungsautorität dazu führen, dass Entscheidungen ausbleiben oder sich verzögern und reduziert die Ausführungsgeschwindigkeit in der IT-Ablauforganisation.

Partielle Dokumentation

Voraussetzung für ein gutes Prozessmanagement und dessen aktive Kommunikation sind qualitativ hochwertig dokumentierte Prozesse (Overhage et al. 2012, S. 217). Diese erfordern einen definierten Umfang der allgemeinen IT-Aufgaben der IT-Funktion, um zielgerichtet die Kundenbedürfnisse zu adressieren (Gerster et al. 2018, S. 7f). In der Praxis unterstützen eine Vielzahl von Referenzmodellen die Definition von IT-Aufgaben, um die Integration und Kommunikation zwischen Teams zu fördern (Horlach et al. 2020, S. 4). Hinsichtlich der Erhöhung der funktionalen Veränderungsfähigkeit sind Formalisierungslücken für Prozessabschnitte als positiv anzusehen, die einer erhöhten Veränderungsfrequenz unterliegen bzw. unterliegen könnten (Albuquerque und Christ 2015, S. 191). Demzufolge ist die Formalisierung und Dokumentation in Form einer detaillierten Vorgehensfestlegung für repetitive Abläufe sinnvoll (Richter und Esswein 2014, S. 1077). So beschreiben NEELY UND STOLT Erfahrungen von Organisationen, die Continuous Delivery im Rahmen von DEVOPS adoptiert haben, wobei der Entwicklungsprozess mithilfe einer Wertstromanalyse dokumentiert und anschließend, wo es möglich war, automatisiert wurde (Neely und Stolt 2013, S. 124). KINNUNEN UND LUOMA zeigen mit ihren Befragungsitems, dass die Dokumentation von Arbeitsergebnissen auch bei der agilen Softwareentwicklung weiterhin relevant ist (Kinnunen und Luoma 2018, S. 5429).

Tab. 5.16 Kennzahlensteckbrief: Grad der partiellen Dokumentation. (Quelle: Eigene Darstellung)

Elementarkennzahl		**Unterstützte Hauptkennzahl**
O6.3: Grad der partiellen Dokumentation		Abstrakter Aufgabenrahmen
Zieldefinition		
Selektive Prozessdokumentation zur Unterstützung von Aufgaben, Aktivitäten und Prozessen in der IT-Funktion.		
Leitfrage	**Referenzen**	**Kalkulation**
Inwiefern werden Aufgaben, Tätigkeiten und Prozesse in der IT-Funktion mit Prozessdokumentationen unterstützt?	(Termer 2016) (Albuquerque und Christ 2015) (Seethamraju und Sundar 2013) (Richter und Esswein 2014) (Neely und Stolt 2013)	$PD = \frac{\sum_i^m ADOK_i}{\sum_j^n AIDEF_j}$
Beschreibung		**Normierung**
Der Grad der partiellen Dokumentation zeigt die Aufgaben, die mit Ausführungsprinzipien, Handlungsanweisungen, Hinweisen und Prozessmodellen unterlegt sind. Hierbei werden diese mit der Anzahl der definierten Aufgaben in der IT-Funktion über einen Quotienten in ein Verhältnis gesetzt.		5 – $0{,}16 < PD < 0{,}25$ 4 – $0{,}12 < PD \leq 0{,}16$; $0{,}25 \geq PD < 0{,}35$ 3 – $0{,}08 < PD \leq 0{,}12$; $0{,}35 \geq PD < 0{,}50$ 2 – $0{,}04 < PD \leq 0{,}08$; $0{,}5 \geq PD < 0{,}75$ 1 – $PD \leq 0{,}04$; $PD \geq 0{,}75$
Eingangsvariablen		
ADOK = Dokumentierte Aufgaben AIDEF = Aufgaben in der IT-Funktion i = 1, 2, … m Indexvariable für die dokumentierten Aufgaben j = 1, 2, … n Indexvariable für die definierten Aufgaben		
Exemplarische Datenherkunft und -erhebung		
Für die Erfassung der klassischen IT-Aufgaben können standardisierte IT-Referenzmodelle als Strukturierungsgrundlage dienen. Für die Erhebung der Ausführungsdokumentation sollten Prozessdokumente genutzt werden, diese umfassen beispielsweise das Betriebskonzept, die Prozesslandkarten oder ähnliche Dokumente. Darüber hinaus kann die Dokumentation ebenfalls in den ITSM-Systemen hinterlegt sein.		

Bei dieser Elementarkennzahl des abstrakten Aufgabenrahmens geht es um die Frage, inwiefern einzelne Aufgaben in der IT-Funktion dokumentiert sind. Eine selektive Teildokumentation von Aktivitäten und IT-Prozessen ist hilfreicher als eine vollständige Dokumentation, um organisatorische funktionale IT-Agilität zu ermöglichen (z. B. um den kontinuierlichen Deployment-Prozess für neue Features zu stabilisieren). Dabei bildet ein vollständiges Modell kein Indiz für Agilität, weil ebenfalls ein langwieriger komplizierter Prozess dokumentiert werden könnte, der einer schnellen funktionalen Veränderungsfähigkeit gegenübersteht. Die Erhöhung von Freiheitsgraden im Sinne, wie etwas zu tun ist, verbessert die autonome Ausführung auf operativer Ebene. Eine Prozessdokumentation ist für Tätigkeiten relevant, die bei parallel hoher Geschäftskritikalität (z. B. Wiederherstellungs- und Sicherungsprozesse für einen Notfall) und keinen weitreichenden inhaltlichen Veränderungen unterliegen. Daher ist eine selektive Dokumentation von circa 20 % laut Delphi-Studie hilfreicher als eine vollständige Dokumentation der Prozesse und sollte sich auf die geschäftskritischen Prozesse der IT-Funktion fokussieren. Der jeweiligen Zielgruppe müssen parallel dazu die Prozessdokumentation bekannt sein, um aktiv genutzt werden zu können. Gleichwohl ist die Aufgabendefinition eine erforderliche Vorbedingung für eine kapazitive Skalierbarkeit bspw. mit der Automatisierung von Tätigkeiten in der IT-Funktion. Ohne ein ausreichendes Maß an Dokumentation ist Automatisierung von repetitiven Aufgaben weniger denkbar und eine notwendige Bedingung für eine kapazitive Skalierbarkeit.

5.1.1.7 Kennzahlen der kapazitiven Skalierbarkeit

Der Schwerpunkt der kapazitiven Skalierbarkeit besteht in der kapazitiven Unterstützung der IT-Prozesse. Es ist keine grundlegende Änderung der Organisation notwendig, um einer neuen kapazitiven Anforderungssituation zu begegnen (Rennenkampff 2015, S. 155). Die Hauptkennzahl bildet im Schwerpunkt die kapazitive Veränderungsfähigkeit aus. Hierbei wird mithilfe des Grads des adäquaten Sourcings in Tab. 5.17 und dem Grad der Automatisierungsunterstützung in Tab. 5.18 die Skalierbarkeit in der IT-Ablauforganisation erfasst. Dabei ist die kapazitive Skalierbarkeit definiert als eine hinreichend hohe Unterstützung von IT-Mitarbeitern und Systemen zur Automatisierungsunterstützung.

Adäquates Sourcing

Die Motivation für die IT-gestützte Auslagerung von Prozessen bzw. Prozessschritten liegt in der Fokussierung auf die unternehmensspezifischen Kernkompetenzen (Bock et al. 2012, S. 292; Lacity et al. 2009, S. 134; Mani et al. 2010, S. 40). Eine agile IT-Funktion bedarf häufig anderer Fähigkeiten, die von bestehenden Mitarbeitern oft nicht in ausreichendem Maße bereitgestellt werden und zeigt die Abhängigkeit zum Handlungsfeld des IT-Personals. Sourcing bildet eine Eigenschaft der IT-Agilität, die bisweilen sehr kontrovers diskutiert wird (Rau 2021, S. 181 und Abschnitte 4.2.4.3). Die vorliegende Elementarkennzahl ist der kapazitiven Eigenschaft der organisatorischen IT-Agilität zugeschrieben und wird für gewöhnlich durch einen IT-Servicedienstleister unterstützt. Für eine inhaltliche Sourcingperspektive müssten jedoch noch weitere Eigenschaften hinzugezogen werden, die zwar im Folgenden exemplarisch aufgeführt werden, jedoch nicht weiter vertieft werden, sondern genutzt werden können, um eine innerbetriebliche Diskussion zur organisatorischen IT-Agilität zu beginnen. Hierzu gehören u. a. die Art der Vertragsgestaltung (Aubert et al. 2015; Bui et al. 2019), Art der Beziehung und des Austauschs (Aubert et al. 2015; Bui et al. 2019), Aufgabeninteraktion (Oshri et al. 2018), Fähigkeiten der IT-Funktion für ein Sourcing (Koo et al. 2019), Ausmaß der beschafften Dienstleistungen (Lee et al. 2019, S. 1215), IT-Gegenstand (Applikation oder Infrastruktur) und die grundlegende strategische Zielstellung, die mit dem Sourcing verbunden wird (Lee et al. 2019). Daher ist es nachvollziehbar, dass Sourcing zu kontroversen Meinungen führt. Der Auslagerungsprozess ist auch ein strategischer Mechanismus, durch den das Unternehmen vorhandene Ressourcen in den Ruhestand versetzen kann, die keinen ausreichenden Nutzen stiften (Queiroz et al. 2018b, S. 12). Gleichwohl geht ITO auch immer mit der Erstellung eines Vertrags einher, falls kein vertragliches Rahmenwerk vorliegt (Karimi-Alaghehband und Rivard 2020, S. 1). Dies hat Auswirkungen auf die Markteinführungszeit neuer Entwicklungen, gleichwohl erfordert dies häufig umfassende Anforderungsbeschreibungen oder Listen von vertraglich vereinbarten Service Level Agreements (SLA) (Gerster et al. 2018, S. 7).

Tab. 5.17 Kennzahlensteckbrief: Grad des Sourcings. (Quelle: Eigene Darstellung)

Elementarkennzahl		**Unterstützte Hauptkennzahl**
O7.1: Grad des Sourcings		Kapazitive Skalierbarkeit
Zieldefinition		
Adäquater Anteil an Aufgaben, Aktivitäten und Prozessen der IT-Funktion, der durch Dienstleister unterstützt wird.		
Leitfrage	**Referenzen**	**Kalkulation**
In welchem Ausmaß werden Aufgaben, Tätigkeiten und Prozesse der IT-Funktion durch einen oder mehrere Dienstleister unterstützt?	(Mani et al. 2010) (Wüllenweber et al. 2008) (Lacity et al. 2009) (Grover et al. 1996)	$S = \left(\frac{\sum_i^m MAS_i}{\sum_j^n MAIT_j}\right)$
Beschreibung		**Normierung**
Der Grad des Sourcings zeigt die Anzahl der beschafften Mitarbeiter in Bezug zu den Mitarbeitern der IT-Funktion. Durch einen Quotienten werden diese beide Summen im Verhältnis erfasst.		5 – $0{,}8 < S \leq 1$ 4 – $0{,}6 < S \leq 0{,}8$ 3 – $0{,}4 < S \leq 0{,}6$; $0{,}0 < S \leq 0{,}1$ 2 – $0{,}3 < S \leq 0{,}4$; $0{,}1 < S \leq 0{,}2$ 1 – $0{,}2 < S \leq 0{,}3$
Eingangsvariablen		
MAS = Beschaffte Mitarbeiter in der IT-Funktion MAIT = Mitarbeiter in der IT-Funktion i = 1, 2, … m Indexvariable für die beschafften Mitarbeiter in der IT-Funktion j = 1, 2, … n Indexvariable für die Mitarbeiter der IT-Funktion		
Exemplarische Datenherkunft und -erhebung		
Die Datenerhebung für den Grad des Sourcings kann über die Anzahl der externer Dienstleister im Ressourcenmanagement der Projekt- bzw. Programmreports erfasst werden. Alternativ bieten sich finanzielle Größen an, um die Kosten für externe Dienstleister mit dem internen Gesamtaufwand in Relation zu setzen.		

Die Elementarkennzahl des Sourcings erfasst den Auslagerungsgrad von Tätigkeiten in der IT-Funktion und bildet die erste Elementarkennzahl der kapazitiven Skalierbarkeit. Als negative Auswirkungen auf die organisatorische IT-Agilität von Sourcing wurden die zusätzlichen organisatorischen und rechtlichen Schnittstellen gesehen. Der Grund hierfür besteht darin, dass die Entwicklungskette zwischen Anforderungsdefinition, Lösungsumsetzung, Ergebniskontrolle und Wartung auf mehrere Teilnehmer und organisatorische Einheiten erweitert wird. Diese verlängerte Wertschöpfungskette impliziert einen höheren Steuerungs- und Abstimmungsaufwand in der IT-Funktion. Gleichzeitig bieten Dienstleister jedoch die Möglichkeit, bei Bedarf auf qualifizierte IT-Mitarbeiter mit den benötigten Fähigkeiten zurückzugreifen. Die Nutzung von Dienstleistern in Verbindung mit einer finanziellen Attraktivität unterstützt die Kostenreduktion, wobei die freiwerdende Mittel und Ressourcen in innovative Projekte investiert werden können. Gleichzeitig wird die Möglichkeit gesehen, dass ein Team komplett von einem Dienstleister bereitgestellt werden kann. Allerdings sind starre Verrechnungs- und Kollaborationsmodelle für eine agile Zusammenarbeit nur bedingt nützlich. Gleichzeitig besteht die Möglichkeit, auf einen Ressourcenpool zurückzugreifen, wenn intern die erforderlichen Ressourcen nicht verfügbar sind. Falls kein geeignetes Sourcingmodell vorliegt, ist die kapazitive Skalierungsfähigkeit der IT-Funktion eingeschränkt.

Automatisierungsunterstützung

Ausgehend vom DEVOPS-Ansatz, der die Softwareentwicklung und den Betrieb näher zusammenbringen will, ist die Prozessautomatisierung entlang der IT-Wertschöpfungsprozesse ein wesentlicher Pfeiler (Humble und Molesky 2011, S. 7 f.; Wiedemann et al. 2020, S. 463). Automatisierungslösungen bilden die Grundlage für die Realisierung von Continuous Integration und Continuous Deployment. DEVOPS-Teams tragen gemeinsam die Verantwortung für den gesamten Software-Lebenszyklus. Solche Teams profitieren von einem hohen Grad an Automatisierung, um ehemals vorbereitende und operative Arbeitsprozesse, die manuell durchgeführt wurden, zum Beispiel beim Testen, zu reduzieren (Wiedemann et al. 2020, S. 464). Automatisierungsanwendung könnten für mehrere Anwendungsfälle innerhalb des IT-Wertschöpfungsprozesses genutzt werden, wie Release-Automation, Versionierungskontrolle, Testautomatisierung, Konfigurationsmanagement, Logging oder Infrastrukturmonitoring (Fitzgerald und Stol 2017, S. 8; Wiedemann et al. 2019, S. 47).

Tab. 5.18 Kennzahlensteckbrief: Grad der Automatisierungsunterstützung. (Quelle: Eigene Darstellung)

Elementarkennzahl		**Unterstützte Hauptkennzahl**
O7.2: Grad der Automatisierungsunterstützung		Hohe Skalierbarkeit
Zieldefinition		
Hoher Einsatz von Softwarelösungen zur Automatisierung von IT-Prozessen entlang des IT-Wertschöpfungsprozesses.		
Leitfrage	**Referenzen**	**Kalkulation**
In welchem Umfang werden Automatisierungslösungen für die IT-Prozesse entlang des Softwarelebenszykluses genutzt?	(Krause 2014) (Bloom et al. 2014) (Seethamraju und Sundar 2013) (Mani et al. 2010) (Wiedemann et al. 2020)	$AUT = \frac{1}{5}\sum_{i}^{m} PAI_i$
Beschreibung		**Normierung**
Der Grad der Automatisierungsunterstützung erfasst über eine binäre Variable, welche Phasen (von der Anforderungserhebung bis zur Systemoptimierung) der IT-Wertschöpfungskette durch eine softwarebasierte Automatisierungslösung unterstützt werden.		5 – AUT > 0,8 4 – 0,6 < AUT ≤ 0,8 3 – 0,4 < AUT ≤ 0,6 2 – 0,2 < AUT ≤ 0,4 1 – AUT ≤ 0,2
Eingangsvariablen		
PAI =	Phasen des Applikationslebenszyklus, die über eine Automatisierungslösung verfügen (1) bzw. nicht (0)	
i = 1, 2, … 5	Variablen für die Lebenszyklusphasen Requirements (1), Build (2), Deploy (3), Operate (4) und Optimize (5)	
Exemplarische Datenherkunft und -erhebung		
Für die Datenerhebung der Automatisierungsunterstützung werden die Anwendungen der IT-Funktion entlang der Lebenszyklen Requirements, Build, Deploy, Operate und Optimize erfasst. Hierunter fallen die Continuous Integration und Continuous Deployment-Systemkette und die Werkzeuge des IT-Servicemanagements.		

Vor dem Hintergrund der kapazitiven Anpassungsfähigkeit ist die Prozessautomatisierung ein geeignetes Mittel. Dadurch kann auf Nachfragespitzen adäquater reagiert werden als durch die Rekrutierung zusätzlicher Mitarbeiter. Automatisierung eignet sich insbesondere bei der Substitution von repetitiven Arbeitsschritten. Eine Bedingung für die Automatisierung eines Prozesses bildet die Definition von Eingangs- und Ausgangsgrößen sowie der Verarbeitungslogik. Gleichzeitig ist die funktionale Veränderungsfähigkeit eines automatisierten Prozesses durch den Änderungsbedarf der integrierten Verarbeitungslogik erschwert. Im Mittelpunkt der Automatisierung sollten Aktivitäten stehen, die nicht wertstiftend, wiederkehrend, keinen funktionalen Schwankungen unterliegen oder an Schnittstellen operieren. Daher bietet sich ein hoher Automatisierungsgrad bspw. für Prozesse im Software-Deployment an. Insbesondere im Bereich des Software-Testings bildet die Automatisierung von Unit- und Integrationstests eine Möglichkeit, die Testskripte mithilfe von Automatisierungslösungen zu unterstützen. Hinsichtlich der Automatisierung der IT-Prozesse lassen sich mehrere Phasen im Rahmen des IT-Wertschöpfungsprozesses unterscheiden. Die Automatisierung greift nicht aktiv, sondern auch passiv in die IT-Wertschöpfungskette ein, bspw. mit dem automatisierten Monitoring von Applikationen oder der Serverinfrastruktur, und unterstützt zudem die schnelle Reaktionsfähigkeit im Falle einer Abweichung. Solche Automatisierungswerkzeuge finden sich häufig in Verbindung mit einem ITSM-System. Gleichwohl gibt es Applikationen, die das Anforderungsmanagement der Softwarenentwicklung unterstützen.

5.1.2 Aggregation der Kennzahlen

IT-Agilität ist eine nicht zu unterschätzende Einflussgröße bei der Messung des IT-Wertbeitrags (Termer et al. 2014; Abschnitt 1.3). Für eine gesamthafte Bewertung empfiehlt sich eine Informationsverdichtung zu einer Spitzenkennzahl, dem IT-Agilitätsindex auf Basis der vier Handlungsfelder; IT-Personal (Rau 2021), IT-Architektur (Rennenkampff 2015), IT-Ablauforganisation und der IT-Aufbauorganisation (vorliegende Arbeit), um den Ist-Zustand der IT-Agilität zu erfassen und die Interpretation der Messergebnisse zu vereinfachen (MacKenzie et al. 2011, S. 310). Ein Index bildet eine Zusammenfassung mehrerer Einzelindikatoren zu einer neuen Variable nach festgelegten Vorschriften, wodurch die Indexbildung explizit ein Auswertungs- und kein Erhebungs- oder Messverfahren bildet (Latcheva und Davidov 2019, S. 893). Die Entwicklung des organisatorischen IT-Agilitätsindexes bedarf einer Aggregationslogik über die Ebenen (siehe hierzu Abb. 5.1) hinweg. Hierzu wird sich an der Verfahrensweise, wie bei RENNENKAMPFF dargestellt, orientiert (Rennenkampff 2015, S. 209 ff.) Die folgenden Aggregationsebenen zwischen den vier Hierarchieebenen (Elementarkennzahlen, Hauptkennzahlen, Handlungsfelder und die Zusammenfassung der Handlungsfelder) sind zu unterscheiden:

1. Aggregation der Elementarkennzahlen entlang der Hauptkennzahlen
2. Aggregation der Hauptkennzahlen entlang eines Handlungsfeldes

3.a) Aggregation der beiden org. Handlungsfelder zum organisatorischen IT-Agilitätsindex

3.b) Aggregation der vier Handlungsfelder zu einem IT-Agilitätsindex.

Im vorherigen Abschnitt 5.1 wurden die 18 finalen Elementarkennzahlen für die Messung der organisatorischen IT-Agilität vorgestellt. Analog zur Zielhierarchie in Abb. 5.1 werden sieben Hauptkennzahlen (z. B. O1) und 18 Elementarkennzahlen (z. B. O1.1) unterschieden. Je nach Hauptkennzahl können zwei oder drei Elementarkennzahlen die Eingangsgrößen je Hauptkennzahl (O_i) bilden (vgl. Abb. 5.1), d. h., j kann den Wert Zwei oder Drei annehmen in Abhängigkeit vom Hauptkennzahlenbereich. Das Ergebnis einer Elementarkennzahl $r \in \{1,2,3,4,5\}$ ist auf einer fünfstufigen Intervallskala normiert, wobei fünf dem besten Wert entspricht. Dabei wird der normierte Elementarkennzahlenwert mit dem jeweiligen Gewichtungsfaktor pro Elementarkennzahl (w_j) multipliziert (Latcheva und Davidov 2019, S. 899 f.). Dieser kann einen Wert zwischen Null bis Eins annehmen und muss sich je Hauptkennzahl zu einer Eins summieren. Falls die Elementarkennzahl nicht erhoben wird, wird der zugehörige Gewichtungsfaktor mit einer Null bewertet. Durch die Verwendung von Gewichtungsfaktoren können Unternehmen bei der Anwendung ihre Schwerpunkte setzen, falls einzelne Elementarkennzahlen besonders erstrebenswert sind. Hervorzuheben ist, dass die Gewichtungsfaktoren bei einem unternehmensübergreifenden Benchmarking und in einem internen Verbesserungsprozess konstant zu halten sind, um die Vergleichbarkeit der Ergebnisse zu gewährleisten.

$$\text{Ergebnis je Hauptkennzahl } (\mathrm{O_i}) = \sum_{j=1}^{m} (r_j \cdot w_j)$$

Der organisatorische IT-Agilitätsindex (OAI) bildet den arithmetischen Mittelwert über die sieben Hauptkennzahlen (O_i), wobei der erste Term ($i = 1, 2, 3, 4$) das Handlungsfeld der IT-Aufbauorganisation und der zweite Term ($i = 5, 6, 7$) das Handlungsfeld der IT-Ablauforganisation widerspiegeln:

$$\text{organisatorischer IT} - \text{Agilit ä tsindex (OAI)} = \frac{1}{2}\left(\frac{1}{4}\sum_{i=1}^{i=4} O_i + \frac{1}{3}\sum_{i=5}^{i=7} O_i\right)$$

Für die Berechnung des IT-Agilitätsindex, einem arithmetischen Mittelwert über die Ergebnisse aus den vier Handlungsfeldern (HF) mit der Laufvariable ($k = 1, 2, 3, 4$), eignet sich die folgende Formel:

$$\text{IT} - \text{Agilit ä tsindex} = \frac{1}{4}\sum_{k=1}^{l=4} HF_k$$

Durch die hierarchische Verknüpfung zwischen IT-Agilitätsindex, Handlungsfeldern, Haupt- und Elementarkennzahlen können Verbesserungspotenziale besser identifiziert werden, Maßnahmen abgeleitet und der Maßnahmenerfolg über den Zeitverlauf nachgehalten werden.

5.1.3 Kritische Würdigung des Kennzahlensystems

Das vorläufig finale Kennzahlensystem umfasst 18 Elementarkennzahlen. Das neu geschaffene Kennzahlensystem dieser Arbeit wird folgend aufbauend auf den Anforderungen an Kennzahlensysteme und Kennzahlen kritisch gewürdigt (vgl. Abschnitt 2.4):

- Ganzheitlichkeit, Minimalität, Nachvollziehbarkeit, Stabilität, Invarianz gegen Zielveränderungen, sowie Veränderungssensibilität
- Qualitätsanforderungen an Kennzahlen: Zweckeignung, Genauigkeit, Aktualität, Wirtschaftlichkeit, sowie Simplizität

Die Ergebnisse aus den drei Fallstudien zeigen, dass das Kennzahlensystem die differenzierenden Merkmale der organisatorischen IT-Agilität erfasst. Gleichzeitig wurden Eigenschaften wie bspw. die Nutzernähe im Rahmen der ersten Designiteration ergänzt, die im initialen Kennzahlensystem nicht vorhanden waren. Jede Elementarkennzahl überführt einen relevanten Bereich der organisatorischen IT-Agilität in ein integratives und mehrfach evaluiertes Kennzahlensystem bestehend aus 18 Elementarkennzahlen, sodass die inhaltliche Ganzheitlichkeit der differenzierenden Merkmale angestrebt wird. Die Analyse besteht aus zwei Handlungsfeldern der IT-Agilität, wobei als Referenzwerte neun Elementarkennzahlen im Handlungsfeld der IT-Architektur und 26 Kennzahlen im Handlungsfeld des IT-Personals angeführt werden können (Rau 2021; Rennenkampff 2015, S. 190). Damit liegen die 18 Elementarkennzahlen im Rahmen von vergleichbaren Arbeiten (Rau 2021; Rennenkampff 2015). Zusätzlich ist die Anforderung von maximal 15–20 Kennzahlen in einem Kennzahlensystem und damit die Minimalität erfüllt. Die Nachvollziehbarkeit wird mithilfe der Überführung in Kennzahlensteckbriefe unterstützt, in denen die Hintergründe und die potenziellen Erhebungsdaten und -quellen aus den Fallstudien in Kapitel 4 aufgeführt sind. Für die Messung kann auf ein breites Spektrum an Eingangsgrößen für die Kennzahlen zurückgegriffen werden. Hinsichtlich der Stabilität kann festgehalten werden, dass die Kennzahlen auch in unterschiedlichen IT-Funktionen genutzt werden konnten. In Bezug auf die Flachheit der Hierarchie zeigt sich, dass die Erreichbarkeit des Kennzahlenoptimums durch die Größe der IT-Funktion limitiert wird (vgl. Abschnitt 5.1.1.3). Falls sich technologische, strukturelle und organisatorische Rahmenbedingungen verändern, ist ein Einfluss auf die Eingangsdokumente und -daten nicht ausgeschlossen, dies kann wiederum einen Einfluss auf die Kennzahlenergebnisse haben. Daher sollte die Stabilität des Kennzahlensystems weiterführend untersucht werden bei einer Fallstudie, die sich über einen längeren Zeitraum erstreckt (vgl. Nurdiani et al. 2015), um zeitliche Entwicklungen zu untersuchen. Die Invarianz gegenüber von Zieländerungen ist durch die definierten Normierungswerte in den Elementarkennzahlen gegeben. Die Normierungswerte dienen als Anhaltspunkte und sind durch das empirische Feedback der Delphi-Studie und den Fallstudien begründet. Für die weitere Erhärtung der Normierungswerte und -intervalle sind jedoch weitere fallstudienbasierte Stichproben anzustreben, deren Einfluss auf die Normierung in den Kennzahlen nicht auszuschließen ist. Die Veränderungssensibilität zeigt sich in den drei Fallstudienergebnissen des Kennzahlensystems (vgl. Abschnitt 4.3.7).

Zusätzlich werden im Folgenden die fünf spezifischen Anforderungen an Kennzahlen; Zweckeignung, Genauigkeit, Aktualität, Wirtschaftlichkeit und Simplizität (vgl. Abschnitt 2.4) kritisch gewürdigt. Zweckeignung beschreibt die Übereinstimmung von Informationsbedarf mit dem Informationsangebot. Die vorliegenden Kennzahlen nutzen natürliche Dokumente der IT-Funktion. Das tatsächliche Informationsangebot muss jedoch im Einzelfall bei der praktischen Anwendung erneut beleuchtet werden, wobei sich dieses je nach Ausgestaltung der IT-Funktion unterscheiden kann. Bei der Genauigkeit der Kennzahlen zeichnet sich das folgende Bild ab: Innerhalb der Kennzahlensteckbriefe sind exemplarische Erhebungsquellen als Vorschlag angegeben. Hiermit wird die Möglichkeit einer Anwendung in der betrieblichen Praxis erhöht, um in Abhängigkeit des Vorliegens unterschiedliche Quellen in einer Fallstudie zu nutzen. Dabei ist wichtig, bei einem unternehmensinternen Vergleich über einen Zeitverlauf eine spezifische Quelle vorab zu definieren und kontinuierlich zu nutzen. Bei einem unternehmensübergreifenden Vergleich ist es erforderlich, die Eingangsgrößen ebenfalls vorab zu definieren, damit die Kennzahlen auf vergleichbaren Eingangsdaten beruhen, um Verzerrungen bei der Analyse des organisatorischen IT-Agilitätsindexes zwischen den Unternehmen zu vermeiden. Darüber hinaus ist anzumerken, dass, falls Eingangsgrößen nicht vorhanden sind, die Möglichkeit besteht, diese mithilfe von Experteneinsichten zu vervollständigen. Hierbei ist jedoch zu erwähnen, dass einzelne fragenbasierte Expertenaussagen (vgl. die Kennzahl der Fehlertoleranz) eine geringere Reliabilität aufweisen als Kennzahlenergebnisse, die auf Basis von objektiv nachweisbaren Dokumenten erstellt wurden. Daher sind die Kennzahlenergebnisse, die nicht auf nachprüfbaren Dokumenten beruhen, bei der Auswertung vor dem Hintergrund der Teilnehmer und deren Interessenslage besonders zu interpretieren. Zudem sollten bestenfalls geringe Abweichungen zwischen mehreren Teilnehmeraussagen vorliegen. Andernfalls sind die Ursachen für die Abweichungen zu untersuchen. Gleichzeitig weisen jedoch auch Dokumente Schwachpunkte auf, die die Kennzahlen beeinflussen können. Hierbei sollte ausgeschlossen werden, dass veraltete oder nicht abgestimmte Dokumente genutzt werden. Das heißt, dass die bereitgestellten Informationen auch aktuell sind und bestmöglich die Gegenwart beschreiben, hierbei sollten zudem Interviews als zusätzliche Plausibilitätsprüfung im Rahmen einer Triangulation herangezogen werden (Flick 2019, S. 480). Weiterhin können Probleme auftreten, falls Eingangsgrößen nicht zweifelsfrei zählbar sind. Etwaige auftretende Messfehler können je nach Ausgestaltung der Elementarkennzahl eine hohe Sensitivität auf das Ergebnis aufweisen. Hierzu lässt sich als Beispiel die Anzahl der Vorgehensmodelle in Verbindung mit einem multiplikativen Quotienten in der Formel der inkrementellen Aufgaben in Abschnitt 5.1.1.6 anführen. Für die Erhebung des organisatorischen IT-Agilitätsindex sollten zudem keine geplanten Zukunftskonzepte genutzt werden, es sei denn, es wird ein Vergleich zukünftiger Organisationsmodelle angestrebt. Hinsichtlich der Aktualität waren für die Kennzahlenerstellung zwei bis neun Wochen erforderlich, wobei diese Erhebungsdauer mit dem Mitarbeiterumfang in der IT-Funktion ansteigen kann. Bei einem solchen Fall kann es sinnvoll sein, die instrumentellen Fallstudien mit einem Forschungsteam zu unterstützen, um die Erhebungsdauer gering zu halten. Hinsichtlich der Wirtschaftlichkeit für den Erkenntnisgewinn mittels der Kennzahlen lässt sich Folgendes festhalten. Die vorliegenden Kennzahlen nutzen natürliche Standardartefakte der IT-Funktion, deren originärer Verwendungszweck nicht für eine organisatorische IT-Agilitätsmessung vorgesehen ist (wie beispielsweise das Organigramm der IT-Funktion) (vgl. Salheiser 2019). Dies setzt allerdings voraus, dass bestimmte Dokumente zur Verfügung stehen, und könnte bei klassisch aufgestellten IT-Funktionen eingeschränkt sein (vgl. Fallstudie 3), wodurch die Ermittlung von einzelnen Elementarkennzahlen der IT-Ablauforganisation (wie bspw. bei der Durchlaufzeit und Releasezyklen) erschwert sein könnte. Generell müssen jedoch keine Dokumente erstellt werden und der Aufwand beschränkt sich auf die Suche und die Analyse bestehender Dokumente. Bei einer geplanten und wiederholten Aufnahme der Daten können zudem die Aufbereitung und die Verarbeitung von Basisinformationen aus den unterstützenden Systemen automatisiert werden (beispielsweise ITSM- oder Projektsysteme), wie bspw. bei den Kennzahlen des stetigen Entwicklungstempos (vgl. Abschnitt 5.1.1.5). Die aufgeführten Kennzahlensteckbriefe inkl. der zugrunde gelegten Berechnungslogik, Variablen und deren Erklärung unterstützen die Ergebnisinterpretierbarkeit durch einen Nutzer und damit die Simplizität.

5.2 Ausblick einer nächsten Designiteration

Die instrumentellen Fallstudien und die kontinuierliche Literaturrecherche wurden parallel durchgeführt. Daher wurde insbesondere während und nach den empirischen Demonstrationen neue Erkenntnisse aus der Literatur bekannt, die auch im Kennzahlensystem berücksichtigt werden sollten. Neue Erkenntnisse bilden einen Anlass einer weiteren Verfeinerung. Diese sollten jedoch separiert werden von der dritten Designiteration, sofern diese das Design des Artefakts betreffen, da das finale Artefakt bereits eine hohe Akzeptanz aufweist, belegt durch die Rückmeldungen der teilnehmenden Fallstudienunternehmen. Dadurch wird zudem eine Vermischung zwischen empirischem und literaturbasiertem Anlass einer Designiteration vermieden. Im Folgenden findet sich ein Ausblick auf eine vierte Designiteration. Hierzu wird auf die zwei Implikationskategorien, Anpassung und Neukonzeption aus Abschnitt 4.2.4.4 zurückgegriffen, sodass im Ausblick 19 Elementarkennzahlen verfügbar wären. Daraus ergeben sich Anpassungen der Elementarkennzahlen der kapazitiven Skalierbarkeit und eine neue vierte Elementarkennzahl im Bereich der strategischen Geschäftsinteraktion. Gleichwohl bedürfen diese angepassten und neuentwickelten Elementarkennzahlen einer natürlichen Evaluation wie die finalen Elementarkennzahlen. Gleichwohl sollten kontinuierlich weitere Erkenntnisse aus der empirischen Literatur und der betrieblichen Praxis evaluiert und in das Artefakt integriert werden.

Grad des Sourcings

Die erste Anpassung betrifft die Elementarkennzahl Grad des Sourcings. Wenn es an internen Fähigkeiten mangelt, können neue Beschaffungsstrategien eine Lösung sein, um eine agile IT-Funktion zu realisieren (Horlach et al. 2017, S. 5425 ff.). In modernen Umgebungen findet sich zunehmend Multi-Sourcing, d. h. die parallele Verwendung von mehreren unterschiedlichen Dienstleistern und stellt Unternehmen vor die Herausforderung, die potenziellen Vorteile zu ernten (Karimi-Alaghehband und Rivard 2020). Neben Herausforderungen der Koordination und Integration von Ressourcen zwischen einem Dienstleister und der IT-Funktion müssen bei einer Umgebung mit mehreren Dienstleistern auch Abhängigkeiten und Konflikte zwischen Dienstleistern orchestriert werden, beispielsweise bei der konsistenten Ausgestaltung von übergreifenden SLAs oder der adäquaten Aufgabenzuordnung zwischen Dienstleistern (Karimi-Alaghehband und Rivard 2020). Gleichwohl erhöht eine hohe Kommunikationsfrequenz enge Kooperation zwischen IT-Funktion und IT-Dienstleistern und die Reduzierung von Friktionen die Erfolgschancen einer Partnerschaft (Karimi-Alaghehband und Rivard 2020, S. 12; Winkler et al. 2008, S. 243).

Insbesondere eine Umgebung mit IT-Dienstleistern bedarf der Fähigkeit der IT-Funktion zur Bewältigung der Koordinationskomplexität (Karimi-Alaghehband und Rivard 2020, S. 12; Lee et al. 2019, S. 1217). Daher kann es dazu kommen, dass zu viele unterschiedliche IT-Dienstleister den Koordinationsaufwand erhöhen und damit überproportional Beschäftigung in der IT-Funktion schaffen, als mit weniger IT-Dienstleistern und der erwartete Erfolg ausbleibt (Karimi-Alaghehband und Rivard 2020). Daher wird der Grad des Sourcings ergänzt um einen Faktor (n), der die Anzahl der unterschiedlichen IT-Dienstleister in der IT-Funktion erfasst, wobei die restlichen Variablen und die Normierung erhalten bleiben (vgl. Kennzahlensteckbrief in Abschnitt 5.1.1.7).

$$\boldsymbol{S} = \left(\frac{\sum_i^m \boldsymbol{MAOUT}_i * \frac{1}{n}}{\sum_j^n \boldsymbol{MAIT}_j} \right)$$

Grad der Automatisierungsunterstützung

Die zweite Anpassung betrifft den Grad der Automatisierungsunterstützung bei zwei Aspekten. Der erste Aspekt betrifft die Ergänzung einer Kommunikationsplattform entlang der Lebenszyklen. Dadurch wird eine unterbrechungsfreie Kommunikation in und zwischen den Teams gefördert, beispielsweise bei der Aufgabenplanung und -zuweisung (Mikalsen et al. 2021, S. 8; Stray et al. 2019, S. 7014). Zusätzlich wird eine informellere Kommunikation ermöglicht (Mikalsen et al. 2021, S. 15) und Teammitglieder können sich schnell über Probleme, Lieferungen und andere arbeitsbezogene Aufgaben ad hoc auch mit nicht anwesenden Personen chatbasiert austauschen und die Wartezeit auf Informationen und fehlende Ressourcen reduzieren (Stray et al. 2019, S. 7013). Parallel ermöglicht eine Kommunikationsplattform es den Teammitgliedern bei Problemen jemanden anzurufen oder anzuschreiben und das Problem über einen geteilten Bildschirm zu besprechen und zu lösen (Mikalsen et al. 2021, S. 13). Die erste Anpassung ergänzt daher die übergreifende Kommunikation, bei der geprüft wird, inwiefern hierfür softwarebasierte Werkzeuge genutzt werden. Der zweite Aspekt betrifft den Grad der Einheitlichkeit der genutzten Softwarewerkzeuge entlang des Lebenszyklus. Eine zu hohe Autonomie eines DEVOPS-Teams (Planung bis Betrieb inkl. Qualitätssicherung) kann einen Mangel an Standardisierung und Synergieeffekten zwischen Teams durch produktorientierte Entscheidungen ohne Berücksichtigung von Vorgaben zur IT-Architektur und der CI/CD Softwarewerkzeuge fördern (Gerster et al. 2020, S. 89; Horlach et al. 2017, S. 5426). Dabei ist zu beobachten, dass, wenn in einer Organisation Schnelligkeit gefragt ist, die Instrumente tendenziell vereinheitlicht sind, um Kommunikationsbrüche zu vermeiden (Mikalsen et al. 2021, S. 14). Daher sollten harmonisierte IT-Werkzeuge genutzt werden, um eine teamübergreifende Kommunikation für die Wissensteilung sowie Wiederverwendungseffekte für die Nutzung zu erreichen (Gerster et al. 2020, S. 93, Mikalsen et al. 2021, S. 14). Dieser Bedarf wird relevanter, wenn eine Vielzahl von Teams parallel an einer Applikation arbeiten. Zudem schafft die durchgängige Nutzung und die Automatisierung von repetitiven Aufgaben den Freiraum für eine Fokussierung auf die kontinuierliche Weiterentwicklung der Applikationen (Krancher et al. 2018, S. 777 f.; Vial 2019, S. 132). Die Anpassung der Elementarkennzahl bildet daher ein Quotient, bei dem die Summe der unterstützten Lebenszyklusphasen inkl. Kommunikation durch die Summe der unterschiedlichen IT-Applikationen (UA) in den sechs Kategorien geteilt und multipliziert wird mit der bisherigen allgemeinen Automatisierungsunterstützung. Die restlichen Variablen und die Normierung bleiben unverändert. Hieraus ergibt sich die folgende angepasste Elementarkennzahl.

$$\boldsymbol{AUT} = \frac{1}{6} * \left(\sum_{i}^{m} \boldsymbol{PAI}_i \right) * \frac{\sum_i^m \boldsymbol{PAI}_i}{\sum_i^m \boldsymbol{UA}_i}$$

Grad des CIO-Engagements

Neben den gemeinschaftlichen Geschäftszielen der IT-Funktion (vgl. Abschnitt 5.1.1.2) ist eine gute persönliche Beziehung zwischen dem CEO und CIO eine notwendige Bedingung, um diese Ziele umsetzen zu können. Ergänzend zur vertikalen Einbindung des CIO sollte ebenfalls die horizontale Einbindung in die Geschäftsfunktionen erfasst werden. Daher wird die folgende Elementarkennzahl Grad des CIO-Engagements neukonzipiert. Der CIO kann mithilfe einer formalen Abstimmung und der sozialen Abstimmung über institutionalisierte Regeltermine oder Geschäftsführertreffen seinen Wirkungsradius zwischen IT-Architektur und IT-Governance erhöhen und somit das Business-IT-Alignment besser ausgestalten (Horlach et al. 2017, S. 5425; Liu et al. 2020, S. 761). Hierzu kann es Sinn machen, Investitionen mit der aktuellen Marktdynamik und Managern der Geschäftsfunktionen (bspw. Marketing oder Produktentwicklung) abzugleichen (Havakhor et al. 2019, S. 301). Mitglieder des Managements, die den strategischen Wert von IT-Plattformen verstehen, sollten proaktiv andere Führungskräfte im Unternehmen frühzeitig aufklären (Ravichandran 2018, S. 37). Geeignet sind hierzu gemeinsame institutionalisierte Meetings zwischen Fachseite und der IT-Funktion (Boards,

Councils oder Komitees), für die strategischen Entscheidungsfindung und die Fortschrittsüberwachung (Ravichandran 2018, S. 37). Daher wird ergänzend ein Ausblick auf eine neue Elementarkennzahl; Grad des CIO-Engagements gegeben. Das zugrundeliegende Zielkonstrukt lässt sich wie folgt definieren: Regelmäßige Involvierung des CIO in die Geschäftsführerebene, um eine hohe IT-Durchdringung der Geschäftsfunktionen zu erreichen. Hierbei soll überprüft werden, inwiefern der CIO in die jeweiligen Geschäftsfunktionen über monatliche Managementmeetings integriert ist. Damit kann er eine strategische Sicht über das Unternehmen inkl. der Geschäftsfunktionen aufbauen.

$$CE = \frac{\sum_j^n MGF_j}{\sum_i^m GF_i}$$

Hierzu wird ein Quotient gebildet. Der Zähler bildet die Summe über die Anzahl der monatlichen Managementmeetings je Geschäftsführer pro Monat (MGF_j). Hierbei kann ein Wert von Eins bei einem oder mehr Managementmeetings je Geschäftsführer und Monat erreicht werden. Der Nenner bildet die Summe der Geschäftsführer (eine Managementebene unterhalb des CEO), ohne den CIO (falls er Teil des oberen Managementkreises ist) in einem Unternehmen. Aufgrund der strategischen Gestaltungsebene sollte ein monatliches Managementmeeting eine ausreichende Frequenz bilden, um auf kommende Trends zu reagieren bzw. proaktive Vorkehrungen zu treffen. Hinsichtlich der Normierung werden fünf gleichverteilte Intervalle angenommen (vgl. hierzu bspw. die Normierung beim Grad der Automatisierungsunterstützung in Tab. 5.18).

5.3 Diskussion zur Steuerung der allgemeinen IT-Agilität

Das vorläufig finale Kennzahlensystem unterstützt die Planung, Umsetzung und Kontrolle von Maßnahmen zur Steigerung der IT-Agilität in der IT-Funktion (Nissen und Mladin 2009, S. 43 f.). Die Messung der Ist-IT-Agilität mithilfe des Kennzahlensystems in Abschnitt 5.1 bildet den ersten Schritt für das proaktive Management der IT-Agilität hin zu einer Soll-IT-Agilität. Hierbei gibt es unterschiedliche Restriktionen, die auf die Soll-IT-Agilität und auf die Realisierungsgeschwindigkeit einer Erhöhung einwirken. Daher unterstützen Restriktionen die verhältnismäßige Interpretation des erreichten IT-Agilitätsindex. Dazu werden Erkenntnisse aus der betrieblichen Anwendung des Kennzahlensystems genutzt und die Ausführungen zum IT-Agilitätsmanagement von

NISSEN ET AL. herangezogen, um ein erweitertes Erklärungsmodell für das IT-Agilitätsmanagement zu entwickeln (Nissen et al. 2011). Im folgenden Abschnitt werden die Gesamtzusammenhänge dargestellt und die Restriktionen für die IT-Agilität analysiert. Außerdem werden unterschiedliche Ansätze und Regelkreise zur Erhöhung der IT-Agilität in den Handlungsfeldern für das Business-IT-Alignment und im Unternehmensumfeld aufgezeigt. Viele Abhandlungen über Agilität in der Managementliteratur scheinen zu suggerieren, dass Unternehmen hartnäckig versuchen sollten, agil zu werden, unabhängig der Kosten Redundanz aufrechtzuerhalten und in einem ständigen Zustand der radikalen Transformation zu bleiben (Teece et al. 2016, S. 13). Daher versuchen die folgenden Abschnitte eine differenzierte Sicht zur optimalen IT-Agilität zu leisten.

5.3.1 Grundlagen der Gesamtzusammenhänge

IT-Agilität ermöglicht Agilität in anderen Unternehmensfunktionen und -prozesse wie beispielsweise in der Produktentwicklung mithilfe von PLM-Systemen oder an der Kundenschnittstelle mithilfe von webbasierten Kundenmanagementsystemen (CRM) (Saldanha et al. 2020, S. 1262). Die Integration der Agilität in den Fachbereichen führt insgesamt zu einer Unternehmens-Agilität im Unternehmen (Lee et al. 2015; Lu und Ramamurthy 2011; Overby et al. 2006; Roberts und Grover 2012; Sambamurthy et al. 2003; Tallon und Pinsonneault 2011; Park et al. 2017, S. 670). Der Bedarf an IT-Agilität wird bspw. bestimmt durch die umfeldspezifischen Rahmenbedingungen und die unternehmensspezifischen und proaktiven Ambitionen (siehe hierzu Abschnitt 5.3.4). Für die Festlegung des Sollzustands der IT-Agilität ist eine fundierte Analyse der Rahmenbedingungen erforderlich (Rennenkampff 2015, S. 97). Dabei helfen die gemessenen Indikatoren und deren Datengrundlage die realisierte IT-Agilität der IT-Ressourcen zu erfassen (Nissen und Mladin 2009, S. 44). Dadurch wird die Planung in Form von Zielen für die IT-Agilität um die Möglichkeit zur Kontrolle mithilfe von Werkzeugen ergänzt (Nissen und Mladin 2009, S. 44). Bei einer entsprechenden Abweichung bilden zudem die Handlungsfelder den Handlungsrahmen für Maßnahmen zur Erhöhung der IT-Agilität in der IT-Funktion (Rennenkampff 2015, S. 122). Abb. 5.2 zeigt die Gesamtzusammenhänge zwischen Handlungsfeldern und dem Gegenstandsbereich (Nissen und Mladin 2009, S. 44). In den folgenden Abschnitten werden dazu die Restriktionen analysiert. Damit ist das Optimum das beste Resultat, das sich unter den gegebenen Bedingungen erzielen lässt und nur dann definiert, wenn zum Vergleich stehende Lösungen bewertet sind (Termer 2016, S. 226). Für die folgenden Abschnitte wurde auf die

Diskussionen aus den leitfadengestützten Interviews aus Abschnitt 4.2.4.3 und die Fallstudien aus Abschnitt 4.3 zurückgegriffen.

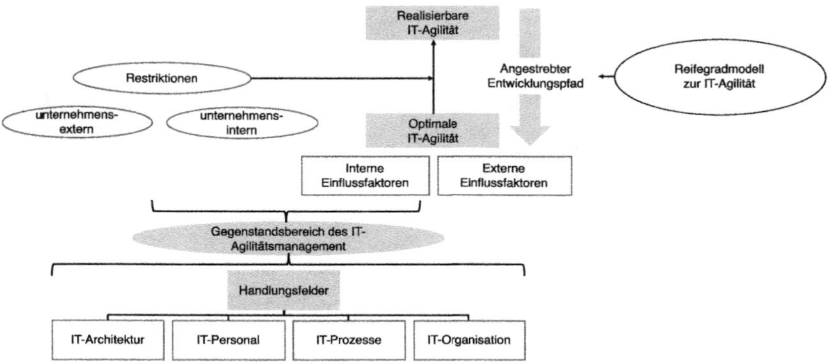

Abb. 5.2 Gesamtzusammenhänge im IT-Agilitätsmanagement. (Quelle:(Nissen und Mladin 2009, S. 44))

5.3.2 Differenzierung der Restriktionsebenen

Die gemessene IT-Agilität in den vier Handlungsfeldern und deren Konsolidierung gibt eine Auskunft über die realisierte IT-Agilität, die durch die IT-Funktion verbessert werden kann, bis zur realisierbaren IT-Agilität. Für eine darüberhinausgehende Verbesserung der IT-Agilität bestehen jedoch unternehmensexterne (umfeldspezifische) und unternehmensinterne Restriktionen, die in den IT-Handlungsfeldern und im Business-IT-Alignment auftreten. Für eine aktive Steuerung empfiehlt sich eine Ableitung von konkreten Maßnahmenbereichen. In Abb. 5.3 sind schematisch die drei Restriktionsebenen (R1, R2, R3) und die Zusammenhänge dargestellt.

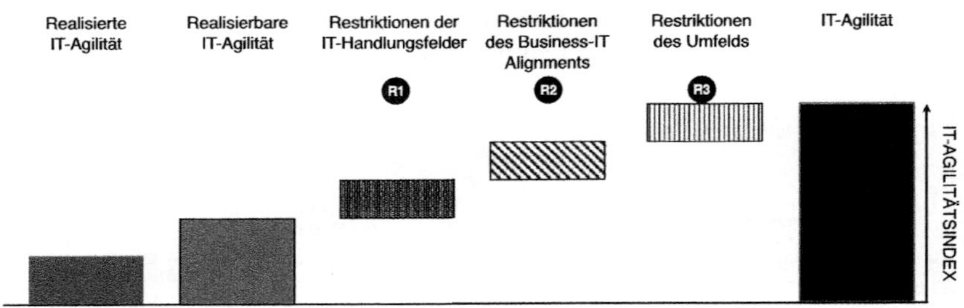

Abb. 5.3 Restriktionsebenen der IT-Agilität. (Quelle:Eigene Darstellung)

Im Rahmen der Delphi-Studie wurden eine Vielzahl von Restriktionen von Experten angeführt, die im Folgenden drei Restriktionsebenen zugeordnet werden. Dadurch werden insbesondere Wechselwirkungen an der Schnittstelle zwischen der IT-Funktion und den Fachbereichen verdeutlicht.

R1: Erste Restriktionsebene – Handlungsfelder

Diese Ebene äußert sich in der Verfügbarkeit von finanziellen Mitteln und Ressourcen für die Realisierung von Maßnahmen zur Steigerung der IT-Agilität. Grundsätzlich können Limitationen je Handlungsfeld unterschieden werden, die bei einer ausreichenden Ressourcenausstattung anpassbar wären. In der IT-Anwendungslandschaft bildet bspw. eine unkontrolliert gewachsene IT-Anwendungslandschaft, die auf einer veralteten Technologie basiert, eine wesentliche Restriktion. Insbesondere die mangelnde Ausstattung der IT-Funktion mit neuen Cloudtechnologien kann IT-Agilität einschränken. Im Handlungsfeld des IT-Personals kann es dazu kommen, dass Mitarbeiter mit den entsprechenden Fähigkeiten nicht verfügbar sind, um die neuen Technologien zu entwickeln, zu warten oder zu verwalten. Auch eine geringe Marktverfügbarkeit von qualifiziertem IT-Personal kann als restriktiv angesehen werden. Im Rahmen der IT-Organisation kann bspw. eine global verteilte multidimensionale Matrixorganisation mit einer Vielzahl von IT-Servicepartnern dazu führen, dass die IT-Agilität reduziert wird, sodass nur ein geringer Anteil der potenziell möglichen IT-Agilität in den IT-Handlungsfeldern realisierbar ist.

R2: Zweite Restriktionsebene – Business-IT-Alignment

Die zweite Restriktionsebene definiert den Modus Operandi zwischen Geschäftsseite und IT-Funktion. Das Business-IT-Alignment zwischen Geschäftsfunktion und IT-Funktion ist für den Erfolg relevant, weil allgemein die Geschäftsrelevanz der IT-basierten Bestandteile in den Geschäftsfunktionen ansteigt. Daher kann die Ausgestaltung der IT-Strategie den Gestaltungsspielraum für die Erzeugung von IT-Agilität beschränken, falls IT eine untergeordnete Rolle für den Geschäftserfolg bildet (siehe Fallstudienunternehmen 3; Abschnitt 4.3.5). Klassischerweise finden sich innerhalb der betrieblichen Praxis mehrjährige Strategiepläne, die einer kurzfristigen Anpassungsfähigkeit entgegenstehen. Diese Planungen befassen sich beispielsweise mit der Einführung neuer ERP-Software oder anderen Applikationen. Die klassischen Modelle der IT-Governance sind auf eine vertikale Kommunikation ausgelegt und limitieren eine funktionsübergreifende Abstimmung. Zudem wird bei diesen Modellen überwiegend ein formales Anforderungsmanagement für die Zusammenfassung der Anforderungen genutzt. Die innovative Leistung beschränkt sich auf die reaktive Lösungsumsetzung der Anforderung und ist damit erheblich von einer proaktiven IT-Funktion entfernt, die selbstständig agiert, um den IT-Wertbeitrag für das Unternehmen zu erhöhen (Termer et al. 2014). Weitere Restriktionsbeispiele beziehen sich bspw. auf die Testbereitschaft von neuen Features der Nutzer in den Geschäftsfunktionen. Selbst wenn die IT-Funktion in der Lage ist, wöchentlich neue Features zu bereitzustellen, bedarf es gleichzeitig der abgestimmten Testbereitschaft der Geschäftsfunktionen, um Feedback für die funktionale und qualitative Verbesserung bereitzustellen.

R3: Dritte Restriktionsebene – Umfeld

Die dritte Ebene der Umfeldrestriktionen ist deckungsgleich mit den unternehmensexternen Restriktionen ausgehend vom Modell nach NISSEN UND MLADIN. Hierbei moderieren die Eigenschaften des Unternehmensumfeld den Bedarf für die Unternehmens-Agilität und indirekt den Bedarf für die IT-Agilität. Dabei reduzieren unternehmensexterne Eigenschaften des Umfelds die potenzielle Ausbringung der IT-Agilität. Beispielhafte Restriktionen bilden landesspezifische Gesetze wie die Datenschutzgrundverordnung (DSGVO) oder branchenspezifische Praktiken wie die Richtlinien für eine „gute Arbeitspraxis" (GxP) für die IT-Systemvalidierung in der Pharma- und Medizinbranche, die die Möglichkeit für ein agiles Vorgehen reduzieren. Ergänzend lassen sich gesetzliche Regularien und Vorschriften für den Verbraucherschutz anführen, die bspw. den Verkauf bestimmter Medikamente über eine Onlineplattform verbieten oder nicht rentabel machen. Darüber hinaus können Unternehmenskunden bspw. in der unternehmensübergreifenden Zusammenarbeit und Vertragsabwicklung ein starres Vorgehen verlangen.

Die drei Restriktionsebenen mit den exemplarischen Beispielen auf Basis des empirischen Austauschs fördern die Interpretation eines vorliegenden IT-Agilitätsindex. Parallel erleichtern die Restriktionsebenen die Identifikation von Verantwortungs- und Maßnahmenbereichen für die Gestaltung einer unternehmensindividuellen IT-Agilität.

5.3.3 Differenzierung der Steuerkreise

Die Verbindung der Bedarfsanalyse mit der Formulierung eines erstrebenswerten Sollzustands der IT-Agilität ermöglicht Soll-Ist-Vergleiche. Mit einer Ursachenanalyse der Abweichungen können Maßnahmen für die Steuerung der IT-Agilität entwickelt werden (Gadatsch und Mayer 2010, S. 234). IT-Agilität ist eine Steuerungsgröße in einem partiell paradoxen Zielsystem der IT-Funktion. Beispiele bilden die Ablösung einer selbstentwickelten IT-Applikationslandschaft mithilfe einer standardisierten Marktsoftware gegenüber der schnellen Anpassung der IT-Applikationslandschaft an spezifische, neu entstehende Geschäftsanforderungen, unabhängig von IT-Standards oder der Konflikt zwischen kurzfristigen IT-Effizienzzielen und langfristigem Innovationsbedarf (Gregory et al. 2015, S. 64). Weitere Zielgrößen des IT-Wertbeitrags sind bspw. IT-Effizienz, IT-Compliance, oder IT-Zuverlässigkeit (vgl. Abschnitt 1.3). Die Illustration der grundsätzlichen Wirkungsmechanismen für die Steuerung der IT-Agilität orientiert sich am Steuerkreis nach KÜTZ in Abb. 5.4 (Kütz 2011, S. 4).

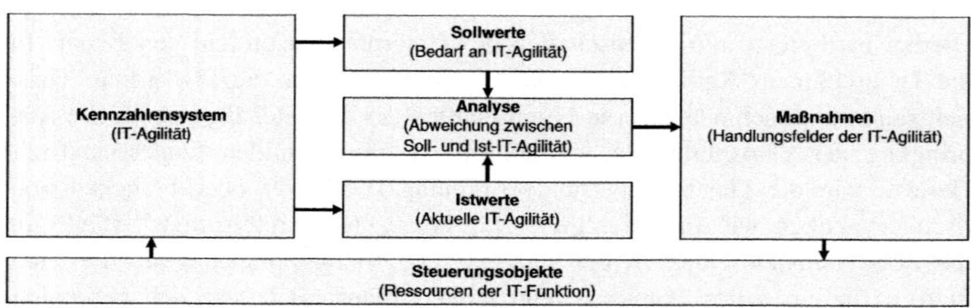

Abb. 5.4 IT-Agilitätsregelkreis. (Quelle:In Anlehnung an (Rennenkampff 2015, S. 121; Kütz 2011, S. 4))

Das übergreifende Kennzahlensystem, welches die IT-Agilität der vier IT-Ressourcen misst, erfasst die Ist-IT-Agilität. Der Abgleich mit den spezifischen

Bedarfen der IT-Agilität ermöglicht die Bestimmung der Soll-IT-Agilität. Die Analyse der Abweichungen zwischen Soll- und Ist-IT-Agilität schafft die Möglichkeit, Maßnahmen zu definieren, um die Ist-IT-Agilität zu erhöhen und den Erfolg der Maßnahmen zu kontrollieren und zu verstetigen. Die Verknüpfung mit den Restriktionsebenen in Abschnitt 5.3.2 schafft differenzierte Steuerungsebenen der IT-Agilität. Der iterative Steuerkreis verfügt über vier Ebenen, bildet die Gesamtzusammenhänge für das IT-Agilitätsmanagement ab und illustriert den iterativen Gestaltungsweg hin zu einer Soll-IT-Agilität für ein spezifisches Unternehmen (siehe Abb. 5.5). Die zuvor beschriebenen drei Restriktionsebenen sind von R1 bis R3 folgend in die Steuerkreise eingearbeitet.

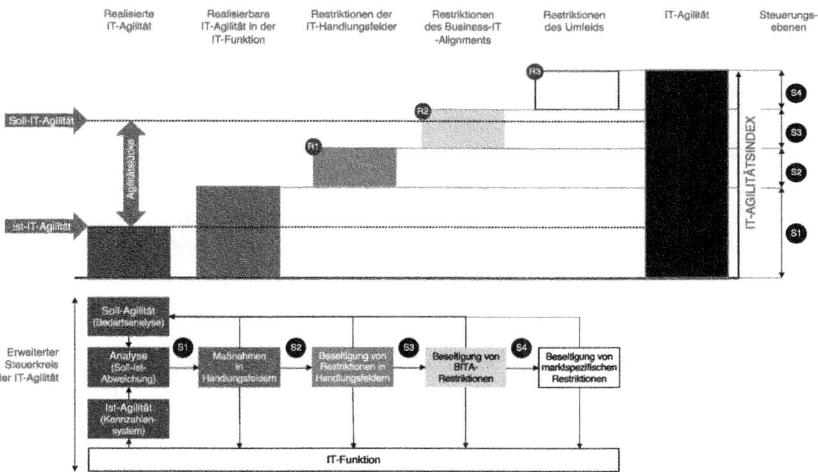

Abb. 5.5 Steuerkreise zur Erhöhung der IT Agilität. (Quelle:Eigene Darstellung)

Die Erhöhung der IT-Agilität im Rahmen der vorgegebenen Restriktionen in den Handlungsfeldern bildet den ersten Steuerkreis (S1) bis zum realisierbaren Maximum. Der zweite Steuerkreis (S2) besteht in der Reduktion der Restriktionen für die IT-Funktion. Hierunter fallen bspw. Einstellungen von Personal mit den technologischen Fähigkeiten oder Investitionen in eine Modernisierung der IT-Anwendungslandschaft. Der dritte Steuerkreis (S3) bildet die Einbeziehung des Zusammenarbeitsmodells mit den Geschäftsfunktionen. Der vierte Steuerkreis (S4) bildet die Einbeziehung von veränderten Marktrestriktionen. Im Folgenden werden die vier Steuerkreise erläutert, die nicht zwingend in der abgehandelten Sequenz, sondern ebenfalls parallel oder selektiv je nach Ausgangsbasis durchgeführt werden können. Außerdem steigt der Unternehmenseinbezug mit Anstieg der Steuerkreise an. Der kontinuierliche Abgleich mit der Soll-IT-Agilität ausgehend von einer rollierenden Bedarfsanalyse stellt sicher, dass der unternehmensspezifische Zielerreichungsgrad verfolgt wird. Der kontinuierliche Abgleich mit der Bedarfsanalyse stellt gleichzeitig sicher, dass der aktuelle und erwartete IT-Agilitätsnutzen den Aufwand übersteigt.

S1: Erster Steuerkreis – Maßnahmen in den Handlungsfeldern

Der erste Steuerkreis bezieht sich auf kurzfristige Änderungen im Verantwortungshorizont der IT-Funktion für die Steigerung der IT-Agilität. Ausgangspunkt bildet die Messung der tatsächlich vorliegenden IT-Agilität innerhalb der IT-Funktion und der Abgleich mit der gewünschten IT-Agilität. Mit der Analyse des IT-Agilitätsindexes in den vier Handlungsfeldern können Potenziale und Lücken identifiziert werden. Durch die Umsetzung von Maßnahmen zur Erhöhung der IT-Agilität wird die Wirksamkeit der Maßnahmen auf die IT-Agilität kontrolliert. Daher umfassen isolierte Maßnahmen in der IT-Funktion den ersten Steuerkreis zur Erhöhung der IT-Agilität bis zu einer realisierbaren IT-Agilität in Abhängigkeit der Restriktionen in den vier Handlungsfeldern. Für das betrachtete Handlungsfeld können Testlizenzen für Experimente mit neuen Applikationen verwendet werden oder bestehende IT-Services kritisch analysiert, neustrukturiert und priorisiert werden.

S2: Zweiter Steuerkreis – Beseitigung von Restriktionen in den Handlungsfeldern

Der zweite Steuerkreis bildet die Reduktion der Restriktionen in den IT-Handlungsfeldern in priorisierter Reihenfolge nach dem erwarteten IT-Agilitätszuwachs und dem notwendigen Aufwand. Zur Umsetzung ist bspw. die relative Bedeutung und Veränderungsfähigkeit der Handlungsfelder zu berücksichtigen (Nissen und Rennenkampff 2015, S. 16). Hierbei unterscheidet sich der zweite vom ersten Steuerkreis, weil die erforderlichen Maßnahmen einen langfristigen Charakter haben und ein höherer Ressourceneinsatz erforderlich ist, als bislang in der IT-Funktion vorliegt. Eine Bedingung ist daher eine langfristige Investition in die IT-Funktion, um die IT-Funktion zu einer strategischen Ressource weiterzuentwickeln.

S3: Dritter Steuerkreis – Beseitigung der BITA-Restriktionen
Der dritte Steuerkreis geht über den ressourcenbedingten Verantwortungshorizont der IT-Funktion hinaus und betrachtet zusätzlich die Abstimmung mit den Geschäftsfunktionen. Die Rolle der IT-Funktion und die Abstimmung mit den Geschäftsfunktionen sind wesentliche Stellgrößen, um den Wirkungsraum der IT-Funktion zu erhöhen, beispielsweise durch die IT-Architektur und die IT-Governance. Ein wesentliches Unterscheidungsmerkmal im Vergleich zum zweiten Steuerkreis besteht in der Einbeziehung von Ressourcen wie die Bereitstellung von fachlichen Experten für die interdisziplinäre Teamarbeit, die außerhalb der IT-Funktion verankert sind, oder organisatorische Praktiken (wie interdisziplinäre tägliche Teammeetings) für die Zusammenarbeit.

S4: Vierter Steuerkreis – Beseitigung von umfeldspezifischen Restriktionen
Im Vergleich zu den anderen drei Steuerkreisen stellt der vierte Steuerkreis das Gesamtunternehmen vor eine Herausforderung. Ein Unternehmen kann nicht ohne weiteres, beispielsweise aufgrund seiner Investitionen, Zuliefernetzwerke oder Wissen des Personals in ein anderes Land transferiert werden, indem günstigere gesetzliche und länderspezifische Rahmenbedingungen für IT-Agilität vorliegen, gleichwohl können zumindest globale Beschaffungsmöglichkeiten von IT-Services identifiziert werden, um lokalen Ressourcenengpässen entgegenzuwirken. Weiterhin verfügen nicht alle Produkt- und Dienstleistungsportfolios über das gleiche Potenzial für die Entwicklung eines neuen IT-getriebenen Geschäftsmodells.

Insgesamt können die Steuerkreise in unterschiedlichen Sequenzen oder parallel starten, indem bspw. die Restriktionen im Business-IT-Alignment abgebaut und anschließend die Restriktionen in den Handlungsfeldern reduziert werden.

5.3.4 Bestimmung der Soll-IT-Agilität

Dieser letzte Abschnitt widmet sich der allgemeinen Diskussion für eine unternehmensindividuelle Soll-IT-Agilität. Wenn sich die Soll-IT-Agilität und die gemessene IT-Agilität in einem Gleichgewicht befinden, ist eine optimale IT-Agilität gegeben. Unternehmen können in stabilen und vorhersehbaren Märkten ihre Bemühungen um mehr IT-Agilität berechtigterweise einschränken, wenn wenig auf dem Spiel steht (Tallon et al. 2019, S. 220), wie z. B. in Fallstudie 3. In einigen Branchen wie der Digitalbranche werden die Ressourcen, die den Wettbewerbsvorteil ausmachen, zunehmend immaterieller – bedingt durch einen höheren IT-Anteil an Geschäftsmodellen, Produkten und Dienstleistungen. Unternehmen, die IT-basierte Produkte und Dienstleistungen anbieten, können diese über digitale Marktplätze skaliert vertreiben und sind besser in der Lage, diese Vorteile gegenüber nicht fähigen Wettbewerbern zu nutzen. In Abhängigkeit der Branchenzugehörigkeit impliziert dies einen stärkeren digitalen Wettbewerb und damit einen höheren Bedarf an IT-Agilität (Nissen und Rennenkampff 2013, S. 7ff). Daher könnte eine branchenspezifische Messung dazu beitragen, die branchenspezifisch optimale IT-Agilität für ein branchenspezifisches Benchmarking zu bestimmen, was wiederum dazu beitragen kann, die unternehmensspezifische Nachfrage nach IT-Agilität und die Soll-IT-Agilität zu ermitteln. Beispielsweise könnte die branchenspezifische Soll-IT-Agilität im ersten Fallunternehmen höher sein als im dritten Fallunternehmen, da das Geschäftsmodell des dritten Unternehmens auf innovativen physischen Handwerkzeugen beruht, die keinen relevanten IT-Anteil aufweisen (vergleiche Abschnitt 4.3.7). Daher könnte die gemessene IT-Agilität im dritten Unternehmen näher an einem branchenspezifischen Optimum liegen als im ersten Unternehmen, obwohl diese absolut gesehen höher ist (vgl. Abschnitt 4.3.6).

Die Bestimmung der Soll-IT-Agilität für ein Unternehmen ist eine Aufgabe des strategischen IT-Managements (Termer 2016, S. 226). Es geht um die Abwägung zwischen unterschiedlichen Zielstellungen wie einer kosteneffizienten Bereitstellung bestehender IT-Services und der schnellen (Weiter-) Entwicklung neuer IT-Services für die Unterstützung der Geschäftsfunktionen. Darüber hinaus müssen Unternehmensprozesse und IT-Applikationen identifiziert und priorisiert werden, die vorrangig von IT-Agilität profitieren. So zeigen beispielsweise HAVAKHOR ET AL. eine negative Wechselwirkung zwischen IT und F&E-Investitionen in einem stabilen Umfeld und eine negative Wechselwirkung zwischen IT und Werbeinvestitionen in einem turbulenten Umfeld (Havakhor et al. 2019, S. 301). Diese Erkenntnisse zeigen erneut, dass es wichtig ist, sich mit der Soll-IT-Agilität auseinander zu setzen, um übermäßige oder unzureichende IT-Agilität zu vermeiden (Tallon et al. 2019, S. 220). Um die optimale IT-Agilität (geringe Lücke zwischen Ist- und Soll-IT-Agilität) herzustellen, muss das Managementteam die Soll-IT-Agilität bestimmen, eine Strategie für eine effektive Kombination von Fähigkeiten ableiten und diese nach ihrer Relevanz priorisieren (Overby et al. 2006, S. 121 f.; Walter 2021, S. 375 f.). Für eine Definition der Soll-IT-Agilität müssen mehrere Eigenschaften des Umfeldes und Eigenschaften auf Unternehmensebene definiert werden, die einen Einfluss auf die Soll-IT-Agilität haben können. Diese Eigenschaften werden im Folgenden exemplarisch illustriert unterschieden und unter Rückgriff u. a. auf OOSTERHOUT ET AL. und WALTER kategorisiert und zusammengefasst (Oosterhout et al. 2006, S. 136; Walter 2021, S. 357 f.). Diese Eigenschaften unterstützen zwar die Definition einer Soll-IT-Agilität, müssen jedoch konzeptualisiert, operationalisiert und empirisch evaluiert werden. Zusätzlich sollten diese im Einzelfall hinsichtlich ihrer Relevanz und Auswirkung für die IT-Funktion priorisiert, bewertet und detailliert werden. Hervorzuheben sind bspw. die Branchenstrukturen und die Wettbewerbsintensität oder die Relevanz von Technologieinnovationen auf das Geschäftsmodell (Nissen und Rennenkampff 2013, S. 7 ff.; Porter 2008, S. 34 f.). Die IT-getriebene Wettbewerbsintensität für das jeweilige Geschäftsmodell ist daher abhängig von Technologietrends wie Social Media, Mobile Computing, Data Analytics, Cloud Computing und dem Internet of Things (Urbach et al. 2018, S. 123). Gleichzeitig müssen strategische Turbulenzfaktoren aus dem Unternehmensumfeld wie Rivalität oder Lieferanteneinfluss berücksichtigt werden (Andresen und Gronau 2005, S. 30 ff.; Nissen und Rennenkampff 2013, S. 8 f.). Bereits bei TERMER finden sich dazu drei vergleichbare Variablen (Branchenzugehörigkeit, Beschaffenheit des Marktes und die Wettbewerbssituation) (Termer 2016, S. 115 f.). Bei RAU finden sich die Unternehmensgröße, die Markt- und die Wettbewerbssituation (Rau 2021, S. 165). Die Eigenschaften des Umfelds und des Unternehmens und die Beispiele sind in Tab. 5.19 konsolidiert. Diese können als erste Grundlage für die Bestimmung und Gewichtung von relevanten Umfeldeigenschaften genutzt und unternehmensspezifisch erweitert werden.

Die bewerteten Eigenschaften in den sechs Kategorien konkretisieren die Nachfrage der erforderlichen Veränderungen und damit die Soll-IT-Agilität. Die Verknüpfung mit der Applikationslandschaft kann helfen, Schwerpunktbereiche (im Sinne von Geschäftsfunktionen und dazugehörigen IT-Applikationen) für IT-Agilität zu definieren wie bspw. Applikationen, die nah am Endkunden operieren und durch einen hochfrequenten Kundenkontakt höheren Anforderungsschwankungen unterliegen. Zudem ermöglichen diese Bereiche eine differenzierte, ggfs. auch bimodale Organisationsgestaltung der IT-Funktion für Abstufungen der Soll-IT-Agilität. Anzumerken ist auch, dass ebenfalls die IT-Funktion auch von innen heraus Innovationen anstoßen kann. Gleichwohl unterstützt die Ausformulierung einer Soll-IT-Agilität eine differenzierte Diskussion in der Unternehmensplanung zur IT-Agilität und ein zielorientiertes und effektives Veränderungsvorgehen.

Tab. 5.19 Eigenschaften des Unternehmensumfelds zur Bestimmung der Soll-IT-Agilität. (Quelle: In Anlehnung an (Andresen und Gronau 2005, S. 30; Nissen und Rennenkampff 2013, S. 8 f.; Urbach et al. 2018, S. 124; Oosterhout et al. 2006, S. 136; Walter 2021, S. 375 f.))

Kategorie der Eigenschaften	Beispiele für allgemeine Eigenschaften des IT-Umfelds
Gesellschaft und Recht (Umfeld)	· Zunehmende Datenregulierung
	· Politischer und rechtlicher Druck
	· Veränderung von Finanz- und Steuerregularien
	· Steigende Nachhaltigkeitsanforderungen
Technologie (Umfeld)	· Verfügbarkeit auf mobilen Endgeräten
	· Datenanalyse und künstliche Intelligenz
	· Cloudtechnologien und -services
	· Vernetzung von physischen Produkten (IoT)
	· Substitutionsfähigkeit der eigenen Produkte und Dienstleistungen
	· Anforderungen an die IT-Sicherheit
Markt (Umfeld)	· Steigender Kostendruck im Markt
	· Reaktionen von Wettbewerbern auf Veränderungen
	· Veränderung von Geschäftsmodellen und Absatzkanälen
	· Eintritt von globalen Marktteilnehmern
	· Eintritt von digitalen Marktteilnehmern
Wettbewerber (Umfeld)	· Partnerschaft von Wettbewerbern
	· Übernahmen durch Wettbewerber
	· Fusionen von Wettbewerbern
	· Kürzere Lieferzeiten
Kundenbedürfnisse (Umfeld)	· Individuelle Produkte und Dienstleistungen
	· Häufiger Bedarf an Kundenanpassungen
	· Schnelle Lieferung und kurze Produkteinführungszeit
	· Höhere Qualitätsanforderungen
	· Abrupte Spezifikations- und Mengenänderungen
	· Bedarf an digitalen Leistungen und Integrationsfähigkeit
	· Präsenz auf sozialen Medien und Communities

(Fortsetzung)

Tab. 5.19 (Fortsetzung)

Kategorie der Eigenschaften	Beispiele für allgemeine Eigenschaften des IT-Umfelds
Geschäftsbedürfnisse (Unternehmen)	· Transformation der eigenen Geschäftsmodells
	· Interne Strategie für M&A-Aktivitäten
	· Restrukturierung der IT-Applikationslandschaft und des Betriebs
	· Steigende Erwartungshaltung der Belegschaft
	· Kontinuierlicher Verbesserungsprozess

Schlussbetrachtung 6

6.1 Zusammenfassung

IT-getriebene Innovationen beeinflussen gegenwärtig sichtbar Prozesse, Produkte, Dienstleistungen und Gesellschaft (Urbach et al. 2018, S. 123). Die digitale Transformation (Vial 2019) durchdringt zunehmend alle Unternehmensfunktionen und stellt damit die IT-Funktion u. a. vor die Herausforderung, IT-Agilität bereitzustellen. Die vorliegende Arbeit beschäftigt sich mit der IT-Agilität, d. h. mit der Agilität der IT-Funktion, bei der vier ressourcenorientierte Handlungsfelder unterschieden werden (IT-Architektur, IT-Personal, IT-Aufbauorganisation und IT-Ablauforganisation) (Termer 2016; Melville et al. 2004, S. 293). Die ersten beiden Handlungsfelder wurden bereits in anderen Arbeiten behandelt (Rennenkampff 2015; Rau 2021). Der letzte Teil bildet die organisatorische IT-Agilität, der die beiden Handlungsfelder der IT-Aufbau- und IT-Ablauforganisation der IT-Funktion umfasst und mittelbar für die Leistungserbringung über die Verknüpfung der technologischen und humanen IT-Ressourcen verantwortlich ist (Termer 2016, S. 67; Barney 1995, S. 56). IT-Agilität im organisatorischen Handlungsfeld umfasst zwei Fähigkeiten der komplementären organisatorischen IT-Ressourcen der IT-Funktion (Barney 1995, S. 56). SENSE ermöglicht es, relevante Veränderungen im Geschäftsumfeld schnell wahrzunehmen und adäquat zu bewerten. RESPOND ermöglicht einen schnellen reaktiven oder proaktiven Impuls in funktionaler oder kapazitiver Form durch die technologischen und humanen IT-Ressourcen (vgl. Abschnitt 2.1.2). Organisatorische IT-Agilität wird daher in den theoretischen Rahmen des ressourcenorientierten Ansatzes eingeordnet. Spezielle Ressourcenallokationen, die durch komplementäre organisatorische IT-Ressourcen geschaffen werden, begünstigen die Entstehung von

R.-A. Koch, *Management von IT-Agilität in der IT-Funktion*, Forschung zur Digitalisierung der Wirtschaft | Advanced Studies in Business Digitization,
https://doi.org/10.1007/978-3-658-44606-2_6

dynamischen Fähigkeiten auch über eine statische Zeitpunktbetrachtung hinweg (Teece et al. 1997, S. 515; Termer 2016, S. 220). IT-Ressourcen, die Veränderungen antizipieren (Fitzgerald 1990) und bei Eintritt schnelle Reaktionen hervorrufen (Byrd und Turner 2000, S. 170 ff.; Duncan 1995, S. 44), schaffen Wettbewerbsvorteile für das gesamte Unternehmen über direkte und indirekte Effekte (Overby et al. 2006, S. 126; Rennenkampff 2015, S. 88). Mit Rückgriff auf die Design-Science-Research-Methodology (DSRM) (Peffers et al. 2007) wird ein Artefakt im Sinne eines Kennzahlensystems zur Messung der organisatorischen IT-Agilität geschaffen und bildet damit eine Managementgrundlage. Der interdisziplinäre Literaturreview wird mittels einer Konzeptmatrix illustriert, deren Kategorien anschließend hinsichtlich ihrer Wirkungsrichtung in eine Zielhierarchie überführt werden. Folgend werden die Zielkonstrukte entwickelt und mit antizipierten Datenquellen im betrieblichen Kontext verknüpft. Das initiale Kennzahlensystem wird mit 16 Experten in einer mixed-mode Delphi-Studie im Designprozess ex ante evaluiert. Mithilfe des Expertenfeedbacks wurden die 27 Elementarkennzahlen auf 21 in zwei Designiterationen verdichtet. Danach wurde das Artefakt mithilfe von drei instrumentellen Fallstudien demonstriert und ex post evaluiert. Die Kennzahlen erfassen den organisatorischen IT-Agilitätsindex transparent und bilden die Grundlage für die Identifikation von unternehmensspezifischen Verbesserungsmaßnahmen. Ausgehend von den Fallstudienerkenntnissen wurden 21 Elementarkennzahlen weiter auf 18 Elementarkennzahlen in einer dritten Designiteration reduziert. Die abschließende Überführung der finalen Elementarkennzahlen in detaillierten Kennzahlensteckbriefen mit betrieblichen Datenquellen und deren Kommunikation schließt den vorliegenden DSRM-Prozess ab. Der letzte Teil widmet sich der Erweiterung der Gesamtzusammenhänge des IT-Agilitätsmanagements anhand des grundlegenden Regelkreismodells von KÜTZ (Kütz 2011). Die vier Steuerkreise schaffen einen Rahmen für die Einordnung der Ist-, Soll- und Optimal-IT-Agilität. Das Modell unterstützt die Erfassung von unternehmensindividuellen Restriktionen und zeigt gleichzeitig Möglichkeiten auf, um die IT-Agilität bei Bedarf systematisch zu steigern.

6.2 Kritische Würdigung

6.2.1 Methodische Vorgehensweise

Die kritische Würdigung der Vorgehensweise richtet sich auf die theoretische Fundierung, die Anfertigung des Literaturreviews, die Delphi-Studie und die Fallstudien. Die theoretische Fundierung orientiert sich an prinzipiellen Ursache-Wirkung-Zusammenhängen des ressourcenorientierten Ansatzes (RBV) und setzt den theoretisch-konzeptionellen Rahmen für die IT-Agilität. Der RBV baut auf einem Rahmenwerk auf, dessen Primärquellen seit mittlerweile 30 Jahren angewendet werden (vgl. Barney 1991). Nichtsdestotrotz kann konstatiert werden, dass der RBV trotz seines hohen Alters weiterhin gültig ist und auch in aktuellen Arbeiten zur IT-Agilität eine Anwendung findet (vgl. Tallon et al. 2019). Gleiches gilt für die konzeptionellen Grundlagen zur Organisation der IT-Funktion, Ziele, Kennzahlen und Kennzahlensysteme. Neben dem RBV (Barney 1991) wurde zusätzlich die ressourcenorientierte Perspektive der dynamischen Fähigkeiten (Teece et al. 1997) ergänzt, sodass der Wertbeitrag der IT-Agilität zusätzlich fundiert wird (Termer et al. 2014). Mit dem Literaturreview wurde das Ziel verfolgt, eine Anschlussfähigkeit an andere wissenschaftliche Arbeiten zu ermöglichen und zu einer kumulativen Forschung auf dem Gebiet der IT-Agilität beizutragen. Die Ergebnisse der Literaturrecherche können nicht als umfassende Darstellung der gesamten Forschung zur IT-Agilität gewertet werden, da diese auf Basis einer Stichprobe angefertigt wurde. Aufgrund der gegenwärtigen und weiterführenden Relevanz (Tallon et al. 2019) von Agilität ist es kaum realistisch, konstant alle Veröffentlichungen einzubeziehen, weil kontinuierlich weitere Abhandlungen und Artikel veröffentlicht werden (vgl. Gerster et al. 2020; Kotusev 2019; Mikalsen et al. 2021). Die zu beurteilende Relevanz eines Beitrags bleibt teilweise eine Einzelentscheidung des Forschers. Gleichwohl wurden die Motive und Kriterien für die Berücksichtigung bzw. den Ausschluss von Konzepten im Literaturreview diskutiert, aufgeführt und in Anlehnung an das Vorgehen von Wolfswinkel et al. transparent beschrieben (Wolfswinkel et al. 2013), um die Einzelentscheidungen und Schlussfolgerungen nachvollziehen zu können. Aufgrund der Vielzahl der Treffer und der Menge der potenziell relevanten Beiträge ist es unwahrscheinlich, dass Forschungsbereiche und -stränge unberücksichtigt blieben, sodass die angestrebte Objektivität unterstützt wird (Wrona 2006, S. 207). Zeitgenössische Referenzmodelle der IT-Funktion (SAFe oder LeSS) hätten vorgestellt werden können, wobei hier der zusätzliche Erkenntnisgewinn zu hinterfragen gewesen wäre. Weiterführend könnten in der Zukunft Bewertungsfragen und Kriterien die Artikelauswahl zusätzlich unterstützen (Kupiainen et al. 2015, S. 162). Auf Basis der Erkenntnisse zum grundlegenden Literaturreview sind drei Verbesserungen bei der Konzeption anzuführen, die zum Teil bei der kontinuierlichen Literaturrecherche berücksichtigt wurden. Erstens waren die grundlegenden Suchwörter der Flexibilität und der Innovation für knapp vier Fünftel der Treffer verantwortlich und umgekehrt relevant für die zentrale Fragestellung, sodass fortfolgend eine enge Eingrenzung auf AGILE und AGILITÄT vorgenommen wurde. Zweitens hätte vorab eine Eingrenzung auf das Untersuchungselement – Organisation bzw. Prozesse in der IT-Funktion vorgenommen werden können, dies wurde über die Fokussierung auf Artikel der Wirtschaftsinformatik durchgeführt. Der dritte Aspekt umfasst die Suche unter dem Einbezug des Beitragstexts. Der Beitragstitel, der Abstrakt und die Schlüsselwörter der Beiträge wurden folgend in der kontinuierlichen Literaturrecherche als Suchfelder genutzt. Gleichwohl konnte grundlegend ein übergreifender Literaturreview zur organisatorischen IT-Agilität erzeugt werden, sodass davon ausgegangen werden kann, dass zu Beginn keine wesentliche Eigenschaft übersehen wurde bzw. nicht über die kontinuierliche Literaturrecherche erfasst wurde. Eine Ausnahme bildet die Nutzernähe (vgl. Abschnitt 5.1.1.4), die in der ersten Delphi-Runde (Abschnitt 4.2.4.4) identifiziert und ergänzt wurde.

Für die Weiterentwicklung des Artefakts wurde eine Taxonomie (Sonnenberg und Brocke 2012, Johannesson und Perjons 2014) entworfen, um die ex ante Evaluationsstrategie mithilfe der Delphi-Studie bzw. ex post Evaluationsstrategie mithilfe der instrumentellen Fallstudien zu kategorisieren und besser in der DSRM zu differenzieren. Für die Delphi-Studie wurde ein heterogenes Expertenpanel bestehend aus Vertretern etablierter Konzerne, Start-ups und IT-Unternehmensberatungen ausgewählt. Das Expertenpanel zeichnet sich durch seine IT-Funktionsträgerschaft in verschiedenen Unternehmen und eine hohe damalige Berufserfahrung (durchschnittlich mehr als 12 Jahre) aus. Eine übergreifende Sicht zur Schnittstelle zwischen Geschäfts- und IT-Funktion konnte in Teilen durch die Gruppe der IT-Unternehmensberater berücksichtigt werden. Aufgrund der Stichprobe von 16 bzw. 15 Teilnehmern können die quantitativen Evaluationsergebnisse der Delphi-Studie nicht als statistisch repräsentativ angesehen werden. Für eine explorative Faktoranalyse wird bspw. ein Verhältnis zwischen 3:1 bzw. 10:1 der Anzahl der Befragten zur Anzahl der Items gesehen (MacKenzie et al. 2011, S. 310). In der ersten Designiteration wurden 27 Kennzahlen abgefragt, wodurch 81 bis 270 Experten erforderlich gewesen wären. Bei Delphi-Studien wird nichtsdestotrotz eine Mindestanzahl von sechs Teilnehmern empfohlen und eine Verdoppelung der Stichprobengröße führt nicht zu proportional besseren Ergebnissen (Häder 2014, S. 101; Abschnitt 4.2.2). Als vorteilhaft hat sich die Verwendung von Pretests in beiden Runden mit panelfremden Teilnehmern erwiesen (Landeta 2006, S. 469; Skulmoski et al. 2007, S. 3). Im ersten Pretest wurde dadurch ersichtlich, dass eine standardisierte Befragung in der ersten Runde kein adäquates Format gewesen wäre und wurde daher zu einer mixed-mode Delphi-Studie weiterentwickelt (vgl. Abschnitt 4.2.1). Der Pretest der zweiten Runde half der Präzisierung einzelner Fragen. Mit der Verwendung von leitfadengestützten Interviews und einer standardisierten Befragung kamen unterschiedliche Verfahren zum Einsatz. Das Format, die inhaltliche Strukturierung, die Fragestruktur und die Antwortitems blieben identisch, womit Verzerrungen bedingt durch unterschiedliche Darstellungen marginalisiert werden konnten. Durch den fehlenden Kontakt mit dem Interviewpartner bei der standardisierten Befragung hätte es zu einer schlechteren Bewertung kommen müssen (Dillman et al. 2014, S. 414). Das umgekehrte Ergebnis bestätigt zusätzlich die Kennzahlenverbesserung in der Delphi-Studie. Weiterführend bestand bei der standardisierten Befragung die Möglichkeit, dass nicht die beabsichtigten Experten den Fragebogen beantwortet haben. Aufgrund der persönlichen Kontaktaufnahme der Teilnehmer für die zweite Runde, der vorangegangenen leitfadengestützten Interviews und dem persönlichen Einverständnis zur weiteren Teilnahme ist dieses Risiko jedoch als gering einzustufen. Bei der Auswahl der Fallstudienunternehmen wurde ein hoher Wert auf die Unterschiedlichkeit der Geschäftsmodelle und Branchenzugehörigkeiten gelegt. Die IT-Abteilungen verfügten über eine Mitarbeitergröße von weniger als 50 Mitarbeitern und sind in Deutschland lokalisiert, sodass die Besonderheiten (Anforderungen von Ländern oder Einbindung von globalen Dienstleistern) einer internationalen IT-Funktion kaum berücksichtigt werden konnten. Hier können weitere Fallstudien neue Erkenntnisse gewähren. Die Dauer für die Erhebung der Kennzahlen betrug für die Fallstudien zwei bis neun Wochen. Mit steigender Größe der IT-Funktion und Anzahl der IT-Abteilungen kann der Aufwand für die Beschaffung und Auswertung der erforderlichen Basisinformationen deutlich höher ausfallen. Die genutzten wissenschaftlichen Methoden der vorliegenden Arbeit bewegen sich im Rahmen der gängigen Forschungspraxis zur IT-Agilitätsforschung. Das Methodenspektrum in der Agilitätsforschung umfasst Literaturreviews (Tallon et al. 2019; Vial 2019; Walter 2021), Fallstudien mit mehreren Unternehmen (vgl. Fuchs und Hess 2018; Gerster et al. 2020; Kotusev 2019; Mikalsen et al. 2018), Experteninterviews (vgl. Hassani-Alaoui et al. 2020; Krancher et al. 2018), empirische Befragungen mit umfangreichen Stichproben (vgl. Liang et al. 2017; Liu et al. 2020), Datenbankenanalysen (vgl. Kinnunen und Luoma 2018; Saldanha et al. 2020) oder mixed-mode Ansätze (Havakhor und Sabherwal 2018; Mikalsen et al. 2021). Darüber hinaus zeigt sich, dass auch vermehrt Software zur Forschungsunterstützung eingesetzt wird. Hierzu gehören beispielsweise MaxQDA (Schuch et al. 2020), Atlas.ti (Fuchs und Hess 2018; Gerster et al. 2020; Horlach et al. 2018) oder NVivo (Stray et al. 2019), die bei der qualitativen Datenaufbereitung und -analyse unterstützen. In zukünftigen Studien könnten die Fallstudien durch die Methode des Qualitative Comparative Analysis (QCA) ergänzt werden (Park et al. 2017; Bui et al. 2019; Lee et al. 2019), um zusätzliche Zusammenhänge aus einer Vielzahl von praktischen Einzelfällen herauszuarbeiten. Im Kontext der betrieblichen Datengrundlage zeigt KOTUSEV weitere Dokumente (z. B. Roadmaps, IT-Applikationslandschaften, IT-Zielbilder oder konzeptionelle Datenmodelle) aus 27 IT-Funktionen (Kotusev 2019, S. 107 ff.), die für die Kennzahlenentwicklung zur Messung des IT-Wertbeitrags i. V. m. instrumentellen Fallstudien herangezogen werden können. Software für die Unterstützung der qualitativen Methoden könnten daher auch in nachfolgenden Forschungsarbeiten zu anderen Dimensionen des IT-Wertbeitrags genutzt werden (Termer et al. 2014). Die erforderliche Bedingung für die Teilnahme der Unternehmen an der Fallstudie bestand in der Zusicherung, die Unternehmensgeheimnisse zu wahren und zu anonymisieren, wodurch die Basisdokumente nicht offengelegt werden können. Dies reduziert die Nachvollziehbarkeit der Ergebnisse zugunsten der Relevanz des Artefakts und beleuchtet erneut das Spannungsfeld der Design-Science (Hevner et al. 2004, S. 88). Das genutzte Methodenspektrum kann in vergleichbaren Arbeiten wiederverwendet werden, die an der Schnittstelle zwischen Wissenschaft und betrieblicher Praxis verfahren. Hierdurch können unter Rückkoppelungen mit erfahrenen Managern weitere nützliche Artefakte entwickelt werden. Insgesamt lässt sich festhalten, dass bei der realisierten Vorgehensweise zur Erstellung des Artefakts eine hohe Methodenvielfalt und Praxisorientierung bestand.

6.2.2 Instrumentelles Artefakt

Das Ziel der vorliegenden Arbeit besteht in der Entwicklung eines Artefakts zur Messung der IT-Agilität in der IT-Aufbau- und Ablauforganisation in der IT-Funktion, möglichst anhand von objektiv beobachtbaren und praxistauglichen Eigenschaften. Aufbauend auf den dargestellten Kennzahlensteckbriefen kann dieses Ziel als erfüllt betrachtet werden mit Ausnahme der Elementarkennzahl der Fehlertoleranz O1.1 (vgl. Abschnitt 5.1.1.1), die eine Objektivierung mittels einer hohen Stichprobe bedarf.

Weiterführende Kriterien für Artefakte umfassen Abstraktion, Originalität, Begründung und Nutzen (Österle et al. 2010, S. 668 f. und Abschnitt 1.4) und werden hier kritisch gewürdigt. Die speziellen Anforderungen an Kennzahlensysteme und Kennzahlen sind in Abschnitt 5.1.3 kritisch gewürdigt. Das abstrakte Untersuchungsobjekt besteht in der Aufbau- und Ablauforganisation der IT-Funktion, die in Abhängigkeit von den intraorganisatorischen Bedingungen unterschiedlich ausgestaltet sein können. Die Fallstudien zeigen, dass das Artefakt unabhängig von zeitgenössischen und organisatorischen Schwerpunktgestaltungen angewandt werden konnte, sodass zu erwarten ist, dass das Artefakt auch zukünftig anwendbar und nützlich ist und eine adäquate externe Validität vorliegt (Johannesson und Perjons 2014, S. 133). Die originelle Sicht des Artefakts zur Messung der organisatorischen IT-Agilität der IT-Funktion sollte mit der Publikation gegeben sein, womit es nun möglich ist, den letzten bisher fehlenden Teil der IT-Agilität zu messen. Die Strukturierung, Synthese von Konzepten und Überführung in neu entwickelte Kennzahlen und die Demonstration in der Praxis schließt diese Wissenslücke und leistet einen innovativen Beitrag für den aktuellen Wissensstand zur Erforschung der IT-Agilität als Teil des IT-Wertbeitrags (Termer et al. 2014). Dazu sind gleichzeitig die verfügbaren praktischen Datenquellen neben der Expertenbefragung für weitere organisatorische Fallstudien in der IT-Funktion in den Steckbriefen illustriert. Hinsichtlich der Begründung sind mehrere unterstützende Punkte aufzuführen. Die potenziellen Anspruchsgruppen dieses Kennzahlensystems wurden frühzeitig in den Entwicklungsprozess einbezogen. Hinsichtlich der Resonanz über die Nützlichkeit wurde nach der zweiten Delphi-Runde ein Zwischenwert von 5,52 auf einer siebenstufigen Skala erreicht, wobei sieben den bestmöglichen Wert darstellt (vgl. Abschnitt 4.2.6). Die positiven Rückmeldungen aus den instrumentellen Fallstudien begründen zusätzlich das Kennzahlensystem. Zudem sind die drei Designiterationen nachvollziehbar visualisiert, sodass mithilfe der Abb. 22, Abb. 23 und Abb. 29 transparent ist, wie sich das initiale und das vorläufig finale Kennzahlensystem zueinander verhalten und zeigt damit den Weiterentwicklungsumfang nach dem initialen Design. Dabei wurden die Elementarkennzahlen nach den instrumentellen Fallstudien angepasst, mit dem Ziel die Erfahrungen bei der Anwendung im Artefakt zu reflektieren und dessen Anwendbarkeit weiter zu erhöhen. Diese wesentlichen Anpassungen umfassen das Ausscheiden von drei Kennzahlen, die Umstrukturierung des Kennzahlensystems und Anpassungen der Bezeichnungen, wobei diese transparent in der dritten Designiteration (vgl. Abschnitt 4.3.8) diskutiert und damit notfalls reversibel wären. Hierdurch ist das vorläufig finale Kennzahlensystem hinsichtlich der praktischen Anwendbarkeit um den Anteil der vorgenommenen dritten Designiteration potenziell reduziert. Es wurde bewusst bei der ex post Evaluation ein formatives Evaluationsziel (vgl. Abschnitt 4.1) verfolgt, da die alternative

Vorenthaltung der Erkenntnisse und die fehlende Integration in das Kennzahlensystem aus erkenntnisorientierter Sicht ausgeschlossen wurde. Zusätzlich ist hierbei anzumerken, dass sich die Bezeichnung finales Kennzahlensystem auf das Kennzahlensystem nach den instrumentellen Fallstudien bezieht und in weiteren Fallstudien wiederholt eingesetzt (vgl. Abschnitt 6.3) und fortlaufend weiterentwickelt werden sollte. Einen ersten Ausblick einer nächsten Designiteration auf Basis der aktuellen Literatur zeigt Abschnitt 5.2, diesen Kennzahlen fehlt es jedoch an einer empirischen Demonstration und Evaluation.

Im Zuge der Evaluationen wurden die ursprünglichen SENSE und RESPOND Kategorisierungen der Elementarkennzahlen entfernt. Grund hierfür liegt darin, dass manche Elementarkennzahlen unterschiedlich hinsichtlich SENSE und RESPOND ausgelegt werden können und beiden Fähigkeiten und damit der IT-Agilität zugute kommen. Als Beispiel lässt sich die Multidisziplinarität hervorheben. Eine Vielzahl an unterschiedlichen Disziplinen beleuchtet ein Problem aus mehreren Blickwinkeln und eignet sich daher gut um Technologie- und Geschäftstrends zu identifizieren und zu bewerten (SENSE). Andererseits fördert eine niedrige Anzahl an Disziplinen die Spezialisierung in den Teams, wodurch eine optimierte Abarbeitung offener Aufgaben ermöglicht wird (RESPOND). Das zweite Beispiel betrifft den Grad der Automatisierungsunterstützung. Ein durchgehendes Monitoring entlang des Applikationslebenszyklus und der Infrastruktur ermöglicht es Veränderungen frühzeitig zu erkennen (SENSE). Eine aktive Automatisierung anhand von identifizierten Wechselwirkungen unterstützt, dass manuelle Aufgaben teil- bzw. vollautomatisiert werden können (RESPOND).

Zuletzt ist anzumerken, dass das bisweilen diffus diskutierte Thema der organisatorischen IT-Agilität je nach Verfasser, Kontext und Detailtiefe sehr mehrdeutig aufgefasst und definiert werden kann (vgl. die Agilitätsdefinitionen in 2.1.1). Daher ist nicht auszuschließen, dass bei gleicher Problemstellung andere Autoren andere Schwerpunktbereiche gesetzt hätten und damit auch zu anderen initialen Kennzahlen gekommen wären. Jedoch wurde das Artefakt unter der bestmöglichen Transparenz und unter Einbezug von Definitionen der etablierten wissenschaftlichen Literatur und dem Einbezug von einer Vielzahl von praktischen Experten in der Delphi-Studie und den instrumentellen Fallstudien praktisch plausibilisiert und umfangreich verfeinert. Die vorliegende Arbeit ergänzt damit ein empirisch fundiertes Artefakt zur organisatorischen IT-Agilität zur wissenschaftlichen IT-Agilitätsforschung.

6.3 Implikationen für die Forschung zur IT-Agilität

In der vorliegenden Arbeit wurde gezeigt, dass sich organisatorische IT-Agilität nicht nur auf die Softwareentwicklung beziehen sollte, sondern für eine wirksame Entfaltung auch in den organisatorischen und strategischen Rahmen der IT-Funktion eingebettet sein sollte. Die gewählte theoretische Perspektive des ressourcenorientierten Ansatz hat sich als passfähig erwiesen und ist konsistent zu vergleichbaren ressourcenorientierten Arbeiten zur IT-Agilität (Rau 2021, Rennenkampff 2015, Termer 2016). Als Novum gegenüber den anderen Arbeiten wird IT-Agilität in der vorliegenden Arbeit vor dem Hintergrund der dynamischen Fähigkeiten (Teece et al. 1997) diskutiert (vgl. Abschnitt 2.2.3). Unter Rückgriff des RBV (Barney 1991; Overby et al. 2006; Teece et al. 1997) wird eine mehrstufige Wirkungs-Ursache-Kette zwischen IT-Ressourcen, dynamischen Fähigkeiten und Wettbewerbsvorteilen geschaffen, die zwischen direkten und indirekten Effekten der IT-Agilität unterscheidet. Eine Weiterentwicklung des RBV schafft die vorliegende Arbeit jedoch nicht, da primär die Entwicklung eines Artefakts gemäß der Design Science verfolgt wurde. Für die IT-Agilitätsforschung ergeben sich Implikationen für die beiden Handlungsfelder der IT-Organisation, für die allgemeine IT-Agilitätsforschung und übergreifend für den zu messenden IT-Wertbeitrag.

Die erste Implikation besteht darin, das Artefakt in weiteren Fallstudien, insbesondere global organisierte IT-Funktionen mit hunderten Mitarbeitern, zu nutzen und neue Erkenntnisse einfließen zu lassen. Speziell die erarbeiteten Normierungsintervalle der Kennzahlen können durch den Einbezug weiterer Fallstudien weiter bestätigt werden bzw. branchenspezifische Intervalle identifiziert werden. Neben der Bestimmung des Status quo kann das Kennzahlensystem auch für eine Langzeitbetrachtung oder eine Szenarioplanung von zukünftigen Aufbau- und Ablauforganisationen der IT-Funktion bzw. einzelner IT-Abteilungen als Bewertungsunterstützung herangezogen werden. Es bietet sich ebenfalls an, das Kennzahlensystem für einen Benchmark (nach der Aggregationsmethode aus Abschnitt 5.1.2) mehrerer Unternehmen zu verwenden, die in der gleichen Branche tätig sind (Nissen und Rennenkampff 2013, S. 24). Bei einer ausreichenden Anzahl von Langzeitstudien können zudem allgemeine Transformationsszenarien mit unterschiedlichen Startpunkten hin zu einer agilen IT-Funktion entwickelt werden. Ausgehend von einer solchen Untersuchung können die Kennzahlenergebnisse verglichen werden und Entwicklungspfade für eine organisatorische Gestaltung abgeleitet werden.

Bei der organisatorischen IT-Agilität zeigen sich Wechselwirkungen mit den Handlungsfeldern IT-Personal (Rau 2021) und IT-Architektur (Rennenkampff 2015). Bspw. besteht eine tendenzielle Überschneidung zwischen organisatorischen Zielen und Mitarbeiterzielen. Außerdem besteht eine Abhängigkeit zwischen den Release-Zyklen und den Applikationstypen sowie eine Wechselwirkung mit der IT-Architektur. Daher sollten die Kennzahlensysteme aller vier Handlungsfelder in einem integrativen Kennzahlensystem zusammengeführt werden und in umfassenden Fallstudien angewandt werden. Dadurch können weitere Wechselwirkungen zwischen den Kennzahlen der Handlungsfelder erkannt werden. Neben intraorganisatorischen Kennzahlen sind Quantifizierungen der Eigenschaften des Umfelds erforderlich, um nachfolgend die Soll-IT-Agilität für ein einzelnes Unternehmen zu bestimmen. Hierbei kann auf die Ausführungen in Abschnitt 5.3.4 zurückgegriffen werden. Damit kann das Ziel verfolgt werden, die Lücke zwischen realisierter Ist-Agilität und unternehmensspezifischer Soll-IT-Agilität weiter auszugleichen. Beispielsweise könnte die Soll-IT-Agilität im ersten Fallstudienunternehmen höher sein als im dritten Fallstudienunternehmen, da das Geschäftsmodell im dritten Unternehmen auf technisch innovativen Handwerkzeugen basiert und keinen relevanten IT-Anteil aufweist. Daher könnte die gemessene Agilität im dritten Unternehmen näher an einem branchenspezifischen Optimum liegen als im ersten Unternehmen, trotz höherer Ist-Agilität. Um diese Frage zu vertiefen ist ein quantitativer Vergleich hinsichtlich der optimalen Einstellung einschließlich eines Branchenvergleichs erforderlich. Darüber hinaus kann es erkenntnisreich sein, wie strategische Ereignisse auf interorganisationaler Unternehmensebene die IT-Agilität beeinflussen, bspw. in Form von digital verknüpften Partnerschaften oder Allianzen (Tallon et al. 2022, S. 643 ff.). Unternehmen pflegen auch den Kontakt mit einem oder mehreren Partnern mit digitaler Expertise, wie spezialisierten agilen Start-ups oder Servicedienstleister, wobei sich Möglichkeiten zu strategischen Partnerschaften und Joint Ventures ergeben (Horlach et al. 2017, S. 5423; Gerster et al. 2018, S. 7; Karimi-Alaghehband und Rivard 2020, S. 6). Im Rahmen der praktischen Evaluation wurde der Zusammenhang zwischen IT-Agilität und finanziellen Größen diskutiert. Finanzielle Effekte könnten beispielsweise durch externes Neugeschäft, neue Dienstleistungsangebote, neue softwareintegrierte Produkte oder durch die interne Geschäftsprozessoptimierung mithilfe eines verstärkten Einsatzes von IT-getriebenen Automatisierungslösungen zu erwarten sein. Dabei kann auch auf wirtschaftlich orientierte (IT-)Kennzahlen zurückgegriffen werden (Gadatsch und Mayer 2014, S. 234–256; Gladen 2014, S. 113–175; Kütz 2011). Der entwickelte

Designprozess kann als Modell für die Entwicklung von zukünftigen Kennzahlen genutzt werden, um weitere Dimensionen des IT-Wertbeitrags vollständig und praktisch mithilfe von Design-Science messbar zu machen.

6.4 Implikationen für die IT-Organisation

Das Kennzahlensystem bietet dem oberen Führungskreis der IT-Funktion (CIO, IT-Leiter sowie IT-Organisations- und IT-Prozessverantwortlichen) erstmals die Möglichkeit, die organisatorische IT-Agilität selbst zu messen, wobei hierzu die erforderlichen Methoden und exemplarische Datenquellen dargestellt sind. Neben der Messung der Ist-IT-Agilität kann das Kennzahlensystem ebenfalls für eine Prognose von organisatorischen Zukunftsszenarien innerhalb der Organisations- und Prozessentwicklung oder für den Vergleich von unternehmensinternen oder -externen IT-Abteilungen genutzt werden. Ergänzend schaffen Zeitreihenbetrachtungen die Möglichkeit zur stetigen Nachverfolgung der organisatorischen IT-Agilität (MacKenzie et al. 2011, S. 311). Die 18 Leitfragen in den Kennzahlensteckbriefen können zudem als Leitfaden für eine Diskussion im betrieblichen Rahmen genutzt werden. Auf Basis der erhobenen Kennzahlenergebnisse kann eine sachliche Debatte zum aktuellen und zukünftigen Stand der IT-Agilität in der IT-Funktion angeregt und fundiert werden. Die dargestellten Eigenschaften des Umfelds unterstützen die Definition einer Soll-IT-Agilität und die Ableitung von Maßnahmenbereichen. Die tatsächliche organisatorische Ausgestaltung der IT-Funktion hängt weitgehend von der IT-Ausrichtung ab, wobei mehrere Ausrichtungen denkbar sind (Guillemette und Paré 2012, S. 533). Konkrete und geeignete Gestaltungsempfehlungen für eine spezifische IT-Organisation kann die Arbeit kaum leisten. Nichtsdestotrotz bietet das Artefakt nach einer Messung die Möglichkeit, erste Ansatzpunkte zur Verbesserung und Restriktionen der organisatorischen IT-Agilität mittelbar zu identifizieren, wobei naheliegende Verbesserungsideen in einzelnen Bereichen entstehen. Hierzu findet sich in Abschnitt 4.3.6 eine Übersicht von exemplarischen Maßnahmen zur Verbesserung der organisatorischen IT-Agilität anhand der erhobenen Elementarkennzahlergebnisse, deren Eignung jedoch im Einzelfall bewertet werden muss, bestenfalls in Abhängigkeit mit den anderen beiden Handlungsfeldern. Aufbauend hierauf können bei Bedarf Eigenheiten der Aufbau- und Ablauforganisation dahingehend verändert werden, dass die organisatorische IT-Agilität gefördert wird. Im Gegensatz zu klassischen IT-Referenzmodellen wie bspw. ITIL® liegt der Schwerpunkt dieser Arbeit auf den proaktiven Aspekten und geht damit über zeitgenössische Modelle und Rahmenwerke des IT-Managements hinaus. Mithilfe einer sukzessiven Reduktion von systematischen Restriktionen kann die IT-Agilität einen Beitrag für die Geschäftstätigkeit leisten. Hier kann es notwendig sein, ein angemessenes IT-Agilitätsbudget zuzuweisen, um eine organisatorische Befähigung zu initiieren, mit neuen Technologien zu experimentieren, die Nutzernähe zu erhöhen, agile Frameworks und Methoden zu trainieren und zu implementieren oder die Automatisierung der IT-Prozesse zu unterstützen. Dies sollte in einem integrativen Ansatz geschehen, der auch die anderen beiden Handlungsfelder berücksichtigt. So können aufgrund von Wechselwirkungen und Restriktionen auch Investitionen in den beiden anderen Handlungsfeldern erforderlich sein. Restriktionen können z. B. durch eine historisch gewachsene und komplexe IT-Anwendungslandschaft mit veralteten Technologien entstehen, die eine Modernisierung der IT-Landschaft erforderlich machen (Nissen und Rennenkampff 2017, S. 429). So deutet eine proaktive IT-Investitionsorientierung auf eine Wertsteigerung hin (Ravichandran 2018, S. 37). Auch aus Gründen der IT-Sicherheit kann die strategische Notwendigkeit für ein Unternehmen bestehen, jahrzehntealte Altsysteme zu modernisieren und Schwachstellen veralteter IT-Infrastrukturen konsequent zu überwachen und zu beheben (Pang und Tanriverdi 2022, S. 15). Insbesondere die Ausstattung der IT-Funktion mit neuen Cloud-Technologien und einer modularen Anwendungslandschaft kann sich positiv auf die organisatorische IT-Agilität auswirken, indem kürzere Release-Zyklen technologisch ermöglicht werden (Tiwana und Konsynski 2010, S. 301).

6.5 Ausblick und zukünftiger Forschungsbedarf

Über die IT-Agilitätsforschung hinaus ergeben sich neben der IT-Agilität weitere Forschungsfelder, die in Zukunft von hoher Bedeutung für die Wirtschaftsinformatik und die betriebliche IT-Funktion sein werden. Insbesondere in der ersten Fallstudie wurde deutlich, dass Software zunehmend in Produkte und Dienstleistungen integriert werden, die Unternehmen verkaufen. Auch vor dem Hintergrund der wahrgenommenen Trennung zwischen Produkt-IT und Technologie-IT aus der ersten Fallstudie ergeben sich Auswirkungen auf die Forschungsgebiete der Wirtschaftsinformatik. Daher stellt sich die Frage, unter welchen Bedingungen der Softwareentwicklungsprozess zumindest für marktorientierte Applikationen in die Umsetzungsverantwortung der Geschäftsfunktionen rücken kann und sollte (vgl. die Diskussion bei Hausladen und Sylla 2020). Konkret würde diese Verantwortlichkeit bedeuten, dass der Applikationsentwicklungsprozess für externe IT-Produkte von der Anforderung bis zur Produktivsetzung beim Nutzer sich in die Geschäftsprozesse einreiht, wenn diese nicht von der IT-Funktion wahrgenommen wird (Urbach et al. 2018, S. 4). Ausgehend von dieser Verantwortlichkeit für Geschäftsprozesse ergeben sich weitere Implikationen für die Aufbauorganisation im Unternehmen, bei der die IT-Funktion von einem Chief Product Officer und einen Chief Technology Officer separiert wird, wodurch sich eine neue Facette für das Business-IT-Alignment ergibt (Haffke 2017, S. 79). Dieser Aspekt ist von erheblicher Relevanz, weil die zunehmende IT-Durchdringung dazu führt, dass ehemals physische Produkte für einen erweiterten Wertbeitrag wie bspw. beim autonomen Fahren um Software ergänzt werden (vgl. Urbach et al. 2018, S. 5). Hierdurch erhöht sich zusätzlich der Koordinationsaufwand für die Abstimmung zwischen den physischen und softwarebasierten Lebenszyklen auch vor dem Hintergrund der Release-Fähigkeit der Software (vgl. Urbach et al. 2018, S. 5). Die erforderliche Abstimmung zwischen den spezialisierten Disziplinen hat einen Einfluss auf die operative Teamarbeit. Daher bilden zukünftig die Teams als Stellvertreter der operativen Arbeitsebene ein wichtiges Untersuchungsfeld, weil dort die interdisziplinären Fähigkeiten zusammenkommen. Dazu stellen sich Fragen zur Integration der Mitarbeiter und Teams in eine übergreifende Produkt-, Projekt- und Linienorganisation. Ein weiteres relevantes Untersuchungsfeld liegt im Bereich der künstlichen Intelligenz und deren Einfluss auf die operative Arbeit und die resultierenden Implikationen auf die IT-Organisation (Reinhardt 2020, S. 311 f.).

Zusammenfassend lässt sich festhalten, dass sich die betriebliche IT-Funktion derzeit im Wandel befindet und aufgrund der heutigen Unternehmensvernetzung und dem Aufkommen von neuen Technologien auch in absehbarer Zeit präsent sein wird. Spannend ist und bleibt daher, wie die IT-Funktion auf diese wesentlichen Veränderungen reagieren muss und welche Gestaltungsoptionen unter Berücksichtigung des technologischen Wandels optimal für das Gesamtunternehmen sind.

Literaturverzeichnis

Abdi, M.; Aulakh, P. S. (2017): Locus of uncertainty and the relationship between contractual and relational governance in cross-border interfirm relationships. In: Journal of Management, 43(3), S. 771–803. https://doi.org/10.1177/0149206314541152

Afflerbach, P.; Kastner, G.; Krause, F.; Röglinger, M. (2014): Der Wertbeitrag von Prozessflexibilität – Ein Optimierungsmodell und seine Anwendung im Dienstleistungssektor. In: Wirtschaftsinformatik, 56(4), S. 223–236. https://doi.org/10.1007/s11576-014-0423-5

Agarwal, R.; Sambamurthy, V. (2002): Principles and Models for Organizing the IT Function. In: MIS Quarterly, 26(1), S. 1–16. https://doi.org/10.4324/9780429286797-11

Ahsan M.; Ngo-Ye, L. (2005): The Relationship between I.T. Infrastructure and Strategic Agility in Organizations. In: AMCIS Proceedings, S. 415–427. https://doi.org/10.2139/ssrn.3476286

Albuquerque, J. P. de; Christ, M. (2015): The tension between business process modelling and flexibility: Revealing multiple dimensions with a sociomaterial approach. In: Journal of Strategic Information Systems, 24(3), S. 189–202. https://doi.org/10.1016/j.jsis.2015.08.003

Alt, R.; Auth, G.; Kögler, C. (2017): Innovationsorientiertes IT-Management–Eine Fallstudie zur DevOps-Umsetzung bei T-Systems MMS. In: HMD-Praxis der Wirtschaftsinformatik, 54(2), S. 216–229. https://doi.org/10.1365/s40702-017-0300-y

Amit, R. H.; Schoemaker, P. J. (1993): Strategic Assets and Organisational Rent. In: Strategic Management Journal, 14(1), S. 33–46. https://doi.org/10.1002/smj.4250140105

Ammon, U. (2009): Delphi-Befragung. In: Kühl, S.; Strodtholz, P.; Taffertshofer, A. (Hrsg.): Handbuch Methoden der Organisationsforschung. Quantitative und qualitative Methoden. 1. Aufl., Wiesbaden, S. 458–476. https://doi.org/10.1007/978-3-531-91570-8_22

Anand, B. N.; Rukstad, M. G.; Paige, C. H. (2000): Capital One Financial Corporation. In: Harvard Business School 9–700 Cambridge, MA. S. 1–28.

Anderson, N.; Potočnik, K.; Zhou, J. (2014): Innovation and creativity in organizations: A state-of-the-science review, prospective commentary, and guiding framework. In: Journal of Management, 40(5), S. 1297–1333. https://doi.org/10.1177/0149206314527128

Andresen, D.; Gronau, N. (2005): Die Gestaltung von Unternehmensarchitekturen – Wieviel Flexibilität ist notwendig? In: ERP Management, 1(5), S. 30–32.

R.-A. Koch, *Management von IT-Agilität in der IT-Funktion*, Forschung zur Digitalisierung der Wirtschaft | Advanced Studies in Business Digitization, https://doi.org/10.1007/978-3-658-44606-2

Aritzeta, A.; Swailes, S.; Senior, B. (2007): Belbin's team role model: Development, validity and applications for team building. In: Journal of Management Studies, 44(1), S. 96–118. https://doi.org/10.1111/j.1467-6486.2007.00666.x

Armstrong, C. E.; Shimizu, K. (2007): A Review of Approaches to Empirical Research on the Resource-Based View of the Firm. In: Journal of Management, 33(6), S. 959–986. https://doi.org/10.1177/0149206307307645

Armstrong, C. P.; Curtis P.; Sambamurthy, V. (1999): Information technology assimilation in firms: The influence of senior leadership and IT infrastructures. In: Information systems research, 10(4), S. 304–327. https://doi.org/10.1287/isre.10.4.304

Arteta, B. M.; Giachetti, R. E. (2004): A measure of agility as the complexity of the enterprise system. In: Robotics and Computer-Integrated Manufacturing, 20(6), S. 495–503. https://doi.org/10.1016/j.rcim.2004.05.008

Aubert, B.; Kishore, R.; Iriyama, A. (2015): Exploring and managing the "innovation through outsourcing" paradox. In: The Journal of Strategic Information Systems (24), S. 255–269. https://doi.org/10.1016/j.jsis.2015.10.003

Axelos (2011a): The Stationary Office, ITIL® Service Strategy, 2. Aufl., Belfast: Crown. ISBN: 9780113313044

Axelos (2011b): The Stationary Office, ITIL® Service Design, 2. Aufl., Belfast: Crown. ISBN: 9780113313051

Axelos (2011c): The Stationary Office, ITIL® Service Transition, 2. Aufl., Belfast: Crown. ISBN: 9780113313068

Axelos (2011d): The Stationary Office, ITIL® Service Operation, 2. Aufl., Belfast: Crown. ISBN: 9780113313075

Axelos (2011e): The Stationary Office, ITIL® Continual Service Improvement, 2. Aufl., Belfast: Crown. ISBN: 9780113313082

Axelos (2019): The Stationary Office, ITIL®Foundation, ITIL 4 Foundation. 1. Aufl. Belfast: Crown. ISBN: 9780113316076

Bach, N.; Brehm, C.; Buchholz, W.; Petry, T. (2017): Organisation – Gestaltung wertschöpfungsorientierter Architekturen, Prozesse und Strukturen. 2. Aufl., Wiesbaden. https://doi.org/10.1007/978-3-658-17169-8

Backhaus, K.; Erichson, B.; Gensler, S.; Weiber, R.; Weiber, T. (2021): Multivariate Analysemethoden Eine anwendungsorientierte Einführung. 16. Auf., Wiesbaden. ISBN: 978-3-658-32424-7

Bal, J.; Wilding, R.; Gundry, J. (1999): Virtual Teaming in the Agile Supply Chain. In: The International Journal of Logistics Management, 10(2), S. 71–82. https://doi.org/10.1108/09574099910806003

Balaji, S.; Murugaiyan, M. S. (2012): Waterfalls V-Model vs Agile: A comperative study on SDLC. In: International Journal of Information Technology and Business Management, 2(1), S. 26–30.

Banker, R. D.; Hu, N.; Pavlou, P. A.; Luftman, J. (2011): CIO reporting structure, strategic positioning, and firm performance. In: MIS Quarterly, 35(2), S. 487–504. https://doi.org/10.2307/23044053

Barnett, W. P.; Greve, H. R.; Park, D. Y. (1994): An Evolutionary Model of Organizational Performance. In: Strategic Management Journal, 15(1), S. 11–28. https://doi.org/10.1002/smj.4250150903

Barney, J. (1991): Firm Resources and Sustained Competitive Advantage. In: Journal of Management, 17(1), S. 99–120. https://doi.org/10.1177/014920639101700108

Barney, J. B. (1995): Looking inside for competitive advantage. In: Academy of Management Perspectives, 9(4), S. 49–61. https://doi.org/10.5465/ame.1995.9512032192

Barney, J. B. (2001): Resource-based theories of competitive advantage: A ten year retrospective on the resource-based view. In: Journal of Management, 27(4), S. 643–650. https://doi.org/10.1177/014920630102700602

Basili, V. R.; Caldiera, V.; Rombach, H. D. (1994): The goal question metric paradigm. In: Marciniak, J. J. (Hrsg.): Encyclopedia of software engineering. 2. Aufl., New York, S. 528–532. ISBN: 9780471540045

Bearingpoint (2022): Doing Agile vs. Being Agile – Agile Pulse 2022 the BearingPoint Agility Study. Online verfügbar unter: https://www.bearingpoint.com/files/BearingPoint_Studie_Agile_Pulse_2022.pdf?download=0&itemId=971714, zuletzt geprüft am 11.09.2022.

Bekkhus, R. (2016): Do KPIs used by CIOs Decelerate Digital Business Transformation? The Case of ITIL. In: DIGIT Proceedings, S. 1–19. aisel.aisnet.org/digit2016/16

Benbasat, I.; Goldstein, D. K.; Mead, M. (1987): The Case Research Strategy in Studies of Information Systems. In: MIS Quarterly, 11(3), S. 369–386. https://doi.org/10.2307/248684

Bharadwaj, A. S. (2000): A resource-based perspective on Information technology capability and firm performance: an empirical investigation. In: MIS Quarterly, 24(1), S. 169–196. https://doi.org/10.2307/3250983

Bharadwaj, A.; El Sawy, O. A.; Pavlou, P. A.; Venkatraman N. (2013): Digital business strategy: Toward a next generation of insights. In: MIS Quarterly, 37(2), S. 471–482. https://doi.org/10.25300/MISQ/2013/37:2.3

Biehl, M. (2007): Success factors for implementing global information systems. In: Communications of the ACM, 50(1), S. 52–58. https://doi.org/10.1145/1188913.1188917

Bititci, U.; Turner, T.; Ball, P. (1999): The viable business structure for managing agility. In: International Journal of Agile Management Systems, 1(3), S. 190–199. https://doi.org/10.1108/14654659910296571

Bloom, N.; Garicano, L.; Sadun, R.; Van Reenen, J. (2014): The Distinct Effects of Information Technology and Communication Technology on Firm Organization. In: Management Science, 60(12), S. 2859–2885. https://doi.org/10.1287/mnsc.2014.2013

Bock, A. J.; Opsahl, T.; George, G.; Gann, M. D. (2012): The Effects of Culture and Structure on Strategic Flexibility during Business Model Innovation. In: Journal of Management Studies, 49(2), S. 279–305. https://doi.org/10.1111/j.1467-6486.2011.01030.x

Bogner, A.; Menz, W. (2002): Das theoriegenerierende Experteninterview. In: Bogner, A.; Littig, B.; Menz, W. (Hrsg.): Das Experteninterview – Theorie, Methode, Anwendung, 1. Aufl., Wiesbaden: VS Verlag für Sozialwissenschaften, S. 7–70. ISBN: 9783322932709

Borg, I. (1996): Grundlagen und Ergebnisse der Facettentheorie. In: Erdfelder, E.; Mausfeld, R.; Meiser, T.; Rudinger, G. (Hrsg.): Handbuch Quantitative Methoden, 1. Aufl., Mannheim: Universitätsbibliothek Mannheim, S. 231–240. https://doi.org/10.25521/HQM18

Bortz J.; Döring N. (2006): Forschungsmethoden und Evaluation für Human- und Sozialwissenschaftler. Mit 156 Abbildungen und 87 Tabellen, 4. Aufl. Springer, Berlin, Heidelberg. ISBN: 9783540333050

Brake, A. (2009): Schriftliche Befragung, In: Kühl, S.; Strodtholz, P.; Taffertshofer, A. (Hrsg,): Handbuch Methoden der Organisationsforschung, 1. Aufl., Wiesbaden: VS Verlag für Sozialwissenschaften, S. 392–412. ISBN: 9783531158273

Brauk, S. von (2013): Zurückeroberung der Zukunft – Chancen agiler IT. In: HMD-Praxis der Wirtschaftsinformatik, 50(2), S. 6–16. https://doi.org/10.1007/BF03340791

Breu, K.; Hemingway, C. J.; Strathern, M.; Bridger, D. (2001): Workforce agility: the new employee strategy for the knowledge economy. In: Journal of Information Technology 17(1), S. 21–31. https://doi.org/10.1080/02683960110132070

Brocke J. vom; Hevner A.; Maedche A. (2020) Introduction to Design Science Research. In: Brocke J. vom; Hevner A.; Maedche A. (Hrsg.) Design Science Research. Cases. 1. Aufl., Springer, S. 1–14. https://doi.org/10.1007/978-3-030-46781-4_1

Brocke, J. vom; Simons, A.; Niehaves, B.; Riemer, K.; Plattfaut, R.; Cleven, A. (2009): Reconstructing the giant: on the importance of rigour in documenting the literature search process. In: ECIS Proceedings, S. 1–12. aisel.aisnet.org/ecis2009/161

Broy, M.; Kuhrmann, M. (2013): Unternehmens- und Projektorganisation. In: Broy, M.; Kuhrmann, M. (Hrsg.) Projektorganisation und Management im Software Engineering, 1. Aufl., Berlin: Springer Vieweg Verlag, S. 31–60. https://doi.org/10.1007/978-3-642-29290-3_2

Bui, Q. N.; Leo, E.; Adelakun, O. (2019): Exploring complexity and contradiction in information technology outsourcing: A set-theoretical approach. In: The Journal of Strategic Information Systems, 28(3), S. 330–355. https://doi.org/10.1016/j.jsis.2019.07.001

Burzan, N. (2019): Indikatoren. In: Baur, N. Blasius J. (Hrsg.): Handbuch Methoden der empirischen Sozialforschung. 2. Aufl., Wiesbaden, S. 1415–1422. https://doi.org/10.1007/978-3-658-21308-4.

Büschgens, T.; Bausch, A.; Balkin, D. B. (2013): Organizational Culture and Innovation: A meta-analytic review. In: Journal of Product Innovation Management, 30(4), S. 763–781. https://doi.org/10.1111/jpim.12021

Byrd, T. A.; Turner, D. E. (2000): Measuring the flexibility of information technology infrastructure. Exploratory analysis of a construct. In: Journal of Management Information Systems, 17(1), S. 167–208. https://doi.org/10.1080/07421222.2000.11045632

Camisón-Zornoza, C.; Lapiedra-Alcamí, R.; Segarra-Ciprés, M.; Boronat-Navarro, M. (2004): A Meta-analysis of Innovation and Organizational Size. In: Organization Studies, 25(3), S. 331–361. https://doi.org/10.1177/0170840604040039

Cao, L.; Mohan, K.; Ramesh, B.; Sarkar, S. (2013): Adapting funding processes for agile IT projects: an empirical investigation. In: European Journal of Information Systems, 22(2), S. 191–205. https://doi.org/10.1057/ejis.2012.9

Capgemini (2019): Agile at Scale – vier Empfehlungen für eine unternehmensweite Agilität. Online verfügbar unter: https://www.capgemini.com/de-de/wp-content/uploads/sites/5/2019/11/Report---Agile-@-Scale-1.pdf, zuletzt geprüft am 10.09.2022.

Capgemini (2021): Studie IT-Trends 2021 – IT ermöglicht Business trotz Kontaktbeschränkungen. Online verfügbar unter: https://www.capgemini.com/de-de/wp-content/uploads/sites/5/2021/02/IT-Trends-Studie-2021.pdf, zuletzt geprüft am 10.09.2021.

Carr, N. G. (2003): IT Doesn't Matter. In: Harvard Business Review 38, S. 5–12.

Cesare, S. de; Lycett, M.; Macredie, R. D.; Patel, C.; Paul, R. (2010): Examining perceptions of agility in software development practice. In: Communications of the ACM, 53(6), S. 126–130. https://doi.org/10.1145/1743546.1743580

Chakravarty, A.; Grewal, R.; Sambamurthy, V. (2013): Information technology competencies, organizational agility, and firm performance: Enabling and facilitating roles. In: Information Systems Research, 24(4), S. 976–997. https://doi.org/10.1287/isre.2013.0500

Chandler, A. D. (1962): Strategy and Structure: Chapters in History of Industrial Enterprise, Cambridge, MA: MIT Press

Chen, D.; Preston, S.; Tarafdar, M. (2015): From Innovative I.S. Strategy to Customer Value: The Roles of Innovative Business Orientation, CIO Leadership and Organizational Climate. In: ACM SIGMIS Database: the DATABASE for Advances in Information Systems Archive, 46(2), S. 8–29. https://doi.org/10.1145/2795618.2795620

Chen, Y.; Wang, Y.; Nevo, S.; Jin, J.; Wang, L.; Chow, W. (2014): IT capability and organizational performance: the roles of business process agility and environmental factors. In: European Journal of Information Systems, 23(3), S. 326–342. https://doi.org/10.1145/2795618.2795620

Cho, H.; Jung, M.; Kim, M. (1996): Enabling technologies of agile manufacturing and its related activities in Korea. In: Computers & Industrial Engineering, 30(3), S. 323–334. https://doi.org/10.1016/0360-8352(96)00001-0

Chua, R. Y.; Roth, Y.; Lemoine, J. F. (2015): The impact of culture on creativity: How cultural tightness and cultural distance affect global innovation crowdsourcing work. In: Administrative Science Quarterly, 60(2), S. 189–227. https://doi.org/10.1177/0001839214563595

Claps, G.; Svensson, R. B.; Aurum, A. (2015): On the journey to continuous deployment: Technical and social challenges along the way. In: Information and Software Technology, 57(1), S. 21–31. https://doi.org/10.1016/j.infsof.2014.07.009

Clark, E.; Soulsby, A. (2007): Understanding Top Management and Organizational Change through Demographic and Processual analysis. In: Journal of Management Studies, 44(6), S. 932–954. https://doi.org/10.1111/j.1467-6486.2007.00692.x

Cognini, R.; Corradini, F.; Gnesi, S.; Polini, A.; Re, B. (2018): Business process flexibility – a systematic literature review with a software systems perspective. In: Information Systems Frontiers, 20(2), S. 343–371. https://doi.org/10.1007/s10796-016-9678-2

Collis, D.; Montgomery, C. A. (2008): Competing on Resources. Strategy in the 1990s. In: Harvard Business Review 73(4), S. 140–150

Conboy, K. (2009): Agility from First Principles: Reconstructing the Concept of Agility in Information Systems Development. In: Information Systems Research. 20(3), S. 329–354. https://doi.org/10.1287/isre.1090.0236

Conboy, K.; Fitzgerald, B. (2004): Toward a conceptual framework of agile methods. A study of agility in different disciplines. In: WISER 2004. ACM Workshop on Interdisciplinary Software Engineering Research. Association for Computing Machinery, New York, NY, S. 37–44. https://doi.org/10.1145/1029997.1030005

Cooper, H. (1988): Organizing knowledge syntheses: A taxonomy of literature reviews. In: Knowledge, Technology & Policy, 1(1), S. 104–126. https://doi.org/10.1007/BF03177550

Cooper, R. G.; Sommer, A. F. (2016): The Agile–Stage-Gate hybrid model: A promising new approach and a new research opportunity. In: Journal of Product Innovation Management 33(5) S. 513–526. https://doi.org/10.1111/jpim.12314

Corbin, J. M.; Strauss, A. (1990): Grounded Theory Research: Procedures, Canons and Evaluative Criteria. In: Qual. Socio., 19(6), 418–427. https://doi.org/10.1007/BF00988593

Dalkey, N. C.; Helmer, O. (1963): An Experimental Application of the Delphi Method to the Use of Experts. In: Management Science, 9(3), S. 458–467. https://doi.org/10.1287/mnsc.9.3.458

Danneels, E. (2008): Organizational antecedents of second-order competences. In: Strategic Management Journal, 29(5), S. 519–543. https://doi.org/10.1287/mnsc.9.3.458

Diao, X.; Keller, A. (2006): Quantifying the Complexity of IT Service Management Processes. In: State, R.; Meer, S. van der; O'Sullivan D.; Pfeifer, T. (Hrsg.): Large Scale Management of Distributed Systems, Berlin: Springer, S. 61–73. https://doi.org/10.1007/11907466_6

Diller, H. (2006): Probleme der Handhabung von Strukturgleichungsmodellen in der betriebswirtschaftlichen Forschung. In: Die Betriebswirtschaft 66(6), S. 611–639.

Dillman, D. A.; Smyth, J. D.; Christian, L. M. (2014): Internet, phone, mail, and mixed-mode surveys: the tailored design method, 4. Aufl., New Jersey ISBN: 9781118456149

Doğan, K.; Ji, Y.; Mookerjee, V. S.; Radhakrishnan, S. (2011): Managing the Versions of a Software Product Under Variable and Endogenous Demand. In: Information Systems Research, 22, S. 5–21. https://doi.org/10.1287/isre.1090.0275.

Dolata, U. (2009): Technological innovations and sectoral change: Transformative capacity, adaptability, patterns of change: An analytical framework. In: Research Policy, 38(6), S. 1066–1076. https://doi.org/10.1016/j.respol.2009.03.006

Dove, R. (2001): Response Ability. The Language, Structure, and Culture of the Agile Enterprise. 1.Aufl., New York: John Wiley & Sons. ISBN: 978-0471350187

Duncan, N. B. (1995): Capturing Flexibility of Information Technology Infrastructure. A Study of Resource Characteristics and their Measure. In: Journal of Management Information Systems, 12(2), S. 37–57. https://doi.org/10.1080/07421222.1995.11518080

Edberg, D.; Ivanova, P.; Kuechler, W. (2012): Methodology mashups: An exploration of processes used to maintain software. In: Journal of Management Information Systems, 28(4), S. 271–304. https://doi.org/10.2753/mis0742-1222280410

Eller, C.; Riedl, R. (2016): Ziele von Informationssystemen. In: HMD-Praxis der Wirtschaftsinformatik, 53(2), S. 224–238. https://doi.org/10.1365/s40702-016-0219-8

Farson, R.; Keyes, R. (2002): The failure-tolerant leader. In: Harvard business review, 80(8), S. 64–71.

Fitzgerald, B.; Stol, K.-J. (2017): Continuous software engineering: A roadmap and agenda. In: Journal of Systems and Software 123, S. 176–189. https://doi.org/10.1016/j.jss.2015.06.063

Fitzgerald, G. (1990): Achieving flexible information systems: the case for improved analysis. In: Journal of Information Technology, 5(1), S. 5–11 https://doi.org/10.1177/026839629000500103

Flick, U. (2019): Gütekriterien qualitativer Sozialforschung. In: Baur, N. Blasius J. (Hrsg.): Handbuch Methoden der empirischen Sozialforschung. 2. Aufl., Wiesbaden, S. 473–487. https://doi.org/10.1007/978-3-658-21308-4.

Forsgren, N.; Smith, D.; Humble, J.; Frazelle, J. (2019): Accelerate: State of DevOps Report. DORA (DevOps Research and Assessment) and Google Cloud. Online verfügbar unter: https://services.google.com/fh/files/misc/state-of-devops-2019.pdf, zuletzt geprüft am 18.01.2021.

Foss, N. J. (1996): The Emerging Competence Perspective. In: Foss, N. J.; Knudsen, C. (Hrsg.): Towards a Competence Theory of the Firm, 1. Aufl., London: Routledge, S. 1–12. ISBN: 9780415407021

Franzen, A. (2019): Antwortskalen in standardisierten Befragungen. In: Baur, N.; Blasius, J. (Hrsg.): Handbuch Methoden der empirischen Sozialforschung. 2. Aufl., Wiesbaden: Springer Fachmedien, S. 843–853. ISBN: 9783658213084

Freiling, J. (2001): Resource-based View und ökonomische Theorie. Grundlagen und Positionierung des Ressourcenansatzes. 1. Aufl., Wiesbaden: Gabler Verlag und der Deutsche Universitäts-Verlag. ISBN: 9783322852144

Freiling, J.; Gersch, M.; Goeke, C. (2008): On the path towards a competence-based theory of the firm. In: Organization Studies, 28(8&9), S. 1143–1164. https://doi.org/10.1177/0170840608094774

Fuchs, C.; Hess, T. (2018): Becoming Agile in the Digital Transformation: The Process of a Large-Scale Agile Transformation. In ICIS Proceedings, S. 1–17. aisel.aisnet.org/icis2018/innovation/Presentations/19/

Gadatsch, A.; Mayer, E. (2010): Masterkurs IT-Controlling: Grundlagen und Praxis für IT-Controller und CIOs – Balanced Scorecard – Portfoliomanagement – Wertbeitrag der IT – Projektcontrolling – Kennzahlen – IT-Sourcing – IT-Kosten- und Leistungsrechnung. 4. Aufl., Wiesbaden: Springer Fachmedien. ISBN: 97838348-13275

Gallagher, K. P.; Worrell, J. L. (2008): Organizing IT to promote agility. In: Information Technology and Management, 9(1), S. 71–88. https://doi.org/10.1007/s10799-007-0027-5

Ganguly, A.; Nilchiani, R.; Farr, J. V. (2009): Evaluating agility in corporate enterprises. In: International Journal of Production Economics, 118(2), S. 410–423. https://doi.org/10.1016/j.ijpe.2008.12.009

Gartner (2015): IT Glossary – Bimodal IT. Online verfügbar unter: Online verfügbar unter: http://www.gartner.com/it-glossary/bimodal, zuletzt geprüft am 05.02.2017.

Gerster, D.; Dremel, C.; Brenner, W.; Kelker, P. (2020): How enterprises adopt agile forms of organizational design: A multiple-case study. In: ACM SIGMIS Database: the DATABASE for Advances in Information Systems. 51(1), S. 84–103. https://doi.org/10.1145/3380799.3380807

Gerster, D.; Dremel, C.; Kelker, P. (2018): Agile meets Non-agile: Implications of adopting agile practices at enterprises. In: AMCIS Proceedings. aisel.aisnet.org/amcis2018/DigitalAgility/Presentations/1

Gerster, D.; Dremel, C.; Kelker, P. (2018): Scaling Agility: How enterprises adopt agile forms of organizational design. In: ICIS Proceedings, S. 1–9. https://aisel.aisnet.org/icis2018/innovation/Presentations/2

Gladen, W. (2014): Performance Measurement – Controlling mit Kennzahlen. 6. Aufl., Wiesbaden: Springer Fachmedien. ISBN: 9783658051389

Gläser, J.; Laudel, G. (2009): Experteninterviews und qualitative Inhaltsanalyse als Instrumente rekonstruierender Untersuchungen. 3. Aufl., Wiesbaden: VS Verlag für Sozialwissenschaften. ISBN: 9783531156842

Goh, J. C. L.; Pan, S. L.; Zuo, M. (2013): Developing the agile IS development practices in large-scale IT projects: the trust-mediated organizational controls and IT project team capabilities perspectives. In: Journal of the Association for Information Systems, 14(12), S. 722–756. https://doi.org/10.17705/1JAIS.00348

Goldman, S. L.; Nagel, R. N.; Preiss, K.; Warnecke, H. (1996): Agil im Wettbewerb. Die Strategie der virtuellen Organisation zum Nutzen des Kunden. Berlin: Springer-Verlag. ISBN: 9783642611018

Goranson, H. T. (1999): The Agile Virtual Enterprise: Cases, Metrics, Tools. 1. Aufl., Westport: Greenwood Publishing. ISBN: 9781567202649

Gould, P. (1997): What is agility?. In: Manufacturing Engineer, 76(1), S. 28–31. https://doi.org/10.1049/me:19970113

Gracht, H. A. von der (2012): Consensus measurement in Delphi studies. Review and implications for future quality assurance. In: Technological Forecasting & Social Change, 79(8), S. 1525–1536. https://doi.org/10.1016/j.techfore.2012.04.013

Grant, R. M. (1991): The Resource Based Theory of Competitive Advantage: Implications for Strategy Formulation. In: California Management Review, 33(3), S. 114–135. https://doi.org/10.2307/41166664

Grant, R. M. (2016): Contemporary strategy analysis: Text and cases edition. 9. Aufl., Cornwall: Wiley & Sons. ISBN: 9781119126515

Greening, D. R. (2013): Release Duration and Enterprise Agility. In: Sprague, R. H. (Hrsg.), 46th Hawaii International Conference on System Sciences (HICSS) 2013, S. 4835–4841. https://doi.org/10.1109/HICSS. 2013.463

Gregory, R. W.; Keil, M.; Muntermann, J.; Mähring, M. (2015): Paradoxes and the nature of ambidexterity in IT transformation programs. In: Information Systems Research, 26(1), S. 57–80. https://doi.org/10.1287/isre.2014.0554

Greving, B. (2009): Messen und Skalieren von Sachverhalten. In: Albers, S.; Klapper, D.; Konradt, U.; Walter, A.; Wolf, J. (Hrsg.): Methodik der empirischen Forschung, 2. Aufl., Wiesbaden: Betriebswirtschaftlicher Verlag Dr. Th. Gabler, S. 65–78. ISBN: 9783834904690

Grover, V.; Cheon, M. J.; Teng, J. T. (1996): The effect of service quality and partnership on the outsourcing of information systems functions. In: Journal of Management Information Systems, 12(4), S. 89–116. https://doi.org/10.1080/07421222.1996.11518102

Guillemette, M. G.; Paré, G. (2012): Toward a new theory of the IT-Function in organizations. In: MIS Quarterly, 36(2), S. 529–551. https://doi.org/10.2307/41703466

Häder, M. (2014): Delphi-Befragungen. Ein Arbeitsbuch. 3. Aufl., Wiesbaden: Springer VS. ISBN: 9783658019280

Haffke, I. (2017): The implications of digital business transformation for corporate leadership, the IT function, and business-IT alignment. Technische Universität Darmstadt: Dissertation. http://d-nb.info/1126984221

Hassani-Alaoui, S.; Cameron, A. F.; Giannelia, T. (2020): "We use scrum, but…": Agile modifications and project success. In HICSS Proceedings, S. 6257–6266. https://doi.org/10.24251/HICSS.2020.765

Hausladen, I.; Sylla, P. (2020): Business-managed IT – Rahmenbedingungen für mehr IT-Verantwortung durch den Fachbereich. In: HMD-Praxis der Wirtschaftsinformatik, 57, S. 988–999. https://doi.org/10.1365/s40702-020-00644-5

Havakhor, T.; Sabherwal, R. (2018): Team processes in virtual knowledge teams: The effects of reputation signals and network density. In: Journal of Management Information Systems. 35(1), S. 266–318. https://doi.org/10.1080/07421222.2018.1440755

Havakhor, T.; Sabherwal, R.; Steelman, Z. R.; Sabherwal, S. (2019): Relationships between information technology and other investments: A contingent interaction model. In: Information Systems Research. 30(1), S. 291–305. https://doi.org/10.1287/isre.2018.0803

Heinen, E. (1966): Das Zielsystem der Unternehmung – Grundlagen betriebswirtschaftlicher Entscheidungen. 1. Aufl., Wiesbaden: Springer Fachmedien ISBN: 9783322987686

Heinrich, L. J.; Stelzer, D. (2011): Informationsmanagement: Grundlagen, Aufgaben, Methoden. 10. Aufl., München: Oldenbourg Verlag. ISBN: 9783486702538

Heinrich, L., J.; Riedl R.; Stelzer, D. (2014): Informationsmanagement: Grundlagen, Aufgaben, Methoden. 11. Aufl., München: Oldenbourg Verlag. ISBN: 9783110346640

Heinzl, A.; König, W.; Hack, J. (2001): Erkenntnisziele der Wirtschaftsinformatik in den nächsten drei und zehn Jahren. In: Wirtschaftsinformatik, 43(3), S. 223–233. https://doi.org/10.1007/BF03252668

Helfat, C. E.; Finkelstein, S.; Mitchell, W.; Peteraf, M.; Singh, H.; Teece, D.; Winter, S. G. (2007): Dynamic capabilities: Understanding strategic change in organizations. 1. Aufl., Malden: Blackwell Publishing. ISBN: 9781405159043

Helfat, C. E.; Peteraf, M. A. (2003): The dynamic resource-based view: Capability lifecycles. In: Strategic Management Journal, 24(10), S. 997–1010. https://doi.org/10.1002/smj.332

Hempel, P. S.; Zhang, Z.-X.; Han, Y. (2012): Team empowerment and the organizational context: Decentralization and the contrasting effects of formalization. In: Journal of Management, 38(2), S. 475–501. https://doi.org/10.1177/0149206309342891

Hermes, B. (2000): IT-Organisation in dezentralen Organisationen: Eine Analyse idealtypischer Modelle und Empfehlungen, 1. Aufl., Wiesbaden: Deutscher Universitätsverlag. ISBN: 9783663086154

Herriott, R. E.; Firestone, W. A. (1983): Multisite Qualitative Policy Research: Optimizing Description and Generalizability. In: Educational Researcher, 12(2), S. 14–19. https://doi.org/10.3102/0013189x012002014

Hevner, A. R.; March, S. T.; Park, J.; Ram, S. (2004): Design-Science in information systems research. In: MIS Quarterly, 28(1), S. 75–105. https://doi.org/10.2307/25148625

Highsmith, J.; Cockburn, A. (2001): Agile Software Development: The Business of Innovation. In: IEEE Computer, 34(9), S. 120–127. https://doi.org/10.1109/2.947100

Hill, C. W.; Hoskisson, R. E. (1987): Strategy and Structure in the Multiproduct Firm. Academy of Management Review, 12(2), S. 331–341. https://doi.org/10.5465/AMR.1987.4307949

Hoda, R.; Kruchten, P.; Noble, J.; Marshall, S. (2010): Agility in context. In: Cook, W. R. (Hrsg.): Proceedings of the ACM international conference on Object oriented programming systems languages and applications, S. 74–88. https://doi.org/10.1145/1869459.1869467

Hooper, M.; Steeple, D.; Winters, C. (2001): Costing customer value: An approach for the agile enterprise. In: International Journal of Operations & Production Management, 21(5–6), S. 630–644. https://doi.org/10.1108/01443570110390372

Hoopes, D. G.; Madsen, T. L.; Walker, G. (2003): Guest editors' introduction to the special issue: why is there a resource-based view? Toward a theory of competitive heterogeneity. In: Strategic Management Journal, 24(10), S. 889–902. https://doi.org/10.1002/smj.356

Horlach, B.; Drechsler, A.; Schirmer, I.; Drews, P. (2020): Everyone's Going to be an Architect: Design Principles for Architectural Thinking in Agile Organizations. In: Bui, T. (Hrsg.): HICSS Proceedings, S. 1–10. DOI:https://doi.org/10.24251/HICSS.2020.759

Horlach, B.; Drews, P.; Schirmer, I. (2016): Bimodal IT: Business-IT alignment in the age of digital transformation. In: Nissen, V.; Stelzer, D.; Straßburger, S.; Fischer D.; (Hrsg.) Multikonferenz Wirtschaftsinformatik Band III (MKWI), S. 1417–1428. https://www.db-thueringen.de/receive/dbt_mods_00027214

Horlach, B.; Drews, P.; Schirmer, I.; Böhmann, T. (2017): Increasing the agility of IT delivery: five types of bimodal IT organization. In: HICSS Proceedings, S. 5420–5429. HICSS.2017.656

Hox, J. J.; De Leeuw, E. D.; Zijlmans, E. A. (2015): Measurement equivalence in mixed mode surveys. In: Frontiers in Psychology, 6, S. 1–11. https://doi.org/10.3389/fpsyg.2015.00087

Humble, J.; Molesky, J. (2011): Why enterprises must adopt devops to enable continuous delivery. In: Cutter IT Journal, 24(8), S. 6–13.

Hung, H.; Altschuld, J. W.; Lee, Y. (2008): Methodological and conceptual issues confronting a cross country Delphi study of educational program evaluation. In: Evaluation and Program Planning, 31(2), S. 191–198. https://doi.org/10.1016/j.evalprogplan.2008.02.005

Hurley, R. F.; Hult, G. T. M. (1998): Innovation, market orientation, and organizational learning: an integration and empirical examination. In: Journal of marketing, 62(3), S. 42–54. DOI:https://doi.org/10.2307/1251742

Iden, J.; Langeland, L. (2010): Setting the stage for a successful ITIL adoption: A Delphi study of IT experts in the Norwegian armed forces. In: Information Systems Management, 27(2), S. 103–122. https://doi.org/10.1080/10580531003708378

ISACA (2019): COBIT® 2019 Framework: Governance and Management Objectives, ISBN: 9781604202373

James, S. D.; Michael, J. L.; Shaohua, L. (2013): How Firms Capture Value From Their Innovations. In: Journal of Management, 39(5), S. 1123–1155. https://doi.org/10.1177/0149206313488211

Jansen, J. J. P.; Bosch, F. A. J. van Den (2006): Exploratory Innovation, Exploitative Innovation, and Performance: Effects of Organizational Antecedents and Environmental Moderators. In: Management Science, 52(11), S. 1661–1674. https://doi.org/10.1287/mnsc.1060.0576

Ji, Y.; Mookerjee, V. S.; Sethi, S. P. (2005): Optimal Software Development: A Control Theoretic Approach. In: Information Systems Research, 16, S. 292–306. https://doi.org/10.1287/isre.1050.0059.

Johannesson, P.; Perjons, E. (2014): An Introduction to Design Science. 1. Aufl. Springer, Heidelberg. ISBN: 978-3-319-10632-8

Kacperczyk, A. J. (2012): Opportunity structures in established firms: Entrepreneurship versus intrapreneurship in mutual funds. In: Administrative Science Quarterly, 57(3), S. 484–521. https://doi.org/10.1177/0001839212462675

Kaiser, R. (2014): Qualitative Experteninterviews: Konzeptionelle Grundlagen und praktische Durchführung. 1.Aufl, Wiesbaden: Springer VS. ISBN: 9783658024796

Kald, M. (2003): Strategic positioning: a study of the Nordic paper and pulp industry. In: Strategic change, 12(6), S. 329–343. https://doi.org/10.1002/jsc.643

Kalgovas, B.; Van Toorn, C.; Conboy, K. (2014): Transcending the barriers to ambidexterity: An exploratory study of Australian CIOs. In: ECIS Proceedings. aisel.aisnet.org/ecis2014/proceedings/track15/14

Kappelman, L.; Johnson, V. L.; Maurer, C.; Guerra, K.; McLean, E.; Torres, R.; Snyder, M.; Kim, K. (2020): The 2019 SIM IT Issues and Trends Study. In: MIS Quarterly Executive, 19(1), S. 69–104. https://doi.org/10.17705/2msqe.00026

Karim, S. (2006): Modularity in organizational structure: The reconfiguration of internally developed and acquired business units. In: Strategic Management Journal, 27(9), S. 799–823. https://doi.org/10.1002/smj.547

Karim, S.; Mitchell, W. (2000): Path-dependent and path-breaking change: Reconfiguring business resources following acquisitions in the U.S. medical sector, 1978–1995. In: Strategic Management Journal, 21(10), S. 1061–1081. https://doi.org/10.1002/1097-0266(200010/11)21:10/11<1061::AID-SMJ116>3.0.CO;2-G

Karimi-Alaghehband, F.; Rivard, S. (2020): IT outsourcing success: A dynamic capability-based model. In: The Journal of Strategic Information Systems. 29(1), S. 1–20. https://doi.org/10.1016/j.jsis.2020.101599

Kauffman, S. A. (1993): The Origins of Order: Self-Organization and Selection in Evolution. 1.Aufl., New York: Oxford University Press. ISBN: 9780195079517

Kaur, P.; Sharma, S. (2014): Agile software development in global software engineering. In: International Journal of Computer Applications, 97(4), S. 39–43. https://doi.org/10.5120/16999-7181

Kearns, G. S.; Sabherwal, R. (2007): Strategic Alignment Between Business and Information Technology: A Knowledge-Based View of Behaviors, Outcome, and Consequences. In: Journal of Management Information Systems, 23(3), S. 129–162. https://doi.org/10.2753/MIS0742-1222230306

Keuper, F. (2010): IT-Management im Kontext des Strategie-Struktur-Zusammenhangs. In: Keuper, F.; Schomann, M.; Zimmermann, K. (Hrsg.): Innovatives IT-Management – Management von IT und IT – gestütztes Management. 2. Aufl., Wiesbaden: Gabler Verlag, S. 3–29. ISBN: 9783834988034

Kien, S. S.; Soh, C.; Markus, M. L. (2013): A New IT Organizational form for Multinational Enterprises. In: PACIS Proceedings. aisel.aisnet.org/pacis2013/34

Kießling, M.; Wittig, N.; Kolbe, L. (2012): Innovationsmanagement in IT-Abteilungen – eine fallstudienbasierte Untersuchung. In: Mattfeld, D. C.; Robra-Bissantz, S. (Hrsg.): Multikonferenz Wirtschaftsinformatik 2012. Tagungsband der MKWI 2012. Berlin, S. 1061–1072. https://doi.org/10.24355/DBBS.084-201301141149-0

Kim, E.; Nam, D.-I.; Stimpert, J. L. (2004): The Applicability of Porter's Generic Strategies in the Digital Age: Assumptions, Conjectures, and Suggestions. In: Journal of Management, 30(5), S. 569–589. https://doi.org/10.1016/j.jm.2003.12.001

Kinnunen, H.; Luoma, E. (2018): Towards measuring the agility of software business. In: HICSS Proceedings, S. 5425–5434. https://doi.org/10.24251/hicss.2018.677

Kitchenham, B.; Pickard, L.; Pfleeger, S. L. (1995): Case studies for method and tool evaluation. In: IEEE software, 12(4), S. 52–62. https://doi.org/10.1109/52.391832

Koo, Y., Park, Y., Ham, J., & Lee, J. N. (2019): Congruent patterns of outsourcing capabilities: A bilateral perspective. In: The Journal of Strategic Information Systems, 28(4), S. 1–16. https://doi.org/10.1016/j.jsis.2019.101580

Kotusev, S. (2019): Enterprise architecture and enterprise architecture artifacts: Questioning the old concept in light of new findings. In: Journal of Information technology. 34(2), S. 102–128. https://doi.org/10.1177/0268396218816273

Krancher, O.; Luther, P.; Jost, M. (2018): Key affordances of platform-as-a-service: self-organization and continuous feedback. In: Journal of Management Information Systems. 35(3), S. 776–812. https://doi.org/10.1080/07421222.2018.1481636

Krause, F. (2014): Prozessflexibilisierung im Dienstleistungssektor. In: HMD-Praxis der Wirtschaftsinformatik, 51(4), S. 506–517. https://doi.org/10.1365/s40702-014-0036-x

Krimpmann, D. (2015): IT/IS organisation design in the digital age–a literature review. In: International Journal of computer and information engineering, 9(4), S. 1208–1218. https://doi.org/10.5281/zenodo.1100358

Krüp, H.; Kranz, J.; Kolbe, L. (2014): It's not for the money; it's the motives–The mediating role of endogenous motivations on IT employees' entrepreneurial behavior. In: ICIS Proceedings. aisel.aisnet.org/icis2014/proceedings/ISStrategy/41

Kuckartz U.; Dresing, T.; Rädiker, S.; Stefer, C. (2008): Qualitative Evaluation – Der Einstieg in die Praxis. 2. Aufl., Wiesbaden: VS Verlag für Sozialwissenschaften. ISBN: 9783531910833

Kupiainen, E.; Mäntylä, M. V.; Itkonen, J. (2015): Using metrics in Agile and Lean Software Development–A systematic literature review of industrial studies. In: Information and Software Technology, 62, S. 143–163. https://doi.org/10.1016/j.infsof.2015.02.005

Kütz, M. (2011): Kennzahlen in der IT: Werkzeuge für Controlling und Management. 4. Aufl., Heidelberg: dpunkt.verlag. ISBN: 9783898647038

Kwak, C.; Lee, J.; Lee, H. (2016): Effects of Information Technology on Team Innovation and Interteam Coordination: An Exploratory Investigation of Process Ambidexterity. In: HICSS Proceedings, S. 5309–5318. https://doi.org/10.1109/hicss.2016.656

Lacity, M. C.; Khan, S. A.; Willcocks, L. P. (2009): A review of the IT outsourcing literature: Insights for practice. In: The Journal of Strategic Information Systems, 18(3), S. 130–146. https://doi.org/10.1016/j.jsis.2009.06.002

Lackner, H.; Güttel, W. H.; Garaus, C.; Konlechner, S.; Müller, B. (2011): Different ambidextrous learning architectures and the role of HRM systems. In: DRUID Society Conference, Aalborg, Denmark.

Landeta, J. (2006): Current validity of the Delphi method in social sciences. In: Technological forecasting and social change, 73(5), S. 467–482. DOI:https://doi.org/10.1016/j.techfore.2005.09.002

Langer, G.; Alting, L. (2000): An Architecture for Agile Shop Floor Control Systems. In: Journal of Manufacturing Systems, 19(4), S. 267–281. https://doi.org/10.1016/S0278-6125(01)80006-6

Latcheva, R.; Davidov E. (2019): Skalen und Indizes. In: Baur, N. Blasius J. (Hrsg.): Handbuch Methoden der empirischen Sozialforschung. 2. Aufl., Wiesbaden, S. 893–905. https://doi.org/10.1007/978-3-658-21308-4.

Lee, G.; Xia, W. (2010): Toward agile: an integrated analysis of quantitative and qualitative field data on software development agility. In: MIS Quarterly, 34(1), S. 87–114. https://doi.org/10.2307/20721416

Lee, J. N.; Park, Y.; Straub, D. W.; Koo, Y. (2019): Holistic Archetypes of IT Outsourcing Strategy: A Contingency Fit and Configurational Approach. In: MIS Quarterly, 43(4). S: 1201–1225. https://doi.org/10.25300/MISQ/2019/14370

Lee, J.; Siau, K.; Hong, S. (2003): Enterprise Integration with ERP and EAI. In: Communications of the ACM, 46(2), S. 54–60. https://doi.org/10.1145/606272.606273

Lee, O.-K.; Sambamurthy, V.; Lim, K.; Wei, K. K. (2015): How does IT-Ambidexterity Impact Organizational Agility? In: Information System Research, 26(2), S. 398–417. https://doi.org/10.1287/isre.2015.0577

Lee, O.-K.; Xu, P.; Kuilboer, J.-P.; Ashrafi, N. (2016): Idiosyncratic Values of IT-enabled Agility at the Operation and Strategic Levels. In: Communications of the Association for Information Systems, 39(1), S. 242–266. https://doi.org/10.17705/1CAIS.03913

Leonhardt, D.; Haffke, I.; Kranz, J.; Benlian, A. (2017): Reinventing the IT function: The Role of IT Agility and IT Ambidexterity in Supporting Digital Business Transformation. In: ECIS Proceedings, S. 968–984. aisel.aisnet.org/ecis2017_rp/63

Levinthal, D. A.; March, J. G. (1993): The myopia of learning. In: Strategic Management Journal, 14(2), S. 95–112. https://doi.org/10.1002/smj.4250141009

Levinthal, D.; Myatt, J. (1994): Co-evolution of capabilities and INDUSTRY: The evolution of mutual fund processing. In: Strategic Management Journal, 15(1), S. 45–62. https://doi.org/10.1002/smj.4250150905

Liang, H.; Wang, N.; Xue, Y.; Ge, S. (2017): Unraveling the alignment paradox: how does business-IT alignment shape organizational agility? In: Information Systems Research, 28(4), S. 863–879. https://doi.org/10.1287/isre.2017.0711

Liebold, R.; Trinczek, R. (2009): Das Experteninterview. In: Kühl, S.; Strodtholz, P.; Taffertshofer, A. (Hrsg.): Handbuch Methoden der Organisationsforschung. 1. Aufl., Wiesbaden: VS Verlag für Sozialwissenschaften. S. 32–56. ISBN: 9783531158273

Liu, C. W.; Huang, P.; Lucas Jr, H. C. (2020): Centralized IT decision making and cybersecurity breaches: Evidence from US higher education institutions. In: Journal of Management Information Systems. 37(3), S. 758–787. https://doi.org/10.1080/07421222.2020.1790190

Locke, E. A.; Latham, G. P. (2002): Building a practically useful theory of goal setting and task motivation: A 35-year odyssey. In: American psychologist, 57(9), S. 705–717. https://doi.org/10.1037//0003-066X.57.9.705

Logica (2011): Fit for Future – Der CIO im Spannungsfeld zwischen Strategie und Betrieb. Online verfügbar unter: http://docplayer.org/6556168-Fit-for-the-future-der-cio-im-spannungsfeld-zwischen-strategie-und-betrieb.html, zuletzt geprüft am: 11.02.2017.

Lowry, P. B.; & Wilson, D. (2016): Creating agile organizations through IT: The influence of internal IT service perceptions on IT service quality and IT agility. In: The Journal of Strategic Information Systems: Incorporating International Information Systems, 25(3), S. 211–226. https://doi.org/10.1016/j.jsis.2016.05.002

Lu, Y.; Ramamurthy, K. (2011): Understanding the Link Between Information Technology Capability and Organizational Agility: An Empirical Examination. In: MIS Quarterly, 35(4), S. 931–954. https://doi.org/10.2307/41409967

Luftman J. N.; Ben-Zvi, T. (2011): Key Issues for IT Executives 2011. Cautious Optimism in Uncertain Economic Times In: MIS Quarterly Executive, 10(4) S. 203–212. https://aisel.aisnet.org/misqe/vol10/iss4/

Lui, T.; Piccoli, G. (2007): Degrees of Agility: Implications for Information Systems Design and Firm Strategy. In: Desouza, K. C. (Hrsg.): Agile Information Systems. Conceptualization, Construction, and Management, 1. Aufl., Burlington: Elsevier, S. 122–133. ISBN: 9780750682350

Lumpkin, G. T.; Cogliser, C. C.; Schneider, D. R. (2009): Understanding and measuring autonomy: An entrepreneurial orientation perspective. In: Entrepreneurship theory and practice, 33(1), S. 47–69. j.1540-6520.2008.00280.x

MacKenzie, S. B.; Podsakoff, P. M.; Podsakoff, N. P. (2011): Construct measurement and validation procedures in MIS and behavioral research: Integrating new and existing techniques. In: MIS Quarterly, 35(2), S. 293–334. https://doi.org/10.2307/23044045

Mangiapane, M.; Büchler, R. P. (2015): Modernes IT-Managementprozesse: Methodische Kombination von IT-Strategie und IT-Reifegradmodell. 1. Aufl., Wiesbaden: Springer Vieweg. ISBN: 9783658034931

Mani, D.; Barua, A.; Whinston, A. (2010): An Empirical Analysis of the Impact of Information Capabilities Design on Business Process Outsourcing Performance. In: MIS Quarterly, 34(1), S. 39–62. https://doi.org/10.2307/20721414

March, J. G. (1991): Exploration and Exploitation in Organizational Learning. In: Organization Science, 2(1), S. 71–98. https://doi.org/10.2307/20721414

Martinko, M. J.; Gardner, W. L. (1982): Learned helplessness: An alternative explanation for performance deficits. In: Academy of Management Review, 7(2), S. 195–204. https://doi.org/10.2307/257297

Maruping, L. M.; Venkatesh, V.; Agarwal, R. (2009): A control theory perspective on agile methodology use and changing user requirements. In: Information Systems Research, 20(3), S. 377–399. https://doi.org/10.1287/isre.1090.0238

Mata, F. J.; Fuerst, W. L.; Barney, J. B. (1995): Information Technology and Sustained Competitive Advantage. A Resource-Based Analysis. In: MIS Quarterly, 19(4), S. 487–505. https://doi.org/10.2307/249630

Matharu, G. S.; Mishra, A.; Singh, H.; Upadhyay, P. (2015): Empirical Study of Agile Software Development Methodologies: A Comparative Analysis. In: ACM SIGSOFT Software Engineering Notes, 40(1), S. 1–6. https://doi.org/10.1145/2693208.2693233

Mathiassen, L.; Pries-Heje, J. (2006): Business agility and diffusion of information technology. In: European Journal of Information Systems, 15(2), S. 116–119. https://doi.org/10.1057/palgrave.ejis.3000610

Mayring, P. (2016): Einführung in die qualitative Sozialforschung. 6. Aufl., Weinheim: Beltz-Verlag. ISBN: 9783407257345

McElheran, K. (2015): Do Market Leaders Lead in Business Process Innovation? The Case(s) of E-business Adoption. In: Management Science, 61(6), S. 1197–1216. https://doi.org/10.1287/mnsc.2014.2020

McGaughey, R. (1999): Internet technology: contributing to agility in the twenty-first century. In: International Journal of Agile Management Systems, 1(1) S. 7–13. https://doi.org/10.1108/14654659910266655

McGrath, R. G. (1999): Falling forward: Real options reasoning and Entrepreneurial Failure. In: Academy of Management Review, 24(1), S. 13–30. https://doi.org/10.2307/259034

Melo, C.; Cruzes, D. S.; Kon, F.; Conradi, R. (2011): Agile team perceptions of productivity factors. In: AGILE Conference Proceedings, S. 57–66. https://doi.org/10.1109/AGILE.2011.35

Melville, N.; Kraemer, K.; Gurbaxani, V. (2004): Review: information technology and organizational performance and integrative model of IT business value. In: MIS Quarterly, 28(2), S. 283–322. https://doi.org/10.2307/25148636

Merali, Y. (2002): The role of boundaries in knowledge processes. In: European Journal of Information Systems, 11(1), S. 47–60. https://doi.org/10.1057/palgrave.ejis.3000413

Meuser, M.; Nagel, U. (2002): Expertinnen Interviews–vielfach erprobt, wenig bedacht. In: Bogner, A.; Littig, B.; Menz, W. (Hrsg.): Das Experteninterview – Theorie, Methode, Anwendung, 1. Aufl., Wiesbaden: VS Verlag für Sozialwissenschaften, S. 71–93. ISBN: 9783322932709

Mikalef, P.; Pateli A.; Wetering, R. van de (2021): IT architecture flexibility and IT governance decentralisation as drivers of IT-enabled dynamic capabilities and competitive performance: The moderating effect of the external environment. In European Journal of Information Systems. 30(5), S. 512–540. https://doi.org/10.1080/0960085X.2020.1808541

Mikalsen, M.; Moe, N. B; Stray, V.; Nyrud, H. (2018): Agile Digital Transformation: A Case Study of Interdependencies. In: ICIS Proceedings, S. 1–9. aisel.aisnet.org/icis2018/management/Presentations/6

Mikalsen, M.; Moe, N. B.; Wong, S. I.; Stray, V. (2021): Agile Information System Development Organizations Transforming to Large- Scale Collaboration. In: ICIS Proceedings, S. 1–18. https://aisel.aisnet.org/cgi/viewcontent.cgi?article=1170&context=icis2021

Miller, G. A. (1956): The Magical Number Seven, Plus or Minus Two: Some Limits on Our Capacity for Processing Information. In: The Psychological Review, 63(2), S. 81–97. https://doi.org/10.1037/h0043158

Mintzberg, H. (1990): The Design School: Reconsidering the Basic Premises of Strategic Management. In: Strategic Management Journal, 11(1), S. 171–195. https://doi.org/10.1002/smj.4250110302

Moldaschl, M.; Fischer, D. (2004): Beyond the Management View. A Resource–Centered Socio-Economic Perspective. In: Management Revue, 15(1), S. 122–151. https://doi.org/10.5771/0935-9915-2004-1-122

Moos, B.; Beimborn, D.; Wagner, H.-T.; Weitzel, T. (2010): Suggestions for Measuring Organizational Innovativeness: A Review. In: Sprague, R. H. (Hrsg.) HICSS Proceedings, S. 1–10. https://doi.org/10.1109/HICSS.2010.354

Morgeson, F. P.; De Rue, D. S.; Karam, E. P. (2010): Leadership in Teams: A Functional Approach to Understanding Leadership Structures and Processes. In: Journal of Management, 36(1), S. 5–39. https://doi.org/10.1177/0149206309347376

Mujtaba, S.; Feldt, R.; Petersen, K. (2010): Waste and lead time reduction in a software product customization process with value stream maps. In: Fidge, C. (Hrsg.) 21st Australian Software Engineering Conference, S. 139–148. https://doi.org/10.1109/ASWEC.2010.37

Mundra, A.; Misra, S.; Dhawale, C. A. (2013): Practical Scrum-Scrum Team. In: Proceedings of 13. Int. IEEE Conference on Computational Science and its Applications, S. 119–123. https://doi.org/10.1109/ICCSA.2013.25

Münstermann, B.; Joachim, N.; Beimborn, D. (2009): An empirical evaluation of the impact of process standardization on process performance and flexibility. In: AMCIS Proceedings, S. 1–13. aisel.aisnet.org/amcis2009/787

Nazir, S.; Pinsonneault, A. (2021): Relating agility and electronic integration: the role of knowledge and process coordination mechanisms. In: The Journal of Strategic Information Systems. 30(2), S. 1–22. https://doi.org/10.1016/j.jsis.2021.101654

Neely, S.; Stolt, S. (2013): Continuous delivery? easy! just change everything (well, maybe it is not that easy). In: 2013 Agile Conference, S. 121–128. https://doi.org/10.1109/AGILE.2013.17

Nissen, V.; Mladin, A. (2009): Messung und Management von IT-Agilität. In: HMD-Praxis der Wirtschaftsinformatik, 46(5), S. 42–51. https://doi.org/10.1007/BF03340398

Nissen, V.; Rennenkampff, A. von (2015): Measuring and managing IT agility as a strategic resource – examining the IT application systems landscape. In: Journal of Applied Informatics, 10(6), S. 5–30. https://cyberleninka.ru/article/n/measuring-and-managing-it-agility-as-a-strategic-resource-examining-the-it-application-systems-landscape

Nissen, V.; Rennenkampff, A. von; Termer, F. (2011): IS Architecture Characteristics as a Measure of IT Agility. In: AMCIS Proceedings, S. 1–9. aisel.aisnet.org/amcis2011_submissions/89

Nissen, V.; Rennenkampff, A. von; Termer, F. (2012): Agile IT-Applikationslandschaften als Strategische Unternehmensressource. In: HMD-Praxis der Wirtschaftsinformatik, 49(2), S. 24–33. https://doi.org/10.1007/BF03340679

Nissen, V.; Rennenkampff, A. von. (2013): IT-Agilität als strategische Ressource im Wettbewerb. In M. Lang (Ed.), Erfolgreiches IT-Management in Zeiten von Social Media, Cloud & Co, S. 57–90, CIO-Handbuch, Vol. 2). Düsseldorf: Symposion.

Nissen, V.; Rennenkampff, A. von. (2017): Measuring the Agility of the IT Application Systems Landscape. In J. M. Leimeister & W. Brenner (Eds.), 13th International Conference on Wirtschaftsinformatik, St. Gallen, Switzerland, S. 425–438.

Nurdiani, I.; Fricker, S. A.; Börstler, J. (2015): An Analysis of Change Scenarios of an IT Organization for Flexibility Building. In: ECIS Proceedings, S. 1–14. aisel.aisnet.org/ecis2015_cr/138

Nystrom, P. C.; Ramamurthy, K.; Wilson, A. L. (2002): Organizational context, climate and innovativeness: adoption of imaging technology. In: Journal of Engineering and Technology Management, 19(3), S. 221–247. https://doi.org/10.1016/S0923-4748(02)00019-X

Okoli, C.; Pawlowski, S. D. (2004): The Delphi Method as a Research Tool. An Example, Design Considerations and Applications. In: Information & Management, 42(1), S. 15–29. https://doi.org/10.1016/j.im.2003.11.002

Oosterhout, M. van (2010): Business Agility and Information Technology in Service Organizations. Erasmus Universität Rotterdam: Dissertation. ISBN: 978-90-5892-236-6

Oosterhout, M. van; Waarts, E. van; Hillegersberg, J. van (2006): Change factors requiring agility and implications for IT. In: European Journal of Information Systems, 15(2), S. 132–145. https://doi.org/10.1057/palgrave.ejis.3000601

Oshri, I.; Henfridsson, O.; Kotlarsky, J. (2018): Re-presentation as Work Design in Outsourcing: A Semiotic View. In: Mis Quarterly, 42(1), S. 1–23. https://doi.org/10.25300/MISQ/2018/13427

Österle, H.; Becker, J.; Frank, U.; Hess, T.; Karagiannis, D.; Krcmar, H.; Loos, P.; Mertens, P.; Oberweis, A.; Sinz, E. J. (2010): Memorandum zur gestaltungsorientierten Wirtschaftsinformatik. In: Schmalenbachs Zeitschrift für betriebswirtschaftliche Forschung, 62(9), S. 662–672. https://doi.org/10.1007/BF03372838

Overby, E.; Bharadwaj, A. S.; Sambamurthy, V. (2006): Enterprise agility and the enabling role of information technology. In: European Journal of Information Systems, 15(2), S. 120–131. https://doi.org/10.1057/palgrave.ejis.3000600

Overhage, S.; Birkmeier, Q.; Schlauderer, S. (2012): Quality Marks, Metrics, and Measurement Procedures for Business Process Models. The 3QM-Framework. In: Business & Information Systems Engineering, 54(5), S. 217–235. https://doi.org/10.1007/s11576-012-0335-1

Pang, M. S.; Tanriverdi, H. (2022): Strategic roles of IT modernization and cloud migration in reducing cybersecurity risks of organizations: The case of US federal government. In: The Journal of Strategic Information Systems. 31(1), S. 1–19. https://doi.org/10.1016/j.jsis.2022.101707

Park, Y.; El Sawy, O.; Fiss, P. C. (2017): The role of business intelligence and communication technologies in organizational agility: a configurational approach. In: Journal of the Association for Information Systems, 18(9), 648–686. https://doi.org/10.17705/1jais.00001

Patanakul, P.; Chen, J.; Lynn, G. S. (2012): Autonomous Teams and New Product Development. In: Journal of Product Innovation Management, 29(5), S. 734–750. https://doi.org/10.1111/j.1540-5885.2012.00934.x

Patrashkova-Volzdoska, R. R.; McComb, S. A.; Green, S. G.; Compton, W. D. (2003): Examining a curvilinear relationship between communication frequency and team performance in cross-functional project teams. In: IEEE Transactions on Engineering Management, 50(3), 262–269. https://doi.org/10.1109/TEM.2003.817298

Patten, K. P.; Whitworth, B.; Fjermestad, J.; Mahindra, E. (2005): Leading IT Flexibility. Anticipation, Agility and Adaptability. In: AMCIS Proceedings, S. 2787–2792. aisel.aisnet.org/amcis2005/361

Pavlou, P. A.; El Sawy, O. A. (2006): From IT Leveraging Competence to Competitive Advantage in Turbulent Environments: The Case of New Product Development. In: Information Systems Research, 17(3), S. 198–227. https://doi.org/10.1287/isre.1060.0094

Peffers, K.; Tuunanen, T.; Rothenberger, M. A.; Chatterjee, S. (2007): A Design Science Research Methodology for Information Systems Research. In: Journal of Management Information Systems, 24(3), S. 45–77. https://doi.org/10.2753/mis0742-1222240302

Penrose E.T. (2009): The Theory of the Growth of the Firm. 4. Aufl., New York: Oxford University Press. ISBN: 9780199573844

Peppard, J.; Ward, J. (2004): Beyond strategic information systems: towards an IS capability. In: The Journal of Strategic Information Systems, 13(2), S. 167–194. https://doi.org/10.1016/j.jsis.2004.02.002

Peteraf, M. A. (1994): Commentary: The two schools of thought in resource-based theory: Definitions and implications for research. In: Shrivastava, P.; Huff, A. (Hrsg.): Advances in Strategic Management, 10A, 1. Aufl., Greenwich: JAI Press, S. 153–158. ISBN: 9781559388504

Piccoli, G.; Ives, B. (2005): IT-dependent strategic initiatives and sustained competitive advantage: a review and synthesis of the literature. In: MIS Quarterly, 29(4), S. 747–776. https://doi.org/10.2307/25148708

Pieterse, A. N.; Hollenbeck, J. R.; van Knippenberg, D.; Spitzmüller, M.; Dimotakis, N.; Karam, E. P.; Sleesman, D. J. (2019): Hierarchical leadership versus self-management in teams: Goal orientation diversity as moderator of their relative effectiveness. In: The Leadership Quarterly. 30(6), S. 1–13. https://doi.org/10.1016/j.leaqua.2019.101343

Poonacha, K. M.; Bhattacharya, S. (2012): Towards a Framework for Assessing Agility. In: HICSS Proceedings. S. 5329–5338. https://doi.org/10.1109/HICSS.2012.599

Porter, M. E. (1996): What is strategy? In: Harvard Business Review, 74(6), S. 1–20.

Porter, M. E. (2008): The five competitive forces that shape strategy. In: Harvard business review, 86(1), S. 25–40.

Powell, T. C.; Dent-Micallef, A. (1997): Information Technology as Competitive Advantage. The Role of Human, Business, and Technology Resources. In: Strategic Management Journal, 18(5), S. 375–405. https://doi.org/10.1002/(SICI)1097-0266(199705)18:5<375::AID-SMJ876>3.0.CO;2-7

Priem, R. L.; Butler, J. E. (2001): Is the Resource-Based "View" a Useful Perspective for Strategic Management Research? In: Academy of Management Review, 26(1), S. 22–40. https://doi.org/10.2307/259392

Qian, Y.; Roland, G.; Xu, G. (2006): Coordination and Experimentation in M-Form and U-Form Organizations. In: Journal of Political Economy, 114(2), S. 366–402. https://doi.org/10.1086/501170

Qu, W. G.; Oh, W.; Pinsonneault, A. (2010): The strategic value of IT insourcing: An IT-enabled business process perspective. In: Journal of Strategic Information Systems, 19(2), S. 96–108. 1

Queiroz, M.; Tallon, P.; Coltman, T.; Sharma, R. (2018a): Corporate Knows Best (Maybe): The Impact of Global versus Local IT Capabilities on Business Unit Agility. In: HICSS Proceedings, S. 5212–5221. https://doi.org/10.24251/HICSS.2018.650

Queiroz, M.; Tallon, P.; Sharma, R.; Coltman, T. (2018b): The role of IT application orchestration capability in improving agility and performance. In: Journal of Strategic Information Systems. 27(1), S. 4–21. https://doi.org/10.1016/j.jsis.2017.10.002

Raab, G.; Unger, A.; Unger, F. (2009): Methoden der Marketing-Forschung. Grundlagen und Praxisbeispiele. 2. Aufl. Wiesbaden: Gabler Verlag. ISBN: 978-3-8349-8230-8

Radermacher, I.; Klein, A. (2009): IT-Flexibilität: Warum und wie sollten IT-Organisationen flexibel gestaltet werden. In: HMD-Praxis der Wirtschaftsinformatik, 46(5), S. 52–60. https://doi.org/10.1007/BF03340399

Rai, A.; Im, G.; Hornyak, R. (2009): How CIOs Can Align IT Capabilities for Supply Chain Relationships. In: MIS Quarterly Executive, 8(1), S. 9–18. aisel.aisnet.org/misqe/vol8/iss1/3

Raisch, S.; Birkinshaw, J.; Probst, G.; Tushman, M. L. (2009): Organizational Ambidexterity: Balancing Exploitation and Exploration for Sustained Performance. In: Organization Science, 20(4), S. 685–695. https://doi.org/10.1287/orsc.1090.0428

Ramasesh, R.; Kulkarni, S.; Jwyakumar, M. (2001): Agility in manufacturing systems: an exploratory modeling framework and simulation. In: Integrated Manufacturing Systems, 12(7), S. 534–548. https://doi.org/10.1108/EUM0000000006236

Ramesh, B.; Mohan, K.; Cao, L. (2012): Ambidexterity in Agile Distributed Development: An Empirical Investigation. In: Information Systems Research, 23(2), S. 323–339. isre.1110.0351

Raschke, R. L. (2010): Process-based view of agility. The value contribution of IT and the effects on process outcomes. In: International Journal of Accounting Information Systems, 11(4), S. 297–313. https://doi.org/10.1016/j.accinf.2010.09.005

Rau, K. (2021): Management von IT-Agilität: Entwicklung eines Kennzahlensystems zur Messung der Agilität im Handlungsfeld IT Personal. Universitätsverlag Ilmenau.

Ravichandran, T. (2018): Exploring the relationships between IT competence, innovation capacity and organizational agility. In: The Journal of Strategic Information Systems, 27(1), S. 22–42. https://doi.org/10.1016/j.jsis.2017.07.002

Reinecke, J. (2019): Grundlagen der standardisierten Befragung In: Baur, N. Blasius J. (Hrsg.): Handbuch Methoden der empirischen Sozialforschung. 2. Aufl., Wiesbaden, S. 717–733. https://doi.org/10.1007/978-3-658-21308-4

Reinhardt, K. (2020): Digitale Transformation der Organisation Grundlagen, Praktiken und Praxisbeispiele der digitalen Unternehmensentwicklung. 1. Aufl., Wiesbaden. ISBN: 978-3-658-28630-9

Reiter, M.; Miklosik, A. (2020): Digital Transformation of Organisations – The Context Of ITIL® 4. In: Marketing Identity. 8(1). S. 522–536. ISSN: 1339-5726

Rennenkampff, A. von (2015): Management von IT-Agilität. Entwicklung eines Kennzahlensystems zur Messung der Agilität von Applikationslandschaften. Technische Universität Ilmenau: Dissertation. ISBN: 9783863601232

Richardson, S. M.; Kettinger, W. J.; Banks, M. S.; Quintana, Y. (2014): IT and Agility in the Social Enterprise: A Case Study of St. Jude Children's Research Hospital's 'Cure4Kids' IT-Platform for International Outreach. In: Journal of the Association for Information Systems, 15(1), S. 1–32. https://doi.org/10.17705/1JAIS.00351

Richter, P.; Esswein, W. (2014): Betriebliche Prozesse und Projekte im Spannungsfeld zwischen Standardisierung und Agilität. In: Kundisch, D.; Suhl, L.; Beckmann, L. (Hrsg.): Tagungsband Multikonferenz Wirtschaftsinformatik, S. 1075–1087. ISBN: 9783000453113

Rigby, C.; Day, M.; Forrester, P.; Burnett, J. (2000): Agile supply: rethinking systems thinking, systems Practice. In: International Journal of Agile Management Systems, 2(3), S. 178–186. https://doi.org/10.1108/14654650010356086

Ritchie, H.; Roser, M. (2020): Technology Adoption. Online verfügbar unter: https://ourworldindata.org/technology-adoption, zuletzt geprüft am: 20.07.2020.

Roberts, N.; Grover, V. (2012): Leveraging Information Technology Infrastructure to Facilitate a Firm's Customer Agility and Competitive Activity: An Empirical Investigation. In: Journal of Management Information Systems, 28(4), S. 231–270. https://doi.org/10.2753/mis0742-1222280409

Rockart, J. F.; Earl, M. J.; Ross, J. W. (1996): Eight Imperatives for the New IT Organization. In: Sloan Management Review, 38(1), S. 43–55. Sloan WP No. 3902

Rohloff, M. (2007): Ein Referenzmodell für die Prozesse der IT-Organisation. In: HMD-Praxis der Wirtschaftsinformatik, 44(4), S. 27–36. https://doi.org/10.1007/BF03340304

Rohrmann, B. (1978) Empirische Studien zur Entwicklung von Antwortskalen für die sozialwissenschaftliche Forschung. In: Zeitschrift für Sozialpsychologie (9): S. 222–245.

Rosemann, M. (1996): Komplexitätsmanagement in Prozessmodellen. Methodenspezifische Gestaltungsempfehlungen für die Informationsmodellierung. 1. Aufl., Wiesbaden: Betriebswirtschaftlicher Verlag Dr. Th. Gabler. ISBN: 9783322992314

Ross, J. W. (2003): Creating a strategic IT architecture competency: Learning in stages. In: Massachusetts Institute of Technology (MIT), Sloan School of Management, Working papers. http://ssrn.com/abstract=416180

Ross, J. W. (2006): Enterprise Architecture: Driving Business Benefits from IT. 359, Massachusetts Institute of Technology, Center for Information Systems Research (CISR), Cambridge MA.

Rowe, G.; Wright, G.; Boiger, F. (1991): Delphi: A Reevaluation of Research and Theory. In: Technological Forecasting and Social Change, 39(3), S. 235–251. https://doi.org/10.1016/0040-1625(91)90039-I

Saldanha, T. J.; Lee, D.; Mithas, S. (2020): Aligning information technology and business: the differential effects of alignment during investment planning, delivery, and change. In: Information Systems Research. 31(4), S. 1260–1281. doi.org/https://doi.org/10.1287/isre.2020.0944

Saldanha, T.; Krishnan, M. (2011): Leveraging IT for Business Innovation: Does the Role of the CIO Matter? In: ICIS Proceedings. aisel.aisnet.org/icis2011/proceedings/organization/17

Salheiser, A. (2019): Natürliche Daten: Dokumente. In: Baur, N. Blasius J. (Hrsg.): Handbuch Methoden der empirischen Sozialforschung. 2. Aufl., Wiesbaden, S. 1119–1134. https://doi.org/10.1007/978-3-658-21308-4.

Salmela, H.; Tapanainen, T.; Baiyere, A.; Hallanoro, M.; Galliers, R. D. (2015): IS Agility Research: An assessment and future directions. In: ECIS Proceedings. aisel.aisnet.org/ecis2015_cr/155

Sambamurthy, V.; Bharadwaj, A. S.; Grover, V. (2003): Shaping Agility Through Digital Options: Reconceptualizing the Role of Information Technology in Contemporary Firms. In: MIS Quarterly, 27(2), S. 237–263. https://doi.org/10.2307/30036530

Sartori, G. (1985): Social Science Concepts. A Systematic Analysis. In: Scandinavian Political Studies, 8(1–2), S. 119–125. https://doi.org/10.1111/j.1467-9477.1985.tb00316.x

Schuch, F.; Gerster, D.; Hein, D.; Benlian, A. (2020): Implementing Scaled-Agile Frameworks at Non-Digital Born Companies-A Multiple Case Study. In: HICSS Proceedings, S. 4336–4345. https://doi.org/10.24251/HICSS.2020.530

Schwaber, K.; Sutherland, J. (2020): The scrum guide – The Definitive Guide to Scrum: The Rules of the Game. Online verfügbar unter: https://www.scrumguides.org/scrum-guide.html, zuletzt geprüft am 12.01.2020.

Seethamraju, R.; Sundar, D. K. (2013): Influence of ERP systems on business process agility. In: IIMB Management Review, 25(3), S. 137–149. https://doi.org/10.1016/j.iimb.2013.05.001

Seo, D. B.; La Paz A. I. A. (2008): Exploring the dark side of IS in achieving organizational agility. In: Communications of the ACM, 51(11), S. 136–139. https://doi.org/10.1145/1400214.1400242

Setia, P.; Sambamurthy, V.; Closs, D. (2008): Realizing business value of agile IT applications: antecedents in the supply chain networks. In: Information Technology and Management, 9(1), S. 5–19. https://doi.org/10.1007/s10799-007-0028-4

Sharifi, H.; Zhang, Z. (2001): Agile manufacturing in practice-Application of a methodology. In: International Journal of Operations & Production Management, 21(5/6), S. 772–794. https://doi.org/10.1108/01443570110390462

Sia, S. K.; Soh C.; Olfato J.: (2011): Managing Information Technology in Transnational Enterprises. In: PACIS Proceedings. aisel.aisnet.org/pacis2011/177

Sia, S. K.; Soh, C.; Weill, P. (2010): Global IT Management – Structuring for Scale, Responsiveness, and Innovation. In: Communications of the ACM, 53(3), S. 59–64. https://doi.org/10.1145/1666420.1666449

Sinz, E. J. (2010): Konstruktionsforschung in der Wirtschaftsinformatik: Was sind die Erkenntnisziele gestaltungsorientierter Wirtschaftsinformatik-Forschung? In: Österle, H.;

Winter, R.; Brenner, W. (Hrsg.): Gestaltungsorientierte Wirtschaftsinformatik: Ein Plädoyer für Rigor und Relevanz, St. Gallen: Infowerk, S. 27–34. ISBN: 9783000303104

Skinner, R.; Nelson, R. R.; Chin, W. W.; Land, L. (2015): The Delphi Method Research Strategy in Studies of Information Systems. In: Communications of the Association for Information Systems, 37(2), S. 31–63. https://doi.org/10.17705/1CAIS.03702

Skulmoski, G. J.; Hartman, F. T.; Krahn, J. (2007): The Delphi method for graduate research. In: Journal of Information Technology Education: Research, 6(1), S. 1–21. https://doi.org/10.28945/199

Söllner, D. (2017): DevOps in der Praxis–Handlungsfelder für eine erfolgreiche Zusammenarbeit von Entwicklung und Betrieb. In: HMD-Praxis der Wirtschaftsinformatik, 54(2), S. 189–204. https://doi.org/10.1365/s40702-017-0303-8

Sonnenberg, C.; Brocke, J. V. (2012): Evaluation patterns for design science research artefacts. In European design science symposium. Heidelberg: Springer, S. 71–83. https://doi.org/10.1007/978-3-642-33681-2_7

Spencer, P.; Sofer, C. (1964): Organizational change and its Management. In: Journal of Management Studies ,1(1) S. 26–47. https://doi.org/10.1111/j.1467-6486.1964.tb00121.x

Spreitzer, G. M. (1996): Social structural characteristics of psychological empowerment. In: Academy of Management Journal, 39(2), S. 483–504. https://doi.org/10.2307/256789

Stake, R. E. (2006): Multiple Case Study Analysis. 1.Aufl., New York, Gulford Press. ISBN: 9781593852481

Statista (2019): Intervallskala. Online verfügbar unter: https://de.statista.com/statistik/lexikon/definition/70/intervallskala/, zuletzt geprüft am 06.07.2019.

Stein, P. (2019): Forschungsdesigns für die quantitative Sozialforschung. In: Baur, N. Blasius J. (Hrsg.): Handbuch Methoden der empirischen Sozialforschung. 2. Aufl., Wiesbaden, S. 125–142. https://doi.org/10.1007/978-3-658-21308-4.

Stelzer, D. (2010): Prinzipien für Unternehmensarchitekturen – Grundlagen der Systematisierung. In: Schumann, M.; Kolbe, L. M.; Breitner, M. H.; Frerichs, A. (Hrsg.): Multikonferenz Wirtschaftsinformatik, S. 55–66. https://doi.org/10.17875/gup2010-1532

Straub, D. W. (1989): Validating Instruments in MIS Research. In: MIS Quarterly (13), S. 147–169. https://doi.org/10.2307/248922.

Stray, V.; Moe, N. B.; Aasheim, A. (2019): Dependency management in large-scale agile: a case study of DevOps teams. In: HICSS Proceedings, S. 7007–7016. https://doi.org/10.24251/hicss.2019.840

Sutherland, J.; Schwaber, K. (2011): The scrum papers: Nuts, bolts and origins of an agile method. Online verfügbar unter: https://www.scruminc.com/scrumpapers.pdf, zuletzt geprüft am 07.01.2020.

Tallon, P. P. (2007): A Process-Oriented Perspective on the Alignment of Information Technology and Business Strategy. In: Journal of Management Information Systems, 24(3), S. 227–268. https://doi.org/10.2753/mis0742-1222240308

Tallon, P. P.; Pinsonneault, A. (2011): Competing Perspectives on the Link Between Strategic Information Technology Alignment and Organizational Agility. Insights from a Mediation Model. In: MIS Quarterly, 35(2), S. 463–486. https://doi.org/10.2307/23044052

Tallon, P. P.; Queiroz, M.; Coltman, T. (2022): Digital-Enabled Strategic Agility: The Next Frontier. In European Journal of Information Systems, 31(6), S. 641–652. https://doi.org/10.1080/0960085X.2022.2102713

Tallon, P. P.; Queiroz, M.; Coltman, T.; Sharma, R. (2016): Business Process and Information Technology Alignment: Construct Conceptualization, Empirical Illustration, and Directions for Future Research. In: Journal of the Association for Information Systems, 17(9), S. 563–589. https://doi.org/10.17705/1jais.00438

Tallon, P. P.; Queiroz, M.; Coltman, T.; Sharma, R. (2019): Information technology and the search for organizational agility: A systematic review with future research possibilities. In: The Journal of Strategic Information Systems, 28(2), S. 218–237. https://doi.org/10.1016/j.jsis.2018.12.002

Tapanainen, T. (2012): Information Technology (IT) Managers' Contribution to It Agility in Organizations–Views from the Field. Dissertation. Universität Turku. ISBN: 9789522492395

Teece, D.; Peteraf, M.; Leih, S. (2016): Dynamic capabilities and organizational agility: Risk, uncertainty, and strategy in the innovation economy. In: California Management Review, 58(4), S. 13–35. https://doi.org/10.1525/cmr.2016.58.4.13

Teece, D.; Pisano, G.; Shuen, A. (1997): Dynamic capabilities and strategic management. In: Strategic Management Journal, 7(18), S. 509–533. https://doi.org/10.1002/(SICI)1097-0266(199708)18:7<509::AID-SMJ882>3.0.CO;2-Z.

Tellis, G. J.; Prabhu, J. C.; Chandy, R. K. (2009): Radical innovation across nations: The preeminence of corporate culture. In: Journal of Marketing, 73(1), S. 3–23. https://doi.org/10.1509/jmkg.73.1.003

Termer, F. (2016): Determinanten der IT-Agilität. Dissertation, Technische Universität Ilmenau. ISBN: 9783658142155

Termer, F.; Nissen, V.; Dorn, F. (2014): Grundlegende Überlegungen zur Konzeption einer multiperspektivischen Methode der Messung des IT-Wertbeitrags. In: Kundisch, D.; Suhl, L.; Beckmann, L. (Hrsg.): Tagungsband Multikonferenz Wirtschaftsinformatik, S. 2272–2283. ISBN: 9783000453113

Thomas, O.; Varwig, A.; Kammler, F.; Zobel, B.; Fuchs, A. (2017): DevOps: IT-Entwicklung in der Industrie 4.0-Zeitalter. In: HMD-Praxis der Wirtschaftsinformatik, 54(2), S. 178–188. https://doi.org/10.1365/s40702-017-0291-8

Timmermans, K.; Schulmann, D. (2016): Increasing agility to fuel growth and competitiveness. Online verfügbar unter: https://www.accenture.com/t20160114T032721__w__/us-en/_acnmedia/PDF-4/Accenture-Strategy-Increasing-Agility-to-Fuel-Growth-and-Competitiveness-Research-v2.pdf#zoom=50, zuletzt geprüft am 17.01.2021.

Tiwana, A.; Konsynski, B. (2010): Complementarities Between Organizational IT Architecture and Governance Structure. In: Information Systems Research, 21(2), S. 288–304. https://doi.org/10.1287/isre.1080.0206

Torrecilla-Salinas, C. J.; Troyer, O. de, Escalona, M. J.; Mejías, M. (2019): A Delphi-based expert judgment method applied to the validation of a mature Agile framework for Web development projects. In: Information technology and management 20, S. 9–40. https://doi.org/10.1007/s10799-018-0290-7.

Trinczek, R. (2002): Wie befrage ich Manager? Methodische und methodologische Aspekte des Experteninterviews als qualitativer Methode empirischer Sozialforschung. In: In: Bogner, A.; Littig, B.; Menz, W. (Hrsg.): Das Experteninterview – Theorie, Methode,

Anwendung, 1. Aufl., Wiesbaden: VS Verlag für Sozialwissenschaften, S. 209–222. ISBN: 9783322932709

Tushman, M. L.; O'Reilly, C. A. (1996): Ambidextrous Organizations: Managing Evolutionary and Revolutionary change. In: California Management Review, 38(4), S. 8–30. https://doi.org/10.2307/41165852

Urbach, N.; Ahlemann, F.; Böhmann, T.; Drews, P.; Brenner, W.; Schaudel F.; Schütte, R. (2018): The Impact of Digitalization on the IT Department. In: Business Information System Engineering, 61(1), S. 123–131. https://doi.org/10.1007/s12599-018-0570-0

Vejseli, S.; Rossmann, A.; Connolly, T. (2020): Agility matters! Agile mechanisms in IT governance and their impact on firm performance. In: HICSS Proceedings, S. 5633–5642. https://doi.org/10.24251/HICSS.2020.692

Vernadat, F. (1999): Research agenda for agile manufacturing. In: International Journal of Agile Management Systems, 1(1), S. 37–40. https://doi.org/10.1108/14654659910266709

VHB (2018): VHB-JOURQUAL: Tabellen zum Download. Online verfügbar unter: https://vhbonline.org/vhb4you/vhb-jourqual/vhb-jourqual-3/tabellen-zum-download, zuletzt geprüft am 10.02.2021.

Vial, G. (2019): Understanding digital transformation: A review and a research agenda. In: The journal of strategic information systems. 28(2), S. 118–144. https://doi.org/10.1016/j.jsis.2019.01.003

Vinodh, S.; Devadasan S. R.; Vasudeva R. B.; Ravichand K. (2010): Agility index measurement using multi-grade fuzzy approach integrated in a 20 criteria agile model. In: Int J Prod Res 48(23). S. 7159–7176. https://doi.org/10.1080/00207540903354419

Wade, M.; Hulland, J. (2004): Review: The resource-based view and information systems research: Review, extension, and suggestions for future research. In: MIS Quarterly, 28(1), S. 107–142. https://doi.org/10.2307/25148626

Walter, A.-T. (2021): Organizational agility: ill-defined and somewhat confusing? A systematic literature review and conceptualization. In: Management Review Quarterly, (71), S. 343–391. https://doi.org/10.1007/s11301-020-00186-6

Wauch, F.; Meyer, F. (2012): Agilität im IT-Servicemanagement – Ansätze für flexible Stabilität. In: HMD-Praxis der Wirtschaftsinformatik, 49(6), S. 87–93. https://doi.org/10.1007/BF03340761

Weber, Y.; Tarba, S. Y. (2014): Strategic agility: A state of the art introduction to the special section on strategic agility. In: California Management Review, 56(3), S. 5–12. https://doi.org/10.1525/cmr.2014.56.3.5

Webster, J.; Watson, R. T. (2002): Analysing the Past to Prepare for the Future. Writing a Literature Review. In: MIS Quarterly, 26(2), S. xiii–xxiii. https://doi.org/10.2307/4132319

Weill, P.; Ross, J. W. (2005): A Matrixed Approach to Designing IT Governance. In: MIT Sloan Management Review 46, S. 26–34.

Wernerfelt, B. (1984): A Resource-based view of the Firm. In: Strategic Management Journal, 5(2), S. 171–180. https://doi.org/10.1002/smj.4250050207

West, D. (2017): How to predict the lifespan of a company in one simple measure. Online verfügbar unter: https://www.itproportal.com/features/how-to-predict-the-lifespan-of-a-company-in-one-simple-measure/ zuletzt geprüft am 11.09.2022.

Westerman, G. (2009): IT Risk as a Language for Alignment. In: MIS Quarterly Executive, 8(3), S. 109–121. aisel.aisnet.org/misqe/vol8/iss3/3

Whelan, E.; Anderson, J.; van de Hoof, B.; Donnellan, B. (2015): How IT and the Rest of the Business Can Innovate Together. In: Communications of the Association for Information Systems, 36(14), S. 261–270. https://doi.org/10.17705/1CAIS.03614

Wiedemann, A.; Forsgren, N.; Wiesche, M.; Gewald, H.; Krcmar, H. (2019): Research for practice: The DevOps phenomenon. In: Communications of the ACM, 62(8), S. 44–49. https://doi.org/10.1145/3331138

Wiedemann, A.; Weeger, A. (2016): How to Design an IT Department? A Review and Synthesis of Key Characteristics. In: AMCIS Proceedings. aisel.aisnet.org/amcis2016/SCU/Presentations/20/

Wiedemann, A.; Wiesche, M.; Gewald, H.; Krcmar, H. (2020): Understanding how DevOps aligns development and operations: a tripartite model of intra-IT alignment. In: European Journal of Information Systems, S. 458–473. https://doi.org/10.1080/0960085x.2020.1782277

Wilde, T.; Hess, T. (2007): Forschungsmethoden der Wirtschaftsinformatik. In: Wirtschaftsinformatik, 49(4), S. 280–287. https://doi.org/10.1007/s11576-007-0064-z

Winkler, J. K.; Dibbern, J.; Heinzl, A. (2008): The impact of cultural differences in offshore outsourcing – Case study results from German – Indian application development projects. In: Information Systems Frontiers 10(2), S. 243–258. https://doi.org/10.1007/s10796-008-9068-5

Winkler, T. J.; Wulf, J. (2019): Effectiveness of IT service management capability: Value co-creation and value facilitation mechanisms. In: Journal of Management Information Systems. 36(2), S. 639–675. https://doi.org/10.1080/07421222.2019.1599513

Wolfswinkel, J. F.; Furtmueller, E.; Wilderom, C. P. (2013): Using grounded theory as a method for rigorously reviewing literature. In: European Journal of Information Systems, 22(1), S. 45–55. https://doi.org/10.1057/ejis.2011.51

Wrona, T. (2006): Fortschritts- und Gütekriterien im Rahmen qualitativer Sozialforschung. In: Zelewski, S.; Naciye, A. (Hrsg.): Fortschritt in den Wirtschaftswissenschaften, 1. Aufl., Wiesbaden: Deutscher Universitäts-Verlag, S. 189–216. ISBN: 9783835003491

Wüllenweber, K.; Beimborn, D.; Weitzel, T.; König, W. (2008): The impact of process standardization on business process outsourcing success. In: Information Systems Frontiers, 10(2), S. 211–224. https://doi.org/10.1007/s10796-008-9063-x

Xu, P.; Ramesh, B. (2007): Software Process Tailoring: An Empirical Investigation. In: Journal of Management Information Systems, 24(2), S. 293–328. https://doi.org/10.2753/MIS0742-1222240211

Yamami, A. E.; Mansouri, K.; Qbadou, M.; Illoussamen, E. H. (2019): Introducing ITIL Framework in Small Enterprises. International Journal of Information Technologies and Systems Approach 12, S. 1–19. https://doi.org/10.4018/IJITSA.2019010101.

Yin, R. K. (2014): Case study research: Design and methods. 5. Aufl., New York: Sage Publications. ISBN: 9781483302003

Yousif, M.; Pessi, K (2016): IT Agility Research Review: Thematic Analysis and Categorization of Literature. In: PACIS Proceedings. aisel.aisnet.org/pacis2016/205/

Yousif, M.; Pessi, K.; Magnusson, J. (2016): IT-Agility: A proposed and Evaluated Framework. In: AMCIS Proceedings. aisel.aisnet.org/amcis2016/ITAgil/Presentations/4

Yusuf, Y. Y.; Sarhadi, M.; Gunasekaran, A. (1999): Agile manufacturing. The drivers, concepts and attributes. In: International Journal of Production Economics, 62(1–2), S. 33–43. https://doi.org/10.1016/S0925-5273(98)00219-9

Zhang, Z.; Sharifi, H. (2007): Towards Theory Building in Agile Manufacturing Strategy – A Taxonomical Approach. In: IEEETransactions on Engineering Management, 54, S. 351–370. https://doi.org/10.1109/TEM.2007.893989.

Zhen, J.; Cao, C.; Qiu, H.; Xie, Z. (2021): Impact of organizational inertia on organizational agility: the role of IT ambidexterity. In: Information technology and management, 22, S. 53–65. DOI:https://doi.org/10.1007/s10799-021-00324-w.

Zhu, K.; Kraemer, K. L.; Xu, S. (2006): The process of innovation assimilation by firms in different countries: a technology diffusion perspective. In: Management Science, 52(10), S. 1557–1576. https://doi.org/10.1287/mnsc.1050.0487

Printed by Printforce, the Netherlands